国家社科基金
GUOJIA SHEKE JIJIN HOUQI ZIZHU XIANGMU
后期资助项目

正规多模态逻辑研究

赵 贤 著

科 学 出 版 社
北 京

内 容 简 介

正规多模态逻辑因其强大的刻画能力及解题功能，一直处于多模态逻辑研究的主体地位。本书从“模态算子交互作用公理模式”这一崭新视角出发，系统研究了正规多模态逻辑的一般系统及其在哲学中的应用。主要包括：多模态逻辑的研究动因和研究现状、正规多模态逻辑的形式系统和语义、正规多模态逻辑系统的元理论以及多模态逻辑在哲学研究中的工具性作用。

本书可供逻辑学、哲学和计算机科学等相关专业的学者和学生阅读。

图书在版编目（CIP）数据

正规多模态逻辑研究/赵贤著. —北京：科学出版社，2024.5

国家社科基金后期资助项目

ISBN 978-7-03-078239-7

Ⅰ. ①正… Ⅱ. ①赵… Ⅲ. ①模态逻辑-研究 Ⅳ. ①B815.1

中国国家版本馆 CIP 数据核字（2024）第 059203 号

责任编辑：任俊红 孙翠勤 / 责任校对：杨聪敏

责任印制：赵 博 / 封面设计：有道文化

科学出版社 出版

北京东黄城根北街 16 号

邮政编码：100717

http://www.sciencep.com

三河市春园印刷有限公司印刷

科学出版社发行 各地新华书店经销

*

2024 年 5 月第 一 版 开本：720 × 1000 1/16

2025 年 1 月第二次印刷 印张：12 3/4

字数：222 000

定价：98.00 元

（如有印装质量问题，我社负责调换）

国家社科基金后期资助项目
出版说明

后期资助项目是国家社科基金设立的一类重要项目，旨在鼓励广大社科研究者潜心治学，支持基础研究多出优秀成果。它是经过严格评审，从接近完成的科研成果中遴选立项的。为扩大后期资助项目的影响，更好地推动学术发展，促进成果转化，全国哲学社会科学工作办公室按照“统一设计、统一标识、统一版式、形成系列”的总体要求，组织出版国家社科基金后期资助项目成果。

全国哲学社会科学工作办公室

前　言

模态逻辑是现代逻辑学中一个极为重要的分支，在哲学、社会科学、计算机科学、经济学等多个领域都发挥着非常重要的作用。多模态逻辑，即包含多种模态的逻辑，是模态逻辑的重要组成部分。模态逻辑基础理论的研究大多限于单模态逻辑，与单模态逻辑相关的许多问题，如系统的完全性、对应性及可判定性问题，都得到了较为充分的研究并形成了许多较为成熟的理论。相比较而言，对于多模态逻辑的研究则相对较少。

著名计算机科学家、数理逻辑学家、图灵奖得主斯科特（D. Scott）认为，模态逻辑研究中出现的最大的错误之一，就是仅仅关注包含一个模态的系统的研究。他指出，想要获得关于道义逻辑或认知逻辑的一些哲学意义上的成果的唯一途径，就是将它们的算子与时态算子相结合（否则如何制定变化原则）；或与真值算子相结合（否则如何区分相对和绝对）；或与类似历史或物理必然性的算子相结合（否则如何将理性人与具体的环境相结合）。斯科特强调对不同种类的模态算子在同一逻辑系统中的交互作用进行研究，即多模态逻辑的研究。

多模态逻辑研究的首要动因和核心问题是模态的联合问题。多模态逻辑不仅关注同一模态理论的不同概念间的联合问题，还关注不同模态理论的概念间的联合问题。模态的联合问题主要表现为模态间的交互作用。模态交互作用公理是多模态逻辑系统的特征公理，它决定了多模态逻辑系统的描述能力，同时保证了多模态逻辑系统不是单模态逻辑系统的简单叠加。多模态逻辑研究的主要任务，是从方法论层面构建多模态逻辑的一般系统，并研究一般系统的可靠性、完全性、可判定性等基本性质，从而为构建具体的多模态逻辑系统提供指导。在多模态逻辑的研究过程中，正规多模态逻辑因其强大的刻画能力及解题功能一直处于多模态逻辑研究的主体地位。

本书以模态算子交互作用公理模式为视角，系统研究了正规多模态逻辑的一般系统以及多模态逻辑在哲学中的应用。全书由三个部分组成。第一部分为第一章，分析多模态逻辑的研究动因和研究现状。第二部分由第二章至第六章组成，全面深入地阐述正规多模态逻辑的基础理论。该部分的内容分为两个方面：一是探讨正规多模态逻辑的形式系统和语义；二是探讨正规多模态逻辑系统的元理论，包括对应性、决定性（可靠性、完全性）、可判定性等问题。第三部分为第七章，探讨正规多模态逻辑在哲学领域中的应用，主要包括多模态逻辑在哲学概念的相互定义、哲学概念的相互作用以及具体哲学问题讨论中的工具性作用。

本书是在我的博士论文基础上写成的，经过不断的修改和完善后获得国家社科基金后期资助项目的资助。现在本书即将出版，我要感谢许多学界的前辈和老师们。

感谢我的硕士和博士导师潘天群教授。不论是我在南京大学读书期间，还是毕业之后，潘老师对于我的学业都给予了极大的关心与指导。潘老师严谨务实的学风深深影响着我，一直是我学习的榜样。感谢南京大学张建军教授长期以来对我的关心和帮助。张老师不仅传授给我专业知识，还教给我很多为人为学的道理。感谢山东大学王文方教授，南京大学王克喜教授、顿新国教授对我博士论文的积极评价与中肯建议。感谢南开大学刘叶涛教授多年来对于我的学业和生活的关心。

感谢中国社会科学院哲学研究所刘新文研究员、浙江大学哲学学院金立教授、北京师范大学哲学学院郭佳宏教授在书稿写作过程中给予的宝贵建议。

特别要感谢清华大学王路教授和河北大学张燕京教授。与王老师相识以来，王老师经常指导我读书和学习，王老师对我的肯定与鼓励让我在学术研究的道路上更加坚定。张老师作为河北大学逻辑学科带头人，毫无保留地提携年轻教师，我的每一次进步和成长都离不开张老师的支持与鼓励。

最后感谢我的家人们。你们的爱和陪伴是我永远的动力！

感谢国家社科基金后期资助项目的资助！

感谢科学出版社编辑为本书的出版付出的努力！

由于作者水平有限，书中难免有疏漏和不妥之处，恳请读者批评指正。

作　者

2023 年 11 月于笃行阁

目　录

第一章　导　　论

多模态逻辑是指包含两种或两种以上模态算子的模态逻辑系统,且算子间不可归约。本章从多模态逻辑的产生背景出发，考察多模态逻辑的研究动因、多模态逻辑研究中涉及的主要语形问题和语义问题，在对多模态逻辑的研究历史进行细致梳理的基础之上，详细阐述研究多模态逻辑的意义和价值。

第一节　多模态逻辑概述

一、多模态逻辑的产生背景

模态逻辑，从狭义上讲，是研究“必然”和“可能”的逻辑。而从现代逻辑意义上讲，模态逻辑为研究这些模态概念提供了一个框架。在形式逻辑的背景下，除了可以明确地使用模态算子对这些模态概念进行表述以外(用$\Box$表示必然性，用$\Diamond$表示可能性)，还可以研究这些概念的内涵以及概念间的演绎关系。在逻辑语义学(如可能世界语义学)背景下，还可以对这些概念的外延及其之间的逻辑关系进行语义解释。模态逻辑的这些特性使得它成为语言学、哲学、数理逻辑的交汇点。

从语言学角度来讲，不能简单地将模态逻辑看作亚里士多德所谓的关于“可能”和“必然”的逻辑。从一般意义上讲，模态逻辑是关于模态概念的研究。自然语言十分丰富，多种模态概念的存在也使得模态逻辑的研究对象更为广泛，因此将模态逻辑看作关于“模态的逻辑”的研究更为合理。比较常见的模态概念有

- 真势模态

p是(必然／可能／偶然／不可能)真的。

- 时间模态

p(将是／是／总是／在某个时刻是)真的。

p(未来／过去)是真的。

p是真的是不可避免的。

……

- 道义模态

p 是 (义务的 / 允许的 / 禁止的)。

……

- 认识论模态

x (知道 / 相信 / 认为) p。

……

- 动态模态

通过做……，p 是(必然的 / 可能的 / 不可能的)。

……

相比上述模态，人们对其他类型的模态也进行过一些研究，只是相对较少，如

p 是 (可设想的 / 可证明的 / 充分的)。
x (肯定 / 希望 / 想要 / 害怕 / 渴望) p。
x 知道如何……。
x 知道应该……。
x 知道如果……。

鉴于在自然语言中存在着多种模态概念，模态逻辑的研究对象也不再局限于单一种类的模态。不同种类的模态在不同领域内的性质和作用也使得它们成为模态逻辑必不可少的研究对象。相对于传统模态逻辑的“标准”定义而言，多模态逻辑扩展了传统模态逻辑的研究范围。对不同种类模态的研究可以构建不同的模态逻辑系统，为不同种类的模态构建一个通用的研究框架，使得各种类型的模态在这一研究框架下既可以保持自身的独立性，又可以具备统一的形式化规则，这应是模态逻辑的研究目标。①对不同模态的研究可以构建不同的模态理论，如真势逻辑、时态逻辑、道义逻辑、认知逻辑、动态逻辑等。此外，从另一角度来看，模态逻辑还是一种数学理论，可以用来表示上述不同模态理论之间共有的性质和功能。

模态逻辑已经被广泛研究了许多年，但在某种程度上，这一理论的发

① 这可以被称为模态逻辑的“基础假设”，它是理解和处理模态的逻辑基础，或者更一般地说，它是处理自然语言中模态概念的基础。

展并不均衡。从历史的角度来看，通常认为刘易斯(Lewis，1912)“复兴”了模态逻辑，从此模态逻辑作为一个独立的形式逻辑的分支开始发展。由普赖尔(Prior，1967)、冯·赖特(von Wright，1951a)和辛迪卡(Hintikka，1962)分别建立的时态逻辑、道义逻辑、认知逻辑也随后发展起来。此后，在理论计算机科学的背景下，出现了动态逻辑及相关研究。

模态逻辑的研究工作一般基于三点。一是从语言和哲学的角度对模态逻辑进行讨论。在每种理论背景的讨论下，都会涉及模态算子的某些性质和原则，这就关系到对(时间的、道义的、认知的……)模态算子的解释。与此同时，在引入可能世界语义学对模态算子进行解释的过程中也产生了许多的问题。二是从严格的逻辑学的角度来看也出现了大量的问题，如系统的公理化、完全性、可判定性等逻辑学研究中的传统问题。三是模态逻辑研究中另外一个非常重要的问题，即自动推理问题，也就是说在该系统内能否找到自动的推理方法，以及这些推理方法的复杂性问题，而这涉及模态逻辑在计算机科学中的实际应用。

对模态采用什么研究方法，以何形式刻画模态的性质以及采取什么样的语义对其进行解释(也就是从模型论的角度来看)似乎都有很多可能的选择。因此，在每种模态理论中，可以构建不同的逻辑系统。对于模态逻辑的这种特性，学界主要有两种观点。一种观点认为这是模态逻辑的一个缺点，因为似乎没有一个系统可以完全刻画模态的实际特征；另一种观点认为这恰恰是模态逻辑的一个优点，因为可以根据具体背景考察具体类型的模态，模态逻辑作为这样一种形式工具，它的多样性及灵活性使其可以去考察不同背景下不同种类的模态。本书更倾向于后一种观点。

尽管模态逻辑有些方面的研究进行得还不够充分，但不得不承认的是，近些年来模态逻辑研究已经达到了非常高的水平。例如，克里普克语义学是 20 世纪 70 年代到 80 年代大部分逻辑学家研究的主要问题；在计算机科学领域，模态逻辑的复杂性及自动推理问题已经引起人们的广泛关注；此外，其他一些理论，如时态逻辑通过新的算子或者较为复杂的语义结构的引入，也得到了极大的发展。

目前，模态逻辑研究的发展状态可以概括为：一方面，模态逻辑是一个完整的领域，同时又是数理逻辑、哲学、计算机科学的分支；另一方面，模态逻辑试图从上述各个领域来收集知识，从而进一步丰富和完善自身理论。多模态逻辑就是在这样的背景下产生和发展起来的。

二、多模态逻辑的研究动因

多模态逻辑作为模态逻辑基础理论的重要组成部分，同时作为对传统模态逻辑的扩充和发展，有着更深层次的研究动因。

首先，模态的联合问题是多模态逻辑研究的首要动因和出发点。多种不同类型模态(真势的、时间的、道义的、认识论的、动态的……)的存在，导致了多种不同模态理论的产生，而这一直是20世纪50年代末至今模态逻辑学家们研究的主题。但是，奇怪的是，这些不同模态理论的发展都是相对独立的，即对于不同类型模态的研究都是独立进行的。除了几个孤立的尝试外(Prior，1967)，很少有人关注在一个逻辑框架下几种不同性质的模态的联合。由此就产生了“模态联合”问题。

人们在使用自然语言或进行日常推理时，总是会涉及多种不同类型的模态。例如：

> 皮尔士不相信 p 是可能的。
> 皮尔士可能不知道 p 是强制性的。
> 皮尔士不知道 p 是被禁止的，他认为 p 是被允许的。

在一个更为一般化的层面上，可以做出这样的推断：在任何实际使用模态的情况下，几乎都需要同时使用多种不同类型的模态。因此，从形式化角度研究涉及多种模态算子的系统(多模态逻辑系统[①])是合乎逻辑与直觉的。

其次，模态逻辑在计算机科学特别是人工智能领域的实际应用，是多模态逻辑研究的第二个非常重要的动因。模态逻辑的发展与计算机科学特别是人工智能科学的发展是相辅相成的。人工智能主要涉及的是关于“常识”的推理，也就是说，涉及人类“智能”的多种类型的推理。在这一点上，主要面向数学推理的经典形式逻辑很快就被证明是不够的。人工智能感兴趣的是其他可能形式的逻辑，统称为“非经典逻辑”[②]，非经典逻辑也有助于其他逻辑理论的复兴。在这些逻辑之中，模态逻辑并不能解决所有的问题，但其作为非经典逻辑的一种，为多种类型的推理提供了一种有价值的形式化理论。

---

① 在不引起歧义的情况下，简称多模态系统。

② 人工智能中的经典逻辑与非经典逻辑概述可参见特纳的相关著作(Turner，1984)。

如果利用模态逻辑对自然语言进行形式化研究，那么多模态逻辑对计算机科学领域的重要意义就显得尤为明显。例如，在形式化过程中，对时间、事件的表述并不能孤立地进行，而是要考虑所处的系统。在所处系统的环境下表述概念，又将涉及不同情境下系统的形式化问题。对多个情境、多个概念的表述就会涉及多种模态。此外，模态逻辑大多数可能的应用，比如通信协议和分布式系统都同时涉及(认知、时间等)不同类型的模态。从更为一般的意义上讲，如果模态逻辑一定要应用在计算机科学领域的话，那么最大的可能就是多模态逻辑的应用，而这种应用也是通过多种模态相联合得以实现的。[①]

由此可见，正是因为模态逻辑在计算机领域的应用，人们对多模态逻辑产生了兴趣。认知逻辑和动态逻辑可以看作在特定的领域内，较早被系统研究的具体的多模态逻辑系统。可以说，认知逻辑的“成功”恰恰是由于可以使用模态算子集，对一组理性主体或程序的知识或信念的复杂推理进行形式化。同样，动态逻辑的最大价值在于实现对程序集进行推理的可能性，以及引进了模态的形式运算(更多在于后者)，而这也是多种模态联合的具体表现形式。

模态的联合是逻辑学家和计算机科学家共同的兴趣所在。实际上，随着包括模态逻辑在内的非经典逻辑在人工智能领域的广泛兴起，最近的一些研究结果也显示出“必然性可能性逻辑”(传统模态逻辑)的局限，由此指向了多模态逻辑的研究，特别是一些时态、认知系统(Halpern et al.，1986b；Fischer et al.，1987)或同时考虑知识、信念或其他模态概念的系统(Lehmann et al.，1988；Halpern et al.，1987；Fagin et al.，1985；Bieber，1990)。这些系统都比较复杂，但也更加接近现实，揭示了新的概念，有些还未得到充分的探讨，这同时也证明了本书的研究工作具有价值。

最后，除了上述两个多模态逻辑实际应用的研究动因之外，从逻辑和数学的角度而言，多模态逻辑研究能够进一步丰富形式化工具。正如上文所言，模态逻辑为形式化研究模态概念提供了丰富的工具。存在很多模态理论(真势逻辑、时态逻辑、认知逻辑等)，并且在每一种理论中，已经确定了大量的模态逻辑系统。然而，这些理论及这些系统具有许多共同的特征。至少从数学的角度来看，尝试对这些系统进行一个统一的形式化刻画的想法是合法的，这将会为研究它们之间的真正差异提供一个更为清晰的

① 这可以应用到在人工智能中发展的形式逻辑的集合(模态逻辑、非单调逻辑等)：如果它们特别关注形式化推理的某个方面，从长期来看，它们要同时进行运算。

视角。另外，这些不同理论之间的联系会使得研究工作变得更为经济，并且在这个范围内可以得到一些更具一般性的结论。

三、多模态逻辑的界定

多模态逻辑的界定是多模态逻辑研究的首要问题，对多模态逻辑的界定主要有以下几个角度。

从模态逻辑的发展历史来看，其在数学方面所取得的发展大多限于单模态逻辑的情况。大部分逻辑学家把多模态逻辑当作单模态逻辑的扩展来进行研究。对于单模态逻辑而言，与之相关的很多问题，如系统的可靠性、完全性、可判定性等问题是可以解决的。由此强化了这样一种想法：多模态逻辑是模态系统简单的叠加。实际上，不论是从语形角度而言还是从语义角度而言这种观点都是不准确的。

模态逻辑学家们对多模态逻辑研究的忽视是模态逻辑研究工作的一个重大缺失。毕竟，时态逻辑系统内使用了多个模态；同时，认知逻辑和动态逻辑中使用了模态算子集进行推理；此外，道义逻辑中涉及几种模态的情况并不少见。这些系统内包含多种模态，它们都属于多模态逻辑的研究范畴，但是这些系统并没有真正强调模态联合的问题，逻辑学家在对其进行研究时并非自觉地进行“多模态逻辑”的研究。或者，更确切地说，不同类型的模态的联合问题才是多模态逻辑研究真正关心的问题。此外，已有的文献表明并没有对多模态逻辑进行过类似于单模态逻辑那样系统化、一般化的研究。

从严格句法的角度而言，单模态逻辑与多模态逻辑的区别是系统内包含模态的种类。单模态逻辑是指系统内只包含一种模态算子，多模态逻辑是指包含两种或两种以上模态算子的模态逻辑系统，并且模态算子之间不可归约。多模态逻辑最重要的特征是系统内模态的联合。根据多模态逻辑的上述定义，以及系统内模态的性质及含义，可将多模态逻辑系统分为两种类型：同质系统和异质系统。

同质系统是指在同一系统内引入多个模态算子，但仍然是在同一模态理论中。如传统的认知逻辑系统，在这一系统内包含 n 个认知算子 $K_1,\cdots,K_n$，它们分别对应 n 个理性人所构成的集合 $x_1,\cdots,x_n$，这相当于是传统单模态逻辑中必然性算子的 n 个“复本”。这也适用于一般的时态逻辑，尽管它没有引入多个模态算子，但是它们都具有时间的属性，故可以通过同一时态理论解释它们的内部结构。

异质系统是指在同一系统内引入几种模态算子，并且它们分别具有不同的模态性质，这也意味着在这一系统内汇集了不同的模态理论。每种模态理论都具有自己的特征和工作原理(公理、模型类型等)，例如，时态-认知逻辑系统，道义-真势逻辑系统等。

上述两种类型的多模态逻辑系统是非常不同的，不论是它们各自系统内模态所具有的性质还是可能的逻辑系统中所具有的实际的复杂度。同质系统内的逻辑原则(即多个同质模态算子间的相互作用原理)已经在一些理论背景中得到有效的研究和刻画，已有的一些结论基本上可以用来解释同质系统内的模态算子的联合问题。然而，与此对应的是，虽然异质系统内的模态算子联合的情况在增长，即不同种类的模态算子的联合的情况在增长，但对异质模态算子间相互作用原则的研究相对较少。到目前为止，对于这一问题的研究在模态逻辑的研究中仍然是相对边缘的，而这是多模态逻辑研究的主要问题之一。

通过对多模态逻辑研究的文献进行详细的考察会发现，尽管不同类型模态的联合是非常贴近现实的,但这相对于整个模态逻辑的研究历史而言,仍然是相对边缘化的工作。因此，将单模态逻辑看作多模态逻辑的一个特例，从单模态逻辑出发，对多模态逻辑的相关问题，如系统的可靠性、完全性、对应性、可判定性及相关语义等进行研究，是符合直觉和逻辑的。因此，不能够粗略地认为多模态逻辑只是单模态逻辑的一个简单扩展。而恰恰相反，在许多方面，多模态逻辑要比单模态逻辑复杂很多。

如果真势逻辑(研究“必然”和“可能”的逻辑)被看作模态逻辑的“心脏”，那么可以采用相同的方式构建一个一般性框架去研究多模态逻辑。参考已有的理论，除了采用相关符号(如模态算子的表述)，可从模态的交互作用公理模式的视角出发，从一般层面上构建形式化系统去研究包含不同种类模态的逻辑系统，即构建多模态逻辑的一般系统。这些多模态逻辑一般系统能够从方法论层面为构建具体的多模态逻辑系统提供指导。针对不同理论背景或具体的需要，构建具体的多模态逻辑系统，为解决具体的问题提供形式化工具。

四、多模态逻辑的研究意义

范本特姆(van Benthem)曾说过：“自 20 世纪 60 年代以来，模态逻辑有两个独立的发展，而这种发展与科学的发展是十分相似的。首先是一些模态理论非预期的应用。主要是指时态逻辑、认知逻辑理论的应用而导致空间逻辑、行为动态逻辑的产生。模态逻辑在人工智能领域成为语法推导、广义量词及概念描述的有力工具。其次是模态逻辑自身基础理论的大发展。”(van Benthem，2006) 多模态逻辑作为模态逻辑理论体系的一个重要组成部分，它的产生和发展对于整个模态逻辑理论体系的发展的重要作用是不容小觑的。因此，对多模态逻辑理论进行研究具有重要的理论意义和现实意义。

首先，对多模态逻辑理论的深入研究对于构建全面、完整的模态逻辑理论体系具有重要的理论意义。多模态逻辑作为模态逻辑基础理论的重要组成部分，其自身就有重要的研究价值。这种研究价值主要包括两方面：一方面，多模态逻辑作为传统模态逻辑的一般化扩展，其研究价值是先验的，从单模态逻辑到多模态逻辑的扩展中，一些性质在多大程度上能够进行转移等仍需进一步研究；另一方面，如果仅局限于单模态逻辑的研究实际上弱化了之前多模态逻辑研究已取得的发展(自发地或自觉地)。这种现象一个典型的例子是模态算子运算和二元关系运算之间的联系，而在接下来的工作中，在多模态逻辑的背景下，这一联系会得到强调。

目前对于单模态逻辑的基础理论研究已经非常成熟，这主要包括单模态逻辑系统的建构与完善、单模态逻辑系统的可判定性问题、单模态逻辑系统的语义解释和相关哲学问题等。而对多模态逻辑理论的研究大部分还停留在逻辑应用方法论层面，即仅仅是用多模态逻辑的方法去研究其他具体的问题。例如，构建同时包含知识和时态算子的双模态逻辑系统，或同时包含时态、知识、道义算子的三模态逻辑系统，甚至是同时包含 n 种模态算子的 n 模态逻辑系统去分析具体的问题。而对多模态逻辑基础理论的研究还不充分，这主要包括多模态逻辑一般系统的建构与完善，多模态逻辑系统的语义解释以及多模态逻辑系统的可靠性、完全性、对应性、可判定性问题等。加强多模态逻辑基础理论的研究可以进一步丰富和完善整个模态逻辑理论体系的发展。

其次，研究多模态逻辑有助于发挥模态逻辑的工具性作用。模态逻辑自产生以后，它作为经典逻辑的扩充在哲学领域发挥着不可替代的工具性作用。但是，随着各种哲学问题，乃至认知领域、数学领域各种问题的出现，能够发现，传统单模态逻辑的解题功能是十分有限的。我们需要更加强大的模态逻辑工具去对具体的问题进行分析。多模态逻辑的产生和发展的必然性也在于此。深入研究多模态逻辑，分析多模态逻辑在哲学领域以及其他各个领域的应用可能性，对于人类整个知识体系的建构和完善都有着不可磨灭的作用。

最后，多模态逻辑的研究具有重要的现实意义。在模态逻辑发展的现代时期，理论计算机科学对模态逻辑的影响从根本上改变了模态逻辑能够用在什么地方，以及它们将被如何应用的期望。而多模态逻辑理论的发展将会进一步推动模态逻辑在计算机科学，特别是人工智能领域上的应用。举一个直观的例子：如果想要用一个程序来刻画一个理性人在特定环境里的实际决策过程，在编程之前首先要构建一个具体的逻辑系统。一个理性人在做出各种决策之前是要进行推理的(例如进行计算和推论)，在推理过程中理性人要受到多方因素的影响，并且各种因素会在理性人的思维之中进行各种相互作用，于是理性人的思维之中会产生多种建模方案的可能性。理性人通过推理会与其他理性人交互作用，在特定情况下也会导致自身情况的变化，这包括理性人的动态方面变化，或者理性人对于其自身行为的推理和及时纠正。这个时候，可以假设一种因素决定一种算子，那么，在这一系统内要处理的就不止一种模态算子。此时需要构建一个多模态逻辑系统对这一实际决策过程进行刻画。之后可以按照多模态形式系统的要求，在遵循系统规则的前提下进行严密的逻辑推导，那么，最终的决策结果一定是在综合多方影响因素的前提下更合乎理性的决策。当然，多模态逻辑的应用也不仅仅局限在计算机科学，它在博弈论、多主体认知等领域也有许多重要应用。

第二节 多模态逻辑的主要研究内容

多模态逻辑是关于“包含多种模态的逻辑”的研究，它的系统内包含两种或两种以上模态算子，并且算子间不可归约。多模态逻辑旨在为研究多种类型的模态提供统一的形式框架，多模态逻辑基础理论是模态逻辑理论体系的重要组成部分。本节将从语形和语义两个方面概述多模态逻辑基础理论研究中的主要问题。

一、相关语形问题

从形式化的角度来看，多模态语言是指在经典一阶逻辑语言的基础上通过添加模态算子集而得到的一种语言。本书主要研究多模态命题逻辑的相关问题。多模态逻辑研究的相关语形问题主要包括：多模态算子及其表述问题、多模态逻辑的研究视角问题和多模态逻辑系统的公理化及其分离性问题等。

(一)多模态算子及其表述

多模态逻辑研究的主要任务是从方法论层面构建多模态逻辑的一般

系统，并对一般系统的可靠性、完全性、可判定性等基本性质进行研究，从而为构建具体的多模态逻辑系统提供指导。构建多模态逻辑一般系统面临的首要问题是给出一套多模态形式语言，这套语言可以对不同种类的模态进行表述。一般认为，多模态语言是在一阶逻辑语言的基础上通过添加任意模态算子集得到的。因此，在对多模态逻辑研究的过程中，将采用单模态逻辑的做法，用算子表示模态，从严格句法的角度来分析多模态算子及其表述问题。

严格句法的角度即从多模态语言的层面进行分析，而不考察模态本身的哲学内涵。模态算子是一种非真值函项算子，即包含任意模态算子 O 的模态命题 Op 的真值不能简单地从 p 的真值来估算。多模态逻辑系统是包含多种算子的逻辑系统，这也就是说，多模态逻辑系统可以看作单模态逻辑系统通过添加更多类型的算子得到的一种扩展。因此，多模态语言的初始符号、公式形成规则以及一些基本定义是在单模态语言的基础上添加能够表述多种模态的算子集以及模态算子的若干形式运算得到的，如合成(composition)、并(union)运算等。

关于多模态语言中模态算子的表述问题，目前主要有两种表述方法。

第一种表述方法是直接表述。在这种表述方法中，所有算子的形成直接由模态概念的性质决定。在多模态语言中，模态算子代表的就是其对应模态的性质，在这种方法中将算子记作 $O, O_1, \cdots, O_n$， O 为任意模态算子，例如 $\Box, \Box_1, \cdots, \Box_n$ 和 $\Diamond, \Diamond_1, \cdots, \Diamond_n$ 分别对应的是标准的必然性算子和可能性算子。

在这种表述方法中，可以使用单模态语言中常用的符号，如

* 真势逻辑算子(Hughes et al.，1996；Chellas，1980；Bell et al.，2013)：

$\Box$：……是必然的。

$\Diamond$：……是可能的。

* 道义逻辑算子(Gardies，1980；Gabbay et al.，1984)：

O：……是义务的。

P：……是允许的。

I：……是禁止的，并且 $Ip = O\neg p$。

- 时态逻辑算子 (Rescher et al.，1971)：

  F：在未来的某个时刻，……是真的。
  G：从现在到未来，……总是真的。
  P：在过去的某个时刻，……是真的。
  H：从过去到现在，……总是真的。

- 线性时态逻辑算子 (Wolper，1985)：

  ○：……将会是真的(明天、在下一个时刻、在下一个状态)。
  □：……始终是真的。
  ◇：……在给定的某个时刻将会是真的。

* 分支时态逻辑算子 (Ben-Ari et al.，1981)：

$\forall X$：在此之后的所有时刻，……会是真的(依赖于现在的这一时刻)。

$\exists X$：在此之后的某个时刻，……会是真的(依赖于现在的这一时刻)。

$\forall G$：在未来的所有时刻，……总会是真的。
$\exists G$：在未来的某个时刻，……总会是真的。
$\forall F$：在未来的所有时刻，……会是真的。
$\exists F$：在未来的某个时刻，……会是真的。

* 认知逻辑算子 (Halpern et al.，1985；Lehmann et al.，1988；Halpern，1986)：

K_i：认知主体 x_i 知道……[①]。
B_i：认知主体 x_i 相信……。
E：大家都知道……。
C：……是一种常识(公共知识)。

① 有些学者也用 S_x 表示知识算子“x 知道……”。

* 算子$[a]$和$\langle a\rangle$，以及运算“;”(合成)，“∪”(并)，“*”(迭代)和“？”(测试)，它们主要是在动态逻辑和行动逻辑中(Harel，1984)：

$[a]$ 通过执行a，……必然是真的。
$\langle a\rangle$ 通过执行a，……可能是真的。
$a;b$ 执行a，然后执行b。
$a\cup b$ 以非确定性的方式执行a到b。
$a*$ 执行a的次数不确定。
$?a$ 测试a是否为真。

* 时间区间逻辑算子$\langle B\rangle$，$\langle B'\rangle$，$\langle E\rangle$，$\langle E'\rangle$，$\langle A\rangle$，$\langle A'\rangle$。①

这种表述方法可以根据模态概念的性质直接定义算子的性质，因此比较符合人们的直觉，使用这种表述方法也可使人们从直观上理解模态算子间的交互作用。

第二种表述方法是间接地表述模态算子，称为模态算子的参数化表述。这种表述方法较为抽象，主要参考了动态逻辑中模态算子的表述方法。其中，任意模态算子被记作$[a]$、$\langle a\rangle$，其中a不再表示程序，而表示模态参数或模态维度。用模态参数对模态算子进行统一的表述，各种类型的(多)模态逻辑系统有统一的模态表述符号，使用这种表述方式得到的结论更为普遍和简洁，其缺点就是较为抽象，不符合直观。

在多模态逻辑基础理论的研究中，多模态算子的上述两种表述方法都会使用。在研究具体的多模态逻辑系统的性质和特征时，会使用第一种表述方法。为了使多模态逻辑的一般结论更具普遍性，在构建多模态逻辑一般系统并给出相关结论时会更多地使用第二种表述方法。

(二)多模态逻辑的研究视角

托马森(Thomason，2002)指出，经验表明，在一般情况下，性质不同的概念的一个汇集不仅仅是与这些概念相关的理论的一个简单的叠

① 这一逻辑的模型是$\langle I,\subset_B,\subset_E,\langle_A\rangle$，其中元素$I$被称为区间，$\subset_B$、$\subset_E$、$\langle_A$分别是$I$之上的二元关系，分别解释为$x\subset_B y$：$x$是从$y$开始的子区间；$x\subset_E y$：$x$是$y$的结束子区间；$x\langle_A y$：$x$在$y$开始的地方结束。算子$\langle B\rangle$，$\langle E\rangle$和$\langle A\rangle$分别与二元关系$\subset_B$、$\subset_E$、$\langle_A$对应，算子$\langle B'\rangle$，$\langle E'\rangle$和$\langle A'\rangle$分别与逆关系$\subset_B^{-1}$、$\subset_E^{-1}$、$\langle_A^{-1}$相对应。区间的所有比较算子都可以通过这些来定义(Venema，1990)。

加。多模态逻辑中包含多种模态，基于不同的模态可以构建不同的单模态逻辑，但是，多模态逻辑不是多个单模态逻辑的简单叠加。不同的模态在同一逻辑系统中发生交互作用后，会使得这一系统具有新的性质。多模态逻辑研究的核心问题之一就是考察不同模态在同一系统内的相互作用关系。

例如，在认知逻辑系统中，知道算子和信念算子之间的交互作用满足以下原则：

如果 i 知道 p，那么 i 相信 p。①

这一原则在认知逻辑中较为常见，它涉及知道算子和信念算子之间的交互作用关系。除了这一原则外，知道算子、信念算子以及道义算子之间的交互作用关系还可能满足如下原则：

(1) 如果 i 知道 j 知道 p，那么，i 知道 p。

(2) 如果 i 知道 j 不知道 p，那么，i 知道 p。②

(3) 如果 i 相信 p，那么，i 知道 i 相信 p。③

(4) 如果 i 相信 p，那么，i 相信 i 知道 p。④

(5) i 不会既相信 p 又相信非 p。

(6) 如果 i 不知道 p 是被禁止的，那么，i 相信 p 是被允许的。

(7) 如果 i 相信 p 但 p 是假的，那么，i 将会继续相信 p 只要他不知道 p 是假的。⑤

(8) 如果 i 知道 p 是必然的，那么，i 相信 p 不可能是被禁止的。

在多模态逻辑中存在很多这种类型的交互作用原则，其中模态算子间的交互作用原则依赖于具体模态的内涵，因而它们看起来是直观有效的。而这些交互作用原则也将成为包含上述种类模态算子的多模态逻辑系统的初始公式(公理)。此外，还可以研究一些具体情境下的不同模态算子之间

---

① $i, j, \cdots$ 表示任一认知主体，$p, q, \cdots$ 表示任一命题。

② 原则(1)和(2)表达了一个简单的事实，即 i 说“j 知道(或不知道)p”都可以推出说话者 i 自身知道 p。

③ 这是知识对信念的自省原则。

④ 这一原则表明，i 可能自欺欺人，或者可以说“信念自认为是知识”。

⑤ 这一原则表明，只有否定的事实才会使得 i 放弃自己的信念，或者说 i 会一直相信 p 除非“他证明不是这样……”。

的交互作用关系。例如，下述交互作用原则可以用来描述一组具有认知能力的理性人$x_1,\cdots,x_n$之间良好的沟通关系：

> 如果约翰知道p，那么，皮尔士也知道p。[①]
> 如果玛丽相信p，那么，约翰也相信p。[②]

传统单模态逻辑系统的构建方式是围绕着一些具体的特征公理，如自返性公理、传递性公理等来构建具体的模态逻辑系统，多模态逻辑一般系统的构建方式与之类似。基于模态间的交互作用原则的直观有效性，对其进行形式刻画，即可作为模态交互作用公理从而成为构建多模态逻辑系统的特征公理，这是构建新的多模态逻辑形式系统的关键。模态交互作用公理通过联合不同的模态算子，从而描述不同的模态交互作用之后形成的新性质和新特征。对模态交互作用原则进行形式刻画，即定义模态算子交互作用公理，这是多模态逻辑基础理论研究的一个重要视角。

基于前文提到的模态算子的第一种表述方法，上述知识算子、信念算子、道义算子的交互作用原则可以表述为

(1) $K_iK_jp\to K_ip$。

(2) $K_i\neg K_jp\to K_ip$。

(3) $B_ip\to K_iB_ip$。

(4) $B_ip\to B_iK_ip$。

(5) $\neg(B_ip\wedge B_i\neg p)$。

(6) $\neg K_iIp\to B_iPp$。

(7) $(B_ip\wedge\neg p)\to\bigcirc(\neg K_i\neg p\to B_ip)$[③]。

(8) $K_i\Box p\to B_i\neg\Diamond Ip$。

从模态交互作用公理的视角研究多模态逻辑一个重要的问题就是模态交互作用公理的选择及刻画。模态交互作用公理的主要来源是模态交互作用原则的形式化。应该考虑什么类型的模态交互作用原则，能够考虑什么类型的模态交互作用原则，这类模态交互作用原则对模态间交互作用情况的描述能力如何等，上述问题都是选择、刻画模态交互作用公理时应该考虑的问题，也是多模态逻辑研究的一个较为基本的问题。基于多模态逻

① 因为约翰告诉了皮尔士，他们是好朋友。

② 因为约翰是个特别轻信的人，他相信别人说的任何事情，或者约翰非常喜欢玛丽，他对她是盲目的信任。

③ 这一公式中的$\bigcirc$是线性时态逻辑中的算子，表示“……将会是真的”。

辑基础理论研究的主要任务是为研究各种类型的模态定义一般的形式框架，目前，多模态逻辑基础理论研究的一般思路是，选择相对广泛的模态交互作用公理(模式)，基于上述公理(模式)构建多模态逻辑一般系统，进而对该系统的可靠性、完全性、对应性、可判定性等元逻辑问题进行研究。

(三)多模态逻辑系统的分离性

在多模态逻辑的公理化系统中，不同的模态算子有不同的演绎方式，即与不同模态算子相关的(单)模态系统(子系统)是不同的。例如，有的多模态系统同时包含 T 类型的模态算子$\Box_1$，S4 类型的模态算子$\Box_2$，以及 KD 类型的算子集$(\Box_3^1,\cdots,\Box_3^n)$等。从一般意义上考察多模态系统的公理化，则面临下述问题：在何种程度上一个多模态系统可以被看作多个(单)模态系统的叠加？或者，已知多模态公理化系统 L 及其语言中的任意算子O，如何得到与O相关的子公理化系统？这一问题即多模态逻辑系统的可分离性问题。

多模态逻辑系统的可分离性问题主要关注多模态公理化系统及其子系统之间的关系问题。不同类型的多模态逻辑系统对这一问题的回答不同。根据多模态系统内模态算子、公理及规则的组合方式，多模态系统可分为包含交互作用的系统和不包含交互作用的系统。多模态逻辑基础理论研究将分别考察这两类公理化系统的可分离性问题。

首先，需要严格定义区分包含或不包含交互作用系统的标准。如果模态交互作用公理涉及不同类型的模态算子$O_1,\cdots,O_n$，那么系统的定理及推理规则都会有所涉及；如果该公理化系统包含(或不包含)涉及不同类型模态算子交互作用的公理或推理规则，则被称为包含(或不包含)交互作用的多模态公理化系统。

其次，根据多模态公理化系统的性质及公理化可分离性的定义，通过归纳证明不包含交互作用的多模态公理化系统是可分离的。对于包含交互作用的多模态公理化系统而言，不同模态算子的演绎方式会因其算子间的交互作用发生变化，而导致包含交互作用的多模态公理化系统不可分离。

最后，在多模态逻辑系统的可靠性和完全性结论的基础上，定义一个具体的标准去判定一个具体的多模态公理化系统是否可分离。对多模态逻辑系统的可分离性进行研究，是进一步精确分析多模态系统的一般性质、多模态系统与其子系统之间的关系，研究多模态逻辑相关结论的“累积性”(cumulativity)问题的重要基础，是研究多模态逻辑基础理论的重要方面。

二、相关语义问题

多模态逻辑研究的相关语义问题既包含传统单模态逻辑研究中对模态、模态算子的解释问题，又包含多模态逻辑研究特有的语义选择问题。

(一)模态与模态算子的解释

研究多模态逻辑不能回避的是模态逻辑研究中的初始性问题：模态是什么？传统模态逻辑的研究方法，即将模态定义为非真值函项算子，而这又会涉及模态算子表述的标准问题。如果不能够清楚地回答“模态是什么”这一问题，是无法清楚地回答“多模态是什么”这一问题的。鉴于本书的研究目的不是从哲学上给出模态的终极解释，而是要从方法论层面构建多模态逻辑一般系统，因此，本书仅从严格句法的角度来分析这一问题。

严格句法的角度即从多模态语言的层面进行分析，而不考察模态本身的哲学涵义。模态算子是一种非真值函项算子，即包含任意模态算子O的模态命题Op的真值不能简单地从p的真值来估算。多模态逻辑是包含多种模态算子的逻辑系统，这也就是说，多模态逻辑是单模态逻辑通过添加更多算子得到的一种扩展。多模态语言的初始符号、公式形成规则及一些基本定义是在单模态语言的基础上添加能够表述多种模态的算子集以及模态算子的若干形式运算得到的，如“合成”和“并”运算等。

然而，从直观上来看，“模态”算子的这一定义似乎太一般化了。因为存在着一些经典逻辑的扩展，它们不同于传统的“模态”(如条件句逻辑)，所以，需要对模态逻辑的普遍特征进行描述。因此，应该重新考虑“模态”定义的普遍性，并尝试刻画非布尔算子的模态。关于这一问题的讨论，文献是相对保守的。实际上，当谈论模态算子时似乎有这样的共识：“典型的模态”是指保持特定的性质。这主要包括两个方面，一方面是由某些公理或规则所表示的内涵性质，如$O(\alpha\leftrightarrow\beta)\leftrightarrow(O\alpha\leftrightarrow O\beta)$；$O(\alpha\rightarrow\beta)\rightarrow(O\alpha\rightarrow O\beta)$；如果$\vdash\alpha$，那么$\vdash O\alpha$。另一方面是基于可能世界语义学解释的外延性质。

模态算子O用外延理论来支撑更具有合法性。上述性质都是与可能世界语义学相关联的，而这仅仅是转移了问题。现在的问题成为如何去理解和断定可能世界语义学之于内涵逻辑的局限性。可能世界语义学是“普遍的”吗？是否可以使用克里普克类型的模型去解释任意内涵算子，抑或是说，对于内涵算子而言，有没有其他可能的语义学(进行替换解释)，即使是对于最常见的必然和可能算子而言？

实际上，可能世界语义学能够为一些内涵逻辑(如时态逻辑、道义逻辑、认识逻辑等)提供语义解释，同时又确实存在着一定的局限。例如存在着这样的模态逻辑系统，它不能够由任何的关系模型(克里普克模型)类(Thomason，1974)或相邻语义(Gerson，1975)来刻画。可能世界语义学是否充足的问题在哲学和语言学领域进行了广泛的讨论(van Benthem，1984b)。

(二)多模态逻辑的语义选择问题

多模态逻辑基础理论研究的另外一个重要问题就是语义选择问题。什么类型的模型可以用来解释多模态逻辑，这种类型的模型是否对于解释各种类型的模态具有普遍适用性，这是多模态逻辑的语义选择问题。

在可能世界语义学中，模态算子按照以下方式加以定义。用 U 表示可能世界的集合，用 R 表示可及关系：如果一个命题 p 在可能世界 x 中是必然真的，那么，在与 x 世界具有 R 关系的所有可及世界中，p 是真的。一个较为自然的想法就是将这种语义学推广到多模态逻辑中。假设一个模态算子对应一个可及关系，由此能够得到多关系结构 $\langle \mathrm{U}, \{\mathrm{R}_1, \cdots, \mathrm{R}_n\} \rangle$，其中 U 表示可能世界集，$\mathrm{R}_1, \cdots, \mathrm{R}_n$ 表示不同模态算子对应的可及关系。多关系结构可看作通常意义上的可能世界语义结构在多模态逻辑中的“自然”扩展。这种类型的语义被称为多关系语义，一般选择这种语义对多模态逻辑进行解释。

多关系语义是比较符合直觉的语义，它的模型为 $\mathrm{M}=\langle \mathrm{U}, \Re, \mathrm{V} \rangle$，其中 U 是可能世界的集合，$\Re$ 是在 U 之上的二元关系的集合，即 $\{\mathrm{R}_1, \cdots, \mathrm{R}_n\}$，V 是在 U 之上的一个赋值。在一定意义上，多关系语义的模型是“典范的”，并且具有比较深层次的代数结构。在多关系语义中，由任意模态参数 a 形成的模态算子 $[a]$ 和 $\langle a \rangle$ 的真值条件可在模型 M 中通过公式 $(\mathrm{M},\mathrm{x}) \vDash \langle a \rangle \alpha \Leftrightarrow (\exists \mathrm{y} \in \mathrm{U})(\mathrm{xR}_a\mathrm{y} \wedge (\mathrm{M},\mathrm{y}) \vDash \alpha)$ 和 $(\mathrm{M},\mathrm{x}) \vDash [a]\alpha \Leftrightarrow (\forall \mathrm{y} \in \mathrm{U})(\mathrm{xR}_a\mathrm{y} \to (\mathrm{M},\mathrm{y}) \vDash \alpha)$ 定义，其中 R_a 是与模态参数 a 相关联的二元关系，α 是任意合式公式，$\mathrm{x},\mathrm{y} \in \mathrm{U}$。

多模态逻辑中涉及模态算子的运算，从语义层面看，模态算子的运算实际上是模态算子所对应的二元关系的运算。模态算子和二元关系的联系是多方面的。首先，模态算子之上的运算与其所对应的二元关系之上的运算相“对应”，即这两个层面的形式运算是相对应的。其次，一般来说，由特定的模态算子交互作用公理所构建的多模态逻辑系统的完全性问题，与该模态交互作用公理所对应的框架的二元关系性质相对应[①]。最后，上述完全性问题就会产生对应性问题和系统的决定性问题，与之对应的就是上述二元关系的一阶性质所对应的这些问题。因此，对于多模态逻辑系统的语义研究，很自然地就会转向对多关系语义中二元关系运算的研究。需要注意的是，正是从单模态逻辑到多模态逻辑研究的扩展，导致了对二元关系的运算进行深入的研究。事实上，这种研究开拓了模态逻辑和可能世界语义学之间很多新的联系，并且由此可以给出一些更为简洁的完全性和对应性理论的结论。

多关系语义凭借其直观的特性和相对广泛的适用性在多模态逻辑研究中发挥重要作用，但是，多关系语义仍存在一定的局限性，它不适用于某些类型模态的解释。比如，多关系语义无法给时态一个满意的解释，时态算子以及时态算子和其他类型算子的联合可能需要更为复杂的语义结构去解释。此外，在一些具体的系统内，如时态逻辑系统 (Emerson，1983) 和认知逻辑系统(Halpern et al.，1986b)内，也出现了一些多关系语义的替代品。如$\langle U_1,\cdots,U_n,R_1,\cdots,R_n\rangle$类型的结构[②]，其中$U_i$表示可能世界集，$R_i$表示在$U_i$之上的二元关系。除此之外，还有更为复杂的结构。从逻辑的角度来看，一个需要研究的问题是这些不同语义之间的关系。已知一个给定语义下的模型M，以及其他语义下的模型M'，若M和M'可以验证同一个公式 (即这一公式在这两种模型上都是有效的)，那么，这两种语义之间是否具有等同关系?不同语义对应的不同类型的模型分别适合什么样的多模态逻辑系统，这是多模态逻辑基础理论的语义研究中需要考虑的另外一个重要问题。

多关系语义对多模态逻辑而言可能不是最好的选择方案，但是作为一个可参考的语义解释，它仍旧能够为多种类型的模态及其联合提供解释。因此，它具有相对广泛的适用性。与此同时，探索其他类型语义，通过综合比较多种语义进行进一步的研究，即不同类型的模型之间是否存在等价关系、不同类型语义的适用性问题等，这也是多模态逻辑基础理论研究的一个重要方面。

综上所述，在一般情况下，与多模态逻辑研究相关的语形和语义问题可以分为下述两种类型：

---

① 例如，在模态逻辑中，公理$\Box p\to p$与自返关系对应，公理$\Box p\to\Box\Box p$与传递关系对应。

② 这种类型的结构被称为多维结构。

(1) 在何种情况下，单模态逻辑的某些方法和结论可以直接推广到多模态逻辑中？

(2) 什么样的问题是只有在多模态逻辑情况下才会出现的？

问题 (1) 已经涵盖了多模态逻辑研究的大部分问题。实际上，模态逻辑现在发展的技术水平相对而言已经很高，但是，要想在很短的时间内把在单模态逻辑中获得的一些方法和结论推广到多模态逻辑中，还是有一定困难的，这需要长时间的研究和构建。但是，这一工作是不可避免的，这涉及逻辑系统的完全性问题、可判定性问题、模型论以及对应性问题等结论的推广。因此，很有可能的是，如 (1) 关注的那样，多模态逻辑具有许多类似于单模态逻辑的方法和结论。通过抽象概括单模态逻辑一些标准的方法，可以有效地得出多模态逻辑系统的一些完全性、对应性、可判定性结论等。

问题 (2) 更加具有开放性。正如上文已经提到的，在多模态逻辑中有许多问题是先验的，这主要包括：上文提到的模态算子的交互作用问题；模态算子的形式运算和实际运算问题(如果采用参数概念的话，就是模态参数之上的形式运算和实际运算)；多模态逻辑与二元关系理论的关系；包含不同模态算子的子系统的相关语形和语义问题；多模态逻辑系统的多种语义解释问题等。

第三节 多模态逻辑的研究现状

国内学界对多模态逻辑的研究起步较晚，且大多数是在国外研究成果的基础上进行的扩展研究。国内对于多模态逻辑的研究主要集中在逻辑学领域和计算机科学领域。

在逻辑学领域，多模态逻辑的研究主要集中在多模态逻辑应用研究层面。邹崇理从多模态的角度对范畴语法进行研究(邹崇理，2006)。与此同时，人们更多关心的是具体的多模态逻辑系统，如时态逻辑、道义逻辑和认知逻辑系统(张玉志等，2020；霍旭，2018；周祯祥，2006；潘天群，2009)。此外，把多模态逻辑一般系统作为研究对象，构建多模态逻辑一般化的形式系统，并对其进行语义解释的一般理论的研究还不够充分(赵贤，2013a，2013b；赵贤等，2015，2019)。

在计算机科学领域，对于 BDI(信念、愿望、意图，belief、desire、intention)模型的理论研究也涉及对多模态逻辑的研究(胡山立等，2000；唐文彬等，2003；刘勇等，2005)。除此之外，《基于中介逻辑的多模态逻辑系统》(施庆生等，1996)、《纤维逻辑》(邱莉榕等，2006)、《结合逻辑与决策论方法的 Agent 模型研究》(凌兴宏等，2007)等也涉及多模态逻辑的研究。

国外关于多模态逻辑的研究多以正规多模态逻辑为主。本书将主要从国外文献出发，考察一些已经被研究过的具体的多模态逻辑系统以及一些多模态逻辑一般系统。除特别说明外，下文涉及的均为正规多模态逻辑系统。因为多模态逻辑研究的文献较为分散，对相关文献的梳理也是本书工作的重要组成部分。另外，对于这些多模态逻辑系统的分析和研究在一定程度上也为正规多模态逻辑提供了研究契机和应用可能。

根据多模态逻辑研究对象的不同，可将国外多模态逻辑研究分为具体多模态逻辑系统研究和多模态一般系统研究两种类型。具体多模态逻辑系统的研究根据多模态逻辑系统中模态的性质和模态联合方式的不同，又可分为三种类型：同质多模态逻辑研究、异质多模态逻辑研究以及上述两种类型之外的具体多模态逻辑研究。本书的研究目的是在具体多模态逻辑系统基础之上，以模态交互作用原则为视角，构建多模态逻辑的一般系统，因此，本书对已有多模态逻辑研究的梳理将从同质多模态逻辑研究、异质多模态逻辑研究、其他具体多模态逻辑研究以及多模态逻辑一般系统研究四个方面展开。在分析相关多模态逻辑系统时，本书会详细考察各个多模态逻辑系统中的模态交互作用原则，因为这既是多模态逻辑研究的重要动因，也是多模态逻辑研究的重要视角。

一、同质多模态逻辑研究

同质多模态逻辑是指在同一系统中包含多个模态算子，且模态算子均属于统一模态理论，如多模态认知逻辑、多模态道义逻辑、动态逻辑、时态逻辑等。下面将从文献出发，考察这些系统中模态算子的联合和交互作用情况。

(一)多模态认知逻辑

多模态认知逻辑使用模态算子集 $K_1,\cdots,K_n$，其中 $K_i p$ 表示“x_i 知道 p”，x_i 表示任意“理性主体”。多模态认知逻辑系统就是 n 个单模态逻辑系统的“副本”组合而成的多模态逻辑系统(Halpern et al.，1985)。围绕下述公理进行讨论，从而获得了 $T_{(n)}$、$S4_{(n)}$ 以及 $S5_{(n)}$ 系统[①]。

$K_i p \to p$；　　　　　　(知识的真理性)

① 公理 T、$\Box p \to p$、公理 4、$\Box p \to \Box\Box p$ 和公理 5、$\Diamond p \to \Box\Diamond p$ 都是模态逻辑中常见的公理。

$K_i p \to K_i K_i p$； (积极地反思)

$\neg K_i p \to K_i \neg K_i p$。 (消极地反思)

由上述公理构建的多模态逻辑系统都是同质系统(因为模态算子都具有相同的性质，且从属于同一模态理论，如在 T、S4 或 S5 系统内)，同时系统内不包含模态算子间的交互作用，而这些特征使得这类系统比较容易研究。

认知逻辑中还包含公共知识算子，记作 E(“大家都知道……”)和 C(“……是公共知识”)。其中 E 定义为 $Ep=(K_1 p \wedge \cdots \wedge K_n p)$，$C$ 被定义为此类公式的无限合取 $Ep \wedge EEp \wedge EEEp \wedge \cdots$，可以通过归纳公理进行公理化：

$Cp \to (Ep \wedge ECp)$；

$C(p \to Ep) \to (Ep \to Cp)$。

多模态认知逻辑的一种变体是关于信念的逻辑，即多模态信念逻辑。信念算子被记作 $B_1, \cdots, B_n$，其中 $B_i p$ 表示“x_i 相信 p”。公理 $B_i p \to p$ 是不被接受的，通常讨论如下公理：

$\neg B_i \perp$；

$B_i p \to B_i B_i p$；

$\neg B_i p \to B_i \neg B_i p$。

根据上述公理可以构建 $\text{KD}_{(n)}$、$\text{KD4}_{(n)}$ 和 $\text{KD45}_{(n)}$ 系统，它们是不包含模态算子间交互作用原则的同质多模态逻辑系统。

认知逻辑也研究其他一些概念，如隐性知识的概念，并且对于这些概念的应用也进行了形式化的研究，例如构建了分布式系统(distributed system)，这方面研究的文献也比较丰富(Fagin et al.，1984；Parikh，1984；Halpern，1986；Halpern et al.，1989，1990；Lehmann，1984；Parikh et al.，1985)。

多模态认知(信念)逻辑通常是比较简单的多模态逻辑系统，其系统内几乎没有涉及模态算子间的交互作用原则的研究。但是，有学者构建了一个将知识算子和信念算子相联合的系统(Lehmann et al.，1988)，它使用了下述公理去刻画知识算子和信念算子之间的交互作用原则：

$K_i p \to B_i p$；

$B_i p \to K_i B_i p$。

另外，公理 $K_i p \to K_j p$ 表示 x_j 知道 x_i 知道的一切(Enjalbert et al.，1989)。

认知逻辑中的逻辑全能问题涉及下述原则：

$K_i(p \to q) \to (K_i p \to K_i q)$。

如果 α 是定理，那么 $K_i\alpha$ 也是定理。

从逻辑的观点看，若 K_i 是正规的，那么这一原则是批判认知逻辑的主要指向(Vardi，1986)。对于多模态逻辑的研究而言，这一问题有一定的价值(可能的应用)，即可以在非正规多模态逻辑系统内研究这一问题。

此外，传统的认知逻辑对于知识和信念的概念的表述是十分有限的。因此需要对这两个概念进行清晰的表述，从现实的角度来看，甚至需要多种认知概念的清晰表述。如在上文中提到的，至少存在两种类型的信念：一种是“强”信念，这种信念相对不易受到影响。例如，x 相信上帝存在。另一种是“弱”信念，这种信念会随着情况的变化而变化。例如，x 相信明天会是个好天气。同样，也很有可能存在几种不同的知识概念，而当这些概念被考虑的时候，它们一般都会发生交互作用。毫无疑问，如果要对这些概念进行清晰表述的话就一定会使用多种模态。若用 $K_i^1, K_i^2, \cdots, B_i^1, B_i^2$ 表示同一逻辑系统内不同的概念，或者是这些概念之间的交互作用，则需要一个统一的逻辑框架，即构建多模态认知逻辑的一般系统。

(二)多模态道义逻辑

道义逻辑使用模态算子 O(……是义务的)和 P(……是允许的)，并且引进了算子 I(……是禁止的)，且 $Ip = O\neg p$。从形式上来看，模态算子 O 和 P 类似于真势逻辑中的 $\Box$ 和 $\Diamond$ 算子，道义逻辑是传统模态逻辑的一个简单变体。

多模态道义逻辑可以通过考虑添加道义算子集 $O_1, O_2, \cdots, O_n$ 来获得，其中与每个道义算子有关的标准都可以称为该系统的规范。换言之，义务和权利是相对于不同规范而言的。有些行为在某一规范下可能是允许的，而在另一规范下可能就是被禁止的。那么，从逻辑的角度看，关于这些规范之间的交互作用就会产生一系列的问题，不同规范间的交互作用原则主要有下述几种类型：

(1) $\neg(O_i p \wedge O_j \neg p)$；

(2) $O_i p \to O_j p$；

(3) $O_i O_j p \to O_i p$。

原则(1)关注的是系统内规范的兼容性问题，即一个行为不能同时在规范 i 下是义务的而在规范 j 下不是义务的。原则(2)关注的是系统内规范的层次性问题，即一个行为是规范 i 要求的，那么它也是规范 j 要求的。原则(3)关注的是系统内规范的传递性问题，即规范 i 要求某行为是规范 j 要求的，那么规范 i 本身也要求这一行为。

多模态道义逻辑虽然比较符合直观却不是标准的道义逻辑，在这方面主要是加尔迪所做的工作(Gardies，1980)，他使用多模态逻辑的方法去研究分层规范及上述三个原则，此处列举的这些例子也是多模态逻辑研究中会涉及的交互作用原则。

(三)动态逻辑

上文已经提到了动态逻辑的一些基本原则，动态逻辑是关于程序的逻辑。它是研究多模态逻辑一般系统的最佳框架，因为在该系统内对模态算子进行统一的表述(参数化表述)并且使用算子的形式运算定理。

最简单的动态逻辑被称为 PDL(propositional dynamic logic，Harel，1984)。如果省略归纳运算“*”，就可以得到 PDL^* 系统，它可以被看作传统模态逻辑 K 系统的 n 个副本的组合[①]。如果引入新的关于程序的运算“逆”[②]，就可以得到 PDL 系统的扩张——CPDL 系统，PDL 的其他扩张也是可能的。关于动态逻辑研究的文献也十分丰富(Troquard et al.，2019)，此处不再详尽介绍。

在一定意义上可以将动态逻辑看作多模态逻辑。之于本书的研究工作而言，动态逻辑是较为简单的多模态逻辑系统，因为它与认知逻辑一样都是同质的(因为算子 $[a]$ 都是在系统 K 中定义的)且不包含模态算子间的交互作用(若不将程序之上的运算“;”“$\cup$”看作模态间的交互作用原则，而是将其看作模态算子的运算的定义或者刻画)。在本书所进行的多模态逻辑研究中，可以将 PDL 看作极小的 (正规) 多模态逻辑一般系统，通过添加一些用以刻画模态算子间的交互作用原则的公理而获得一些可能的扩展。

(四)时态逻辑

大部分时态逻辑都属于多模态逻辑的范畴，因为关于时态的最简单的推理都要涉及多个模态算子。最简单的时态逻辑系统使用模态算子 F 和 G (关于未来的算子)以及算子 P 和 H (关于过去的算子)。这两对模态算子满足：$p \to GPp$ 和 $p \to HFp$ 。它们是共轭(conjugate)(或逆)算子的特征公

① 在后文会提到，除了动态逻辑中的*运算，其他运算(; ，$\cup$，?)都不会增加语言的表达力。

② 如果 a 是一个程序，则 a 的逆 a^- 可以通过执行一个“后溯”获得。

理，在一定程度上也可以被看作模态算子间的交互作用原则。此外，时态逻辑中的一些公理也对时态算子间的某些交互作用原则进行了刻画，例如①

$Pp \to H\Diamond p$；　　线性向后(rear linearity)

$Fp \to G\Diamond p$；　　线性向前(forward linearity)

$\Box(Hp \to FHp) \to (Hp \to Gp)$。　　连续性(continuity)

因此，可以设想很多这种类型的公理都是可能的，并介入对潜在时间结构的刻画。更多详细的信息可以参见雷谢尔和范本特姆的工作(Rescher et al.，1971；van Benthem，1983)。

已有文献中对于时态逻辑的研究十分丰富，本书主要关注时态逻辑的多模态属性。由此出发，关于时态逻辑的研究大致可以分为以下三种类型。

第一，线性时态逻辑 PTL 研究(Pnueli，1977)。该系统内使用模态算子 $\bigcirc$，$\Box$ 和 $\Diamond$。PTL 可以被看作两个单模态逻辑系统的组合：一个系统对应算子 $\bigcirc$，其特征公理是 $\bigcirc p \leftrightarrow \neg\bigcirc\neg p$，其表达继承关系的特征；另一个系统对应算子 $\Box$(或 $\Diamond$)，它是 S4.3 类型的算子。这两个系统之间的交互作用是简单的归纳，通常由模态算子交互作用原则 $\Box p \to (\bigcirc p \wedge \bigcirc\Box p)$ 和 $\Box(p \to \bigcirc p) \to (\bigcirc p \to \Box p)$ 来保证。

第二，分支时态逻辑 CTL 研究(Clarke et al.，1982；Emerson et al.，1985)。该系统使用算子 $\forall X$、$\exists X$、$\forall F$、$\exists F$、$\forall U$ 和 $\exists U$，这是在 UB 系统的基础上通过添加算子 $\forall U$ 和 $\exists U$ 得到的(Ben-Ari et al.，1981)。从句法角度来讲，在 UB 中有三对对偶算子②：($\forall X$，$\exists X$)类似于真势模态($\Box$,$\Diamond$)；($\forall G$,$\exists F$)通常由归纳公理来联结；($\exists G$,$\forall F$)在时态结构中有着非常特殊的解释。③需要注意的是，在这样一个系统内，模态算子的交互作用主要是依赖于它们的语义，而从研究多模态逻辑一般系统的角度出发，这实际上是掩盖了模态算子间交互作用的真正意义。

第三，区间时态逻辑系统研究。在莫什科夫斯基(Moszkowski，1986)构建的区间时态逻辑系统中，区间是有限的时刻的序列。哈尔彭对区间模

---

① 其中 $\Box p = (Gp \wedge p \wedge Hp)$，$\Diamond p = (Fp \vee p \vee Pp)$，这是麦加拉学派意义上的必然和可能。

② 如果算子 O 和 O' 满足公理 $O\neg p \leftrightarrow \neg O' p$，那么它们具有对偶性。

③ 包含这些算子的公理主要有

$\forall G(p \to q) \to (\exists Gp \to \exists Gq)$；

$\exists Gp \to (\exists Xp \wedge \exists X\exists Gp)$；

$\forall Gp \to \exists Gp$；

$\forall G(p \to \exists Xp) \to (\exists Xp \to \exists Gp)$。

注意，$\exists G$ 不是正规算子，也就是说它不满足 $\exists G(p \to q) \to (\exists Gp \to \exists Gq)$ 以及必然化规则，即如果 $\vdash \alpha$，则 $\vdash \exists G\alpha$。

态逻辑进行过研究(Halpern et al.，1986a)，这一系统内包含模态算子 $\langle B\rangle$、$\langle B'\rangle$、$\langle E\rangle$、$\langle E'\rangle$、$\langle A\rangle$、$\langle A'\rangle$。此外，维尼玛(Venema，1988)给出了在线性区间时态逻辑系统 L_{lin} 的完全性结论。从形式上来看，这一系统是两个 F、G、P、H[①] 类型时态逻辑的组合，这一系统的交互作用公理包括：

$[B]\bot\to[E]\bot$；

$\langle B\rangle\langle E\rangle p\to\langle E\rangle\langle B\rangle p$；

$\langle B\rangle\langle E'\rangle p\to\langle E'\rangle\langle B\rangle p$；

$\langle B'\rangle\langle E'\rangle p\to\langle E'\rangle\langle B'\rangle p$。

本书有时会将上述公理作为模态算子相互作用原则的例子进行深入研究。

二、异质多模态逻辑研究

异质多模态逻辑是指同一系统内包含几种模态算子，并且它们从属于不同的模态理论。这也意味着在这一系统内汇集了不同的模态理论，每种模态理论都具有自己的特征和工作原理(公理、模型类型等)。我们将从文献出发，考察这些系统中模态的联合以及交互作用情况，其中主要包括时间模态和历史必然模态的联合、时间模态和道义模态的联合、认知模态和时间模态的联合等。

(一)时间模态和历史必然模态的联合

这类逻辑系统主要考察的是时态逻辑算子 F、G、P、H 与表示某种特定概念的模态算子 $\Box$ 的联合问题。最初卡纳普(Carnap，1947)用算子 $\Box$ 表示必然真，之后普赖尔(Prior，1967)以决定论的名义用这一算子表示历史必然。必然性的概念与时态必然性十分接近，即 $\Box p=(p\wedge Gp)$ (斯多葛学派的概念)或者 $\Box p=(Hp\wedge p\wedge Gp)$ (麦加拉学派的概念)。

这种模态联合的方式给多模态逻辑语义解释的多样性及充足性问题提供了一个非常典型的例子。例如，在多模态逻辑中两种非常重要的模型分别是奥卡姆模型(Ockham model)和康普模型(Kamp model)，学界对于这两种模型从属的语义是否是等价这一问题也进行了一些研究。[②]不管这类逻辑所使用的是什么类型的模型，接下来我们将给出一些例子，这些例子是关于两种不同的模态是如何交互作用的，此处预设 $\Box$ 是 S5 类型的算子。

① 使用算子 $\langle B\rangle$、$[B]$、$\langle B'\rangle$、$[B']$ 和 $\langle E\rangle$、$[E]$、$\langle E'\rangle$、$[E']$。

② Ockham 语义和 Kamp 语义是不等价的 (Thomason，2002)。

根据普赖尔的观点，模态算子的交互作用原则 $p \to H\Box Fp$ [①]是有效的。康普构建了一个公理化系统，其中 $\Box$ 是 S5 类型的算子，并且包含 $\Diamond Pp \to P\Diamond p$ 这一模态算子交互作用原则。但是，这一系统相对于康普模型类而言是不完全的，相反，它相对另外一类中性模型(neutral model)是完全的。此外，伯吉斯(Burgess，1979)考察了模态交互作用原则 $P\Box p \to \Box Pp$ 。

(二)时间模态和道义模态的联合

关于时间模态和道义模态联合问题研究的文献相对较少，且大多是关于两种模态联合的语义方面的研究。托马森最初采用构建形式系统方法研究时间模态与道义模态的联合问题，他认为这两种模态的联合满足 $OG(Fp \to \neg OG\neg p)$ 和 $OGp \to OGOp$ (Thomason，2002)。切莱士(Chellas，1980)给出了一些模态算子之间交互作用的原则，其中算子 $\Box$ 和 $\Diamond$ 表示历史必然，且二者都是 S5 类型的算子，道义模态和历史必然模态之间的交互作用原则包括：

(1) $\Box p \to Op$ ；

(2) $\Box p \leftrightarrow O\Box p$ ；

(3) $\Diamond p \leftrightarrow O\Diamond p$ ；

(4) $(\Box p \vee \Box\neg p) \to (p \leftrightarrow Op)$ 。

原则(1)表示凡是历史必然的都是义务(责任)；原则(2)和原则(3)表示义务(责任，要求)对历史必然或可能的情况没有影响；原则(4)表示义务对历史上确定的内容没有影响。

除此之外，切莱士还给出了道义模态和时间模态之间的交互作用原则 $\mathbb{P}p \leftrightarrow O\mathbb{P}p$ 。其中 $\mathbb{P}$ 表示任意关于过去的时态算子的序列 (例如 P 和 H)。这一原则表明，当前的义务对过去的事件没有影响，也就是说，(当前)义务不对过去奏效。这些原则非常有意义。需要注意的是，切莱士只是从语义方面对这些原则进行了考察，并没有构建严格的多模态逻辑形式化系统。在其他文献中也提到了道义模态与时间模态或其他一些模态的联合问题(Gardies，1980)。

从道义逻辑产生和发展的角度来看，现实生活中很多义务都是相对于特定时间而言的，时态是影响义务的一个重要因素。很多道义悖论的产生就是源于道义逻辑系统不能对义务的时态因素给予合理表达。出于解决道义悖论的需要，“从 20 世纪 80 年代开始，国外道义逻辑的研究

① 这是对常见的 $p \to HFp$ 的一个改写。

者从不同角度出发构建了多个时态道义系统，具体可归纳为三类：第一，在道义逻辑的框架中，通过引入时态算子建立时态道义逻辑系统，代表人物有范艾克(van Eck)等；第二，在时态逻辑的框架中，通过对道义算子进行重新定义构造时态道义逻辑系统，代表人物有阿奎韦斯特(L. Aqvist)和霍夫曼(J. Hoepelman)等；第三，构建多分支融合的时态道义逻辑系统，如结合动态因素进行时态道义逻辑研究，代表人物有迈耶(J. Meyer)等”(张莉敏，2012)。

(三)认知模态和时间模态的联合

这类系统主要考察认知模态 $K_1,\cdots,K_n$ 和时间模态的联合问题。哈尔彭等(Halpern et al.，1986a)在前人(Sato，1977；Lehmann，1984；Fagin et al.，1984；Ladner et al.，1986；Vardi，1985)的基础上构建了这种类型的多模态逻辑系统，它是分布式系统的形式化。

在哈尔彭等人的工作中，认知模态 K_i 是 S5 类型的算子，其中两种类型的时态逻辑需要同时考虑。一种是线性时态逻辑 PTL，其使用模态算子 ○、□ 和 ◇；另一种是分支时态逻辑 CTL，其使用模态算子 ∀○、∃○、∀□、∃□、∀◇ 和 ∃◇[①]。由此构造的逻辑系统记作 $\mathrm{LKT}_{(n)}$ (n 个理性人，线性时态)和 $\mathrm{BKT}_{(n)}$ (n 个理性人，分支时态)。如果添加公共知识算子 E 和 C，构造的系统记作 $\mathrm{LCKT}_{(n)}$ 和 $\mathrm{BCKT}_{(n)}$。之后人们对这些系统的可能模型以及由此产生的系统的复杂性问题进行了详细的分析[②]。实际上，认知模态和时间模态之间的交互作用在所对应的模型类中是直接规定的，并且可以通过原则 $K_i\bigcirc p\to\bigcirc K_ip$ (线性时态)或 $K_i\forall\bigcirc p\to\forall\bigcirc K_ip$ (分支时态)将其公理化。

在莱曼等(Lehmann et al.，1988)构建的多模态逻辑系统中，同时考察了知识模态(S5 类型)，信念模态(KD 类型)以及时间模态(PTL 类型)的联合问题。尽管这些类型的模态间的联合很有价值，但并没有构造出形式化的系统对这些模态间的联合问题进行深入研究。此外，莱曼和克劳斯还给出了一些公理，试图去刻画这些不同类型的模态算子之间的交互作用原则：

(1) $B_i\bigcirc p\to K_i\bigcirc\neg K_i\neg p$；

(2) $B_i\bigcirc p\to\bigcirc B_ip$；

(3) $B_i\bigcirc p\to B_i\bigcirc B_ip$；

---

① 这分别与算子 $\forall X$、$\exists X$、$\forall G$、$\exists G$、$\forall F$、$\exists F$ 是同一的，参见分支时态逻辑 CTL。

② 添加公共知识算子之后会大幅度增加系统的复杂性。

(4) $B_i \bigcirc p \to (\bigcirc B_i p \vee \bigcirc K_i \neg p)$；

(5) $B_i \bigcirc p \to (\bigcirc B_i p \vee \bigcirc B_i \neg p)$。

公理(1)和(2)表示的是“强”信念概念[①]，公理(3)至(5)是比上述概念稍“弱”的信念概念[②]。

由费舍尔等(Fischer et al.，1987)构建的时态认知系统 PTKL，是动态逻辑 CPDL 的一个改写，其中认知算子是 S5 类型的，时态逻辑特指分支时态逻辑[③]。他们给出了一种协议(protocol)语义与复杂性结论，该语义通常与 CPDL 语义等价[④]。然而，PTKL 系统并不是公理化的，并且时态和知识交互作用的确切性质也是不明确的。[⑤]

其他学者也对时态认知逻辑进行了研究，其包含可测量的时态算子 F_n(在未来的某个时刻 n，……是真的)和 P_n(在过去的某个时刻 n，……是真的)，时态算子和认知算子之间的交互作用原则可以写作 $K_i F_n p \to F_n K_i p$[⑥]，但是，并没有构建与之相关的多模态逻辑公理化系统。比伯(Bieber，1990)构建了 CKT5 系统，它是佐藤(Sato，1977)构建的 KT5 系统的扩展。

加尔迪(Gardies，1979)探讨了认知模态和时态模态的联合问题，并且通过下述类型的原则保证模态算子间的交互作用：

(1) $GK_i p \to \neg FB_i \neg p$；

(2) $K_i Gp \to K_i Fp$；

(3) $GK_i p \to \neg K_i F \neg p$[⑦]。

需要注意的是，对于加尔迪而言，很难接受公理 $K_i Gp \to GK_i p$ 及公理 $GK_i p \to K_i Gp$，而第一个公理在哈尔彭的著作中也有提及(Halpern et al.,

---

① 由否定的事实对这类信念的修正将会是“创伤性”的，它类似于这种信念“x 相信相对论”等等。

② 这是指一般意义上的信念，它承认有时会是错误的，并且随着时间的推移会进行修正，例如“x 相信明天是个好天气”。

③ 这一系统独创性地考察了相对于理性人集合 H 的子集($\{1,\cdots,n\}$ 的子集)的公共知识算子 C_{H}。

④ 这是关于多模态逻辑语义多样性问题的一个很好的例子，其中可以证明该语义与多关系语义具有等价性。

⑤ 需要注意的是，不能将知识算子看作 S5 类型，这样会大大简化我们考察的语义、复杂性以及等价性等结论，而这对于之前的其他系统是成立的(Halpern et al.，1986b；Lehmann et al.，1988)。

⑥ 这一公理与模态逻辑中的麦金西公理 $\Box\Diamond p \to \Diamond\Box p$ 十分接近。因为麦金西公理不是一阶可定义的(van Benthem，1975)，因此可能这一交互作用公理在多模态逻辑中也不是一阶可定义的。

⑦ 实际上，这三个原则可以从加尔迪关于的知识、时态和信念的公理中推导出来，严格来讲并没有添加新的公理。

1986a)。与此同时，加尔迪还考察了四种类型模态的联合问题，即真势模态(□和◇)、道义模态(O和P)、时间模态(F、G、P、H)以及认知模态(K_i,B_i)的联合问题，并且讨论了一些模态算子间的交互作用原则，如$GK_i\Box p\to\neg F\Diamond B_iO\neg p$(有效)，$K_i\Box Gp\to\neg F\Diamond B_iO\neg p$(无效)，$K_iG\Box p\to\neg F\Diamond B_iO\neg p$(无效)等。尽管加尔迪关注到这些模态交互作用原则很有价值，但是，他没有关注到由这些原则所构建的多模态逻辑系统的公理化和完全性等问题。后文在研究多模态逻辑一般系统的过程中会关注这些系统的性质。

三、其他具体多模态逻辑研究

本书接下来将要考察的这些多模态逻辑系统，不能简单地归结为同质系统或异质系统，因为各个系统内既包含着同质模态的联合，也存在着异质模态的联合。下面将按照时间顺序依次考察这些多模态逻辑系统，并对相关系统的符号进行标准化表述。

科恩(Cohen，1960)构建了多模态逻辑系统，其中使用算子$\Box_1,\cdots,\Box_n$表示各种必然性概念[①]，以及不同背景下的模态度。与此同时，他还构建了○4系统，这一系统可以粗略地被看作“多-S4”类型的[②]，即系统是由多个S4系统组合而成的，系统内包含模态算子间的交互作用原则$\Box_{n+1}p\to\Box_np$。但是，作者并没有给出相对应的语义解释及完全性结论。

戈布尔(Goble，1970)构建的多模态逻辑系统与科恩构建的多模态逻辑系统十分相似，它使用各种不同层次(种类)的必然性和可能性算子$\Box_1,\cdots,\Box_n$，它们分别是T、S4或S5类型的，并且由模态算子交互作用原则$\Box_ip\to\Box_jp$ $(1\leqslant j\leqslant i\leqslant n)$确定模态算子之间的演绎关系。由此构建的系统可以分别记作T_n、$\mathrm{S4}_n$、$\mathrm{S5}_n$，戈布尔还给出了与这些逻辑系统相对应的一些完全性结论，实际上这些结论与多关系语义中的相关结论是等价的。[③]

莱曼等(Lehmann et al.，1982)研究了线性时态逻辑PTL(○、□、◇、U)和新算子∇及其对偶算子Δ ($\Delta p\leftrightarrow\neg\nabla\neg p$)的联合问题。算子$\nabla$可以使用概率进行解释，$\nabla p$表示$p$的确定性程度，$\Delta p$表示$p$的可能性程度。这

① 例如，它是逻辑必然真的，它是分析(形而上学)必然真的，它是物理必然真的，等等。

② 在科恩的系统中，根据给出的○4的公理化系统，初始算子$\Box_1,\cdots,\Box_n$是S4类型的算子这一点并不十分清晰，同时这也涉及多模态逻辑系统研究中的子系统的问题。

③ 戈布尔还讨论了算子$\Box_n$的使用，该算子可由$\Box_np\leftrightarrow p$进行定义，这实际上是同一算子，在本书中记作1′。

些系统用于刻画和验证概率性程序的性质，由此构建了 TC_g、TC_b、TC_f 等多个系统，其中∇是 S5 类型的算子，并且两种类型的算子之间的交互作用原则由下述公理来描述：

$\nabla\bigcirc p \rightarrow \bigcirc\nabla p$；

$\Box\Diamond(\nabla p_0 \wedge \Delta\bigcirc(\nabla p_1 \wedge \Delta\bigcirc(\cdots \wedge \Delta\bigcirc p_n))) \rightarrow \Diamond(p_0 \wedge \bigcirc p_1 \wedge \cdots \wedge \bigcirc^n p_n)$；

$\Box\Diamond\Delta p \rightarrow \Diamond p$。

上述多模态逻辑系统的完全性结论也已经给出，与此同时，也能够得到其他一些多模态逻辑系统，其中∇是 KD45 类型 (S5 与道义逻辑系统的组合)的算子。

法里纳斯(L. Fariñas)构建了双模态逻辑系统，可以粗略地将该系统认为是两个线性时态逻辑系统 L1(模态算子为 $\bigcirc_1$、$\Box_1$、$\Diamond_1$)和 L2(模态算子为 $\bigcirc_2$、$\Box_2$、$\Diamond_2$)的叠加。两个系统模态算子之间的交互作用由公理 $\bigcirc_1\bigcirc_2 p \leftrightarrow \bigcirc_2\bigcirc_1 p$ 来保证，并且该双模态逻辑系统相对于二维语义学是完全的。

法里纳斯等(Fariñas et al.，1985)研究的 DAL(数据分析的逻辑，logic for data analysis)系统也是多模态逻辑系统，其中使用模态算子 $[R]$ 和 $\langle R\rangle$，R 是由原子关系(它们是等价关系)、代数运算 ∩ 和 ∪ 构成的关系表达式。这一运算是这样定义的：如果 R 和 S 是等价关系，那么 R∩S 和 R∪S 也是等价关系。由此构建的逻辑系统是“多-S5”类型的，其中 ∩ 和 ∪ 是公理化的，这一系统相对于多关系语义的完全性定理也已经给出。

奥洛夫斯卡(Orlowska，1988)也使用二元关系来参数化表述模态算子，由此构建的系统是通过语义进行定义的，并没有给出相应的公理化系统。这与加戈夫等(Gargov et al.，1986)的相关研究工作也是一致的，他们提出了运算交和补的公理化问题。

巴纳巴等(Fattorosi-Barnaba et al.，1985)研究的多模态逻辑系统中使用算子 $\Diamond_n$ ($n \in \mathbb{N}$)。根据可能世界语义学，这一算子可以解释为“有多于 n 个的可及世界，如……”。作者由此构建的多模态逻辑系统可以记作 $\overline{\mathrm{K}}$、$\overline{\mathrm{B}}$、$\overline{\mathrm{T}}$、$\overline{\mathrm{S4}}$、$\overline{\mathrm{S5}}$ 系统，这些系统的完全性结论也已经给出，这些系统中保证算子间交互作用的公理包括：

$p \rightarrow \Diamond_0 p$；

$\Diamond_{n+1} p \rightarrow \Diamond_n p$；

$\Box_0(p \rightarrow q) \rightarrow (\Diamond_n p \rightarrow \Diamond_n q)$；

$\dot{\Diamond}_0(p \wedge q) \rightarrow ((\dot{\Diamond}_n p \wedge \dot{\Diamond}_m q) \rightarrow \dot{\Diamond}_{n+m}(p \vee q))$。

其中，如果 $n=0$，那么 $\Diamond_n^{\bullet} p = \neg\Diamond_0 p$；如果 $n>0$，那么 $\Diamond_n^{\bullet} p = \Diamond_{n-1} p \wedge \neg\Diamond_n p$[①]。

卢卡斯等(Lucas et al.，1986)构建了一个双模态逻辑系统，这一系统用于形式化范畴对象集上的不同拓扑。这一系统联合算子□(必然真)和算子 L(部分真)，算子□是正规 K 类型算子，算子 L 是单余的(simple congruent)[②]。算子间的交互作用通过公理 $\Box(p \leftrightarrow q) \to (Lp \leftrightarrow Lq)$ 进行，这一系统可以被记作 $L\Box_{\min}$,通过添加 $\Box(p \to q) \to (Lp \to Lq)$、$\Box p \to Lp$、$Lp \to L\Box p$、$Lp \to \Box Lp$、$Lp \to LLp$ 等公理就可以得到这一系统的扩展 $L\Box_{\mathrm{cat}}$、$L\Box_{\mathrm{cr}}$ 和 $L\Box_{\mathrm{Gr}}$。这些系统相对于范畴论语义学的完全性结论也已经被给出。

在对模态算子□($\Box p =$“p 是可证明的”)可证性的解释的框架内，斯莫林斯基(Smorynski，1985)研究了多个双模态逻辑系统。斯莫林斯基考察了基于 PRL(可证逻辑)系统的双模态扩展系统，这一系统是在 K4 系统的基础上添加 Löb 公理 $\Box(\Box p \to p) \to \Box p$，同时引入了一个新的算子 ∇(它表示在另一种理论中的可证明性谓词)而得到的系统。这一双模态逻辑系统记作 SR，其中□是 PRL 类型的算子，∇ 是极小算子，模态算子间的交互作用由公理 $\Box(p \leftrightarrow q) \to (\nabla p \leftrightarrow \nabla q)$ 和 $\nabla p \to \Box\nabla p$ 保证。注意，系统 SR 等同于在系统 $\mathrm{L}\Box_{\min}$ 的基础上添加莱布尼茨公理($Lp \to \Box Lp$)。斯莫林斯基也考察了 SR 如下可能的扩展：

系统 MOS=SR+$\{\Box p \to \nabla p, \Box(p \to q) \to (\nabla p \to \nabla q)\}$；

系统 PRL_1=SR+$\{\Box p \to \nabla p, \nabla(p \to q) \to (\nabla p \to \nabla q)\}$；

系统 PRL_n 通过在 PRL_1 类型的系统基础上添加 n 个模态算子 $\nabla_1, \cdots, \nabla_n$ 得到；

系统 $\mathrm{PRL}_{\mathrm{ZF}} = \mathrm{PRL}_1 + \{\nabla(\Box p \to p)\}$。

值得注意的是，与在 SR 中一样，算子 ∇ 在系统 PRL_1、PRL_n 以及 $\mathrm{PRL}_{\mathrm{ZF}}$ 中都是正规的，这些系统都是双模态逻辑系统，它们与卢卡斯等构建的系统非常接近[③]。

---

① $\Diamond_n^{\bullet} p$ 表示“恰好存在 n 个可及世界，如……”。

② 基于邻域语义学，在可能世界集之上，算子□表示“全面”(global)拓扑，算子 L 表示“局部”(local)拓扑(格罗滕迪克拓扑)。

③ PRL_1 系统与莱曼和克劳斯的认知逻辑系统十分相似，其中交互作用公理是 $K_i p \to B_i p$ 和 $B_i p \to K_i B_i p$。符号也是类似的(可用□替换 K_i，∇ 替换 B_i)，莱曼和克劳斯的系统本质上是 PRL_1 系统的 n 模态视角(其中 K_i 是 S5 类型，□在 PRL_1 中是 PRL 类型)。

斯莫林斯基证明了这些双模态逻辑系统相对于克里普克关系语义学中的多关系模型①的完全性，并具有有穷模型性质。对于系统PRL_1、PRL_n以及PRL_{ZF}而言，与它们的交互作用公理相对应的框架的性质可以由一般性特征来描述。斯莫林斯基也考察了基于“卡尔森模型”(Carlson model)的语义去解释这些双模态逻辑系统的可能性，并再次表明了这些系统具有有穷模型性质。但是，斯莫林斯基并没有明确地说明这两种语义是否具有等价性。

对动态逻辑 PDL 进行扩展一直是近些年来模态逻辑研究的一个热点，其中一个研究视角是在 PDL 的基础上添加算子的交和补运算对原有系统进行扩展，即在 PDL 的语言中引入运算$\cap$和$\overline{\ }$(如果a和b是参数，那么$a\cap b$，$\overline{a}$也是参数)。这一运算是与二元关系之上的运算交和补是“对应的”(对应性理论和可定义性)。哈雷尔(Harel，1984)对相关问题也进行过研究，其中包括对 IPDL 系统(包含交集的 PDL)的研究。

四、多模态逻辑一般系统研究

多模态逻辑一般系统的研究有别于具体的多模态逻辑系统的研究，其更侧重于为研究多种类型的模态构建统一的形式框架，在此基础上得到更一般化的结论。多模态逻辑一般系统的研究主要包括多模态逻辑一般系统的构建以及多模态逻辑系统的元理论研究。多模态逻辑一般系统的建构是一个逐步深入和完善的过程，这主要体现在各个系统刻画能力的逐步增强。多模态逻辑的元理论研究主要包括系统的可靠性、完全性、可定义性、可判定性，以及模态逻辑系统性质的模拟和传递问题等。

(一)多模态逻辑一般系统的建构

对多模态逻辑的一般系统进行语形刻画和语义解释最初源于伦尼(M. K. Rennie) 和萨尔奎斯特 (H. Sahlqvist)。伦尼 1970 年发表的论文《相乘模态系统的模型》(Rennie，1970)及萨尔奎斯特在 1975 年发表的论文《模态逻辑一阶语义和二阶语义的完全性和对应性》(Sahlqvist，1975)，可以看作对多模态逻辑进行语形刻画和语义解释的开篇之作。伦尼在其文章中并未使用“多模态”的概念，而是使用了“相乘模态”(multiply modality)。首先，他对“相乘模态系统”进行了清晰的界定：“相乘模态系统”即包含多

---

① 对于PRL_1和PRL_{ZF}而言，∇是由二元关系刻画的，并且双关系模型是$\langle U, R_1, R_2\rangle$类型。对于$PRL_n$而言，∇是与上述模型类似的多关系模型。对于 SR 和 MOS 而言，算子∇不是由二元关系刻画的(因为它不是正规的)，而是由邻域语义刻画的。

类模态算子的逻辑系统。其次，给出一个研究多模态逻辑相对系统化的方法，他使用$\Box_1,\cdots,\Box_n$表示任意模态算子。u是一个整数序列，用$\Box_{u,n}$表示一个算子序列$\Box_{u,1},\cdots,\Box_{u,n}$(且类似的$\Diamond_{u,n}=\Diamond_{u,1},\cdots,\Diamond_{u,n}$)中的任意模态算子。伦尼使用下述公理模式概括了传统单模态逻辑中的 D、T、B、4、5 和 U 公理：

$\Box_{u,n}p\to\Diamond_{v,m}p$；

$\Box_{u,n}p\to p$；

$p\to\Box_{u,n}\Diamond_{v,m}p$；

$\Box_{u,n}p\to\Box_{v,m}p$；

$\neg\Box_{u,n}p\to\Box_{v,m}\neg\Box_{w,l}p$；

$\Box_{u,n}(\Box_{v,m}p\to p)$。

由这些公理模式作为特征公理所构建的模态逻辑系统的完全性结论由梅金森(Makinson，1966)使用典范模型的方法给出。伦尼认为，存在着一些关系方程可以表述这些公理模式相对应的语义框架。他的工作主要包括两个方面，一方面是对相乘模态逻辑一般理论的研究，主要包括相乘模态逻辑的语形和语义，相乘模态逻辑的基本定理；另一方面是研究成果的应用，这主要是指用相乘模态逻辑的定理去分析研究具体的问题，主要包括：知识算子和信念算子的联合、真势算子和道义算子的联合及一些实际的推理问题等。伦尼关于相乘模态逻辑的定义与多模态逻辑的定义在本质上是一致的，相乘模态逻辑也属于多模态逻辑的范畴，但是，伦尼并没有构建一个完整的相乘模态逻辑一般系统，他只是用公理化的方法对具体的相乘模态逻辑(多模态逻辑)进行了考察，因此，相乘模态逻辑并不具备方法论层面的普遍意义。

萨尔奎斯特关注模态逻辑系统的完全性问题、对应性问题以及模态逻辑模型和框架的“可公理化”问题，旨在考察模态逻辑中存在着几种完全性结果。虽然他并没有直接讨论多模态逻辑一般系统的语义问题，但是他关于肯定模态公式、Sahlqvist 公式与一阶逻辑的对应性问题的讨论对于研究多模态逻辑的完全性问题具有重要价值。

卡塔奇(Catach，1988)在伦尼工作的基础之上，构建了正规多模态逻辑系统(NML)。所谓正规多模态逻辑系统，即包含任意正规模态算子集的一般模态逻辑系统。卡塔奇提到了多模态逻辑系统与单模态逻辑系统除了模态算子种类多少的差别之外，另外一个重要的差别是多模态逻辑系统内包含相互作用公理，相互作用公理可以保证模态算子之间的相互作用以确保多模态逻辑系统不是几个单模态逻辑系统数量上的叠加和组合。同时，卡塔奇给出了 NML 的特征公理，即 $\langle a\rangle[b]p\supset[c]\langle d\rangle p$ 相互作用公理模式，简称为 $G(a,b,c,d)$ 公理模式。$G(a,b,c,d)$ 公理模式是单模态逻辑公理模式 $G^{k,l,m,n}$：$\Diamond^k\Box^l\alpha\to\Box^m\Diamond^n$ 的一般化。卡塔奇认为多模态逻辑可以通过在正规单模态逻辑的基础上添加一些相互作用公理产生，对于已经存在的真势的、时态的、动态的以及认知的等具体的多模态逻辑系统，也可以通过他提出的多模态逻辑一般系统的模式对以上系统进行一种新的形式化刻画。卡塔奇对 NML 的可靠性和完全性也进行了研究，并且给出了正规多模态逻辑系统的基础定理，即正规多模态逻辑系统可以由具有“a、b、c、d 相互作用”性质的多关系框架类决定。这一定理是证明多模态逻辑系统完全性的基础定理，它建立了相互作用公理与克里普克框架条件之间的一种对应关系。根据卡塔奇的方法，我们能够构造一类带有任意模态算子集的正规多模态逻辑系统。但是，随着研究的深入，可以发现，卡塔奇提出的多模态逻辑形式化的一般方法有很大局限性，因为它的刻画能力是有限的。随后，卡塔奇在其博士论文(Catach，1989)中进一步对 NML 进行了研究，并在此基础之上构建了多模态肯定系统 $G^{\langle a,b,\varphi\rangle}$ 和 Catach-Sahlqvist 系统 $G^{\langle\phi,\varphi\rangle}$。

卡尼利完善和发展了卡塔奇的工作。他在著作《模态与多模态》中进一步完善了 NML 系统，并将其称为基底系统 $G^{\langle a,b,c,d\rangle}$，同时对多模态肯定系统 $G^{\langle a,b,\varphi\rangle}$ 进行了深入研究(Carnielli et al.，2008)。肯定系统以相互作用公理模式 $G(a,b,\varphi)$：$\langle a\rangle[b]p\supset\varphi$ 为特征公理，并由其保证系统内模态算子之间的相互作用关系。卡尼利认为，基底系统和肯定系统在对应的框架条件之下都是可靠并且完全的。基底系统对应的框架条件是 (a,b,c,d) 相互作用的条件，即满足 $\rho(a)^{-1}\odot\rho(c)\subseteq\rho(b)\odot\rho(d)^{-1}$[①]，用一阶公式可以表示为 $\forall x\forall y(xR_a y\supset\exists z(xR_c z\wedge\forall t(zR_d t\supset yR_b t)))$，其中 x、y、z、t 为任意可能世界。肯定系统对应的框架条件是 (a,b,φ) 相互作用的条件，即满足 $R_a\subseteq F^{\varphi}(R_b^{-1})$，用一阶公式可以表示为 $\forall x\forall y(xR_a y\supset xF^{\varphi}(R_b^{-1})y)$，其中 x、y 为任意可能世界。在证明这一结论的过程中，关系运算理论发挥着重要的作用。基底系统与肯定系统并不是平行关系，基底系统是肯定系统的一个特例。肯定系统较之基底系统一个最大的差别就是在相互作用公理模式中引入肯定公式的概念，这在一定程度上提高了相互作用公理的刻画能力，

① ρ 是从模态参数到可及关系的一个映射，F^{φ} 是基于肯定公式 φ 之上的关于可及关系类的运算，a 为模态参数(Carnielli et al.，2008)。

进而提高了肯定系统的刻画能力，因而肯定系统比基底系统更具普遍适用性。但是，仍有许多具体的多模态逻辑系统的相互作用公理是上述两个系统的相互作用公理模式无法刻画的。

Catach-Sahlqvist 系统 $G^{\langle\phi,\varphi\rangle}$ 的刻画能力要超过基底系统和肯定系统，该系统以相互作用公理模式 $G^{\langle\phi,\varphi\rangle}$：$[a]^n(\varphi\supset\psi)$ 为特征公理，这一公理模式是单模态逻辑中 Sahlqvist 公理模式 $\Box^n(\phi\supset\psi)$（$n\geqslant 0$）在多模态逻辑中的推广。在单模态逻辑中，Sahlqvist 公理模式是较 $G^{k,l,m,n}$ 公理模式刻画能力更强的一种公理模式，ϕ 和 ψ 为满足一系列条件的任意合式公式。首先，ϕ 只包含 $\Box$、$\Diamond$、$\vee$、$\wedge$ 和 $\neg$ 等算子或联结词；其次，$\neg$ 只能直接出现在变元之前；再次，$\Diamond$、$\vee$、$\wedge$ 不能出现在 $\Box$ 算子的范围之内；最后，ψ 只能包含 $\Box$、$\Diamond$、$\vee$、$\wedge$ 等算子或联结词。基底系统和肯定系统都可以看作 Catach-Sahlqvist 系统的特例，因为上述两个系统的特征公理模式都可以由公理模式 $G^{\langle\phi,\varphi\rangle}$ 进行刻画。根据 Sahlqvist 定理(Blackburn et al.，2001)可知，每个 Sahlqvist 公式相对于其定义的一阶框架性质都是典范的，任意包含 Sahlqvist 公理模式的逻辑相对于该 Sahlqvist 公理模式定义的一阶框架类都是完全的。因此，将这一定理推而广之，我们可以得到：在多模态逻辑系统中，包含 $G^{\langle\varphi,\psi\rangle}$：$[a]^n(\varphi\supset\psi)$ 公理模式的逻辑相对于该公理所决定的多模态框架类也是完全的。但是，由于 $G^{\langle\varphi,\psi\rangle}$ 公理模式的刻画能力很强，它所能刻画的模态公式种类很多，并且涉及多种模态算子之间的相互作用，因此由 $G^{\langle\varphi,\psi\rangle}$ 公理模式决定的框架性质，或者说 Catach-Sahlqvist 系统 $G^{\langle\varphi,\psi\rangle}$ 具有完全性所需满足的框架条件有待进一步研究。

(二)多模态逻辑元理论研究

关于多模态逻辑的可判定性问题，加尔格等(Garg et al.，2012)提出了一种新的产生反模型的决策程序，这一程序可适用于直觉的和经典的多种模态逻辑。这一程序基于标记序列演算的反向搜索，采用了一种新的终止条件和反模型构造。采用这种程序，能够证明 K、T、K4、S4 等几种经典的和直觉逻辑的多模态逻辑变体及其与 D 的组合是可判定的，并具有有穷模型性质。至少在直觉主义的多模态情况下，可判定性结果是新的。同时进一步表明，由该程序产生的反模型从一组假设开始，没有目标，表征了从这些假设可以证明的原子公式。格拉茨 (Gratzl，2013) 研究了包含模态交互作用的多模态逻辑的根岑 (Gentzen) 式序列演算，证明了两类逻辑，即标准道义逻辑与应该蕴涵能够原则(ought-implies-can principle)组合而成的多模态逻辑，以及包含义务、允许和能力算子以复杂方式交互作用的非标准道义逻辑中的切割消除(cut elimination)定理以及一些常见的推论。这些结论的关键是使规则对序列两边公式的形状敏感。这样一来，人们就可以用更加模块化的方式设计规则。当人们转向序列演算时，希尔伯特系统的这一特征就会消失。通过部分恢复模块化，格拉茨提出的方法可以潜在地为多模态系统的证明理论提供统一的方法。

此外，巴尔多尼(Baldoni，1998)研究了正规多模态逻辑的自动演绎和编程等问题，其中考察了正规多模态逻辑，即具有任意正规模态算子集的多模态逻辑一般系统，其研究重点在于多模态逻辑中的包含模态逻辑(inclusion modal logic)。这类逻辑最初由法里纳斯和彭顿(Penttonen)给出，其中包含一些著名的异质多模态逻辑系统，这些系统的特征公理一般具有$[t_1][t_2]\cdots[t_n]\varphi \to [s_1][s_2]\cdots[s_m]\varphi$的形式，我们将这些模态交互作用公理称为包含公理。该论文深入研究了包含模态逻辑的语法、可能世界语义学以及公理化，并定义了基于分析表演算(analytic tableau calculus)的证明理论。该演算的主要特征是可以统一处理待考虑的多模态逻辑，为了实现这一目标需要对分析表的规则做特殊的约定，通过这种方法可以得到一些(不可)判定性结论。通过扩展这种分析表方法，可以处理一大类由持续、对称、欧性可及关系刻画的正规多模态逻辑。在此基础上，巴尔多尼提出了逻辑程序设计语言 NemoLOG。该语言扩展了霍恩子句逻辑(Horn clause logic)，允许通用模态算子在目标、子句和子句标题之间自由出现。他认为其所考虑的多模态逻辑系统属于包含模态逻辑类，其研究的目标不仅在于扩展逻辑语言，以便执行认知推理和关于动作的推理，而且可以为软件工程提供工具(例如，类之间的模块化和继承)，保持对程序的声明性解释。巴尔多尼发展了一种关于 NemoLOG 的证明理论，并证明了 NemoLOG 的可靠性和完备性。上述研究表明了多模态逻辑在计算机科学中的应用。

关于多模态逻辑可靠性和完全性问题，韦洛索等(Veloso et al.，2015)介绍了一种基于图形表示的方法，用于为多模态逻辑的可靠性和完全性演算提供形式化方法。这种方法为表达和处理模态公式提供了统一的工具，通过自然地为一些多模态逻辑构造正确的图形计算来说明该方法，其中可能包含全体和不同的模态，并且其中一些模态可能具有一些特殊的性质。

关于多模态逻辑中的可定义性问题，哈尔彭等(Halpern et al.，2009a)讨论了多模态逻辑中三种可定义性概念，其中两种类似于贝特(Beth，1953)

在一阶逻辑中给出的显式可定义性和隐式可定义性概念。但是，尽管按照贝特定理(Beth theorem)，这两种定义对于一阶逻辑是等效的，但对于多模态逻辑却不适用。因此，人们引入了第三种可定义性概念——可归约性，同时证明了在多模态逻辑中，显式可定义性等价于隐式可定义性和可归约性的组合。用(模态)代数可对这三种可定义性概念进行语义刻画，同时这些刻画必须使用代数而不是框架。

多模态逻辑元理论研究中涉及模态逻辑系统性质的模拟和转移，克拉赫特等(Kracht et al.，1997)介绍了一类模态逻辑在另一类模态逻辑上的模拟以及模态逻辑性质在底层模态语言扩展下的转移的最新结果。该文讨论了从正规多模态逻辑到它们的融合的转移，通过增加通用模态从正规模态逻辑到它们的扩展的转移，以及从正规单模态逻辑到极小时态扩展的转移。同样，该文讨论了正规单模态逻辑对正规多模态逻辑的模拟、正规算子对名称和不同算子的模拟、正规双模态逻辑对单调单模态逻辑的模拟、多模态正规模态逻辑对多元正规模态逻辑的模拟，以及正规双模态逻辑对直觉模态逻辑的模拟。

法恩等(Fine et al.，1996)给出了正规单模态逻辑 L1 和 L2(对应模态分别为$\Box_1$和$\Box_2$)的一般性质向其联合 L1$\oplus$L2 转移的一般结论。L1 和 L2 的联合 L1$\oplus$L2，即 L1 和 L2 的并不包含任何交互作用公理。该文表明弱完全性(对于某类克里普克框架的公式)和强完全性(对于公式集)是相互转移的：如果 L1 和 L2 都有这个性质，那么 L1$\oplus$L2 也有这个性质。这一证明基于专门的模型构建过程，该过程考虑了关于每个模态$\Box_1$和$\Box_2$的模态度，以及这些模态的相互嵌套。在弱完全性的假设下，有穷模型性质、哈尔登(Hallden)完全性、插值性(interpolation)和可判定性也得到了转移。例如，判定过程基于引理：$A \in L1 \oplus L2$ 当且仅当 $(T2(A) \rightarrow A) \in L2$，其中 T2(A)是使用应用于较低模态深度的公式(使用 L1、L2 的可判定性)的 L1$\oplus$L2 的判定过程构建的公式。模型构造和转移结果都被推广到有限的逻辑类，即该类逻辑系统中不包含交互作用公理的联结。如果所有组成逻辑都是一致的，则该联合是每个组成逻辑的保守扩张。如果构成逻辑的框架基数由有限常数限定，则有限模型性质转移，否则就会存在反例。此外，该文得到的许多结论可推广到经典模态逻辑，经典模态逻辑中包含可证明等价替换规则而不是必然性规则。对于动态逻辑而言，没有迭代的话可以用标准翻译成只有原子程序的公式来处理。在道义逻辑中也可应用此结论。

通过文献梳理可以发现，在一个系统内同时考虑多于一种模态算子的想法并不罕见。与此同时，可以看出：第一，正规多模态逻辑系统在多模态逻辑系统中占主导地位，已有文献大多数是关于正规多模态逻辑系统的研究，将正规多模态逻辑作为本书的主要研究对象具有合法性。第二，模态间的联合问题既是构建具体多模态逻辑系统需要考虑的重要问题，也是研究多模态逻辑一般系统的重要视角。第三，已有研究中，刻画模态算子间交互作用原则的公理大多是〈算子序列〉→〈算子序列〉的形式，这将为我们构建多模态逻辑一般系统的公理模式提供参考。第四，已有文献中给出的模态算子间的交互作用公理仅仅是表示了多种模态不同的联合方式，大部分没有由其作为特征公理构建严格的公理化系统或给出与系统相关的可靠性、完全性等结论。第五，已有文献 (Fariñas et al., 1985; Orlowska, 1988)中关于多模态逻辑的一些研究设想，如动态逻辑中的一些研究方法，模态算子$[R]$和$\langle R\rangle$的表述(其中 R 是二元关系)等为研究多模态逻辑一般系统提供了借鉴。第六，(正规)多模态逻辑的形式化系统研究一直是多模态逻辑研究的主体，对多模态逻辑，尤其是正规多模态逻辑的哲学背景和相关哲学问题的研究较少，发掘正规多模态逻辑在哲学中的应用正是本书想要开展的工作之一。

第四节　本书结构与主要工作

正规多模态逻辑在多模态逻辑研究中占据主导地位。本书参考动态逻辑中模态算子参数化的表述方式，采用形式化的方法研究正规多模态逻辑的基础理论及其在哲学领域中的应用。此外，本书是在命题逻辑的背景之下研究正规多模态逻辑，但这并不破坏研究结论的普遍性。因为正规多模态逻辑中出现的大部分问题及其相关结论，包括对于模态算子交互作用原则的研究等都是独立于命题(谓词)逻辑的。

根据多模态逻辑的产生背景和研究动因，本书的主要研究目标是：

一是为形式化研究各种类型的模态定义一般的逻辑框架(从模态交互作用公理模式视角，构建正规多模态逻辑一般系统)，这也就是本书所界定的正规多模态逻辑。[①]二是研究正规多模态逻辑一般系统的语形、语义、对应性问题、决定性问题及可判定性问题。三是研究正规多模态逻辑理论在哲学领域的应用，主要包括哲学概念间的相互定义、哲学概念间的相互作用以及具体哲学问题讨论中的多模态逻辑系统的哲学功用。

① 这一术语并不是新的，它出现在许多模态逻辑研究的相关文献中。

一、本书的结构

全书共分为七章。

第一章为导论。首先，从多模态逻辑的产生背景出发，考察多模态逻辑的研究动因，以及研究多模态逻辑的理论意义和现实意义。其次，对多模态逻辑的概念进行了清晰界定，明确了多模态逻辑研究中的语形问题和语义问题。在此基础上，对多模态逻辑的研究历史和现状进行了细致梳理，包括许多具体的正规多模态逻辑系统和模态算子间交互作用原则。由此说明，正规多模态逻辑在多模态逻辑研究中的主体地位，可以从最基本的(单)模态逻辑系统出发对正规多模态逻辑系统进行研究。

第二章对正规多模态逻辑一般系统的语形进行研究，这是本书的重点章节。首先，在多模态语言的初始符号和基本概念的基础之上，构建正规多模态逻辑一般系统。相关文献对这类系统的研究最多，一般所讲的传统模态逻辑系统、时态逻辑系统、认知逻辑系统以及动态逻辑系统都是正规多模态逻辑一般系统的特例。其次，研究具体的正规多模态逻辑系统中模态算子交互作用公理模式(用以刻画模态算子间的交互作用原则)，并将这些具体的交互作用公理一般化，从一般层面(不涉及具体的模态理论)研究三个具有递进关系的模态算子交互作用公理模式，以及由此作为特征公理构建的正规多模态逻辑一般系统。最后，在此基础之上给出一类新的模态算子交互作用公理模式。

第三章在可能世界语义学的基础上，使用二元关系理论(其中主要涉及多关系的运算)作为工具，研究正规多模态逻辑的语义。正规多模态逻辑的语义是通过扩展(单)模态逻辑的可能世界语义得到的多关系语义，其结构为二元组$\langle \mathrm{U}, \mathfrak{R} \rangle$，其中U是可能世界的集合，$\mathfrak{R}$是集合U之上的二元关系的集合。因为多模态逻辑包含两种或两种以上模态算子，所以系统内包含多种可及关系，多关系语义一定会涉及二元关系的计算。二元关系理论的基本内容以及多关系语义的框架和模型是本章的主要研究对象，也是本书的研究重点。

第四章是在多模态逻辑的背景下研究正规多模态逻辑一般系统的对应性问题。首先，对模态逻辑的对应问题进行概述，说明其在模态逻辑研究中的地位和作用，同时阐述了(多)模态公式在一阶语言和二阶语言中的表述方式，为研究正规多模态逻辑的对应性问题做技术准备。其次，分别考察正规多模态逻辑一般系统的特征公理 (模态算子交互作用公理模式) 即$G(a,b,c,d)$，$G(a,b,\varphi)$，$G(a,b,\wedge)^n$以及Sahlqvist公理模式的对应性结论，并使用二元关系理论中的关系方程对上述公理模式的对应结论进行表述。

第五章主要研究正规多模态逻辑系统的决定性问题。多模态逻辑系统的决定性问题(即刻画性问题)，是指在多关系语义背景下逻辑系统的可靠性问题和完全性问题。首先，本章考察正规多模态逻辑一般系统中的Sahlqvist系统，通过Sahlqvist对应性定理表明该类系统的可靠性，使用典范模型的方法表明该类系统的完全性，由此得出该类系统的决定性定理。其次，在上述结论的基础上，给出由$G(a,b,\wedge)^n$公理模式作为特征公理构建的正规多模态逻辑一般系统的可靠性、完全性和决定性定理及相关证明。最后，在正规多模态逻辑一般系统决定性结论的基础上，考察正规多模态逻辑系统公理化的分离标准。

第六章主要研究正规多模态逻辑系统的可判定性问题。本章主要通过使用过滤方法表明，正规多模态逻辑系统具有有穷模型性质，从而得到一些正规多模态逻辑一般系统的可判定性结论，特别是不包含模态算子交互作用的正规多模态逻辑系统的可判定性结论。与此同时，该结论与正规多模态逻辑系统的对应性结论、决定性结论相比，具有一定的局限性，无法直接推广到Sahlqvist系统，仅可推广到部分由有穷个$G(a,b,\varphi)$公理模式构建的系统，这类系统是由满足关系方程$\mathrm{R}_a \subseteq F^{\varphi}(\mathrm{R}_b{}^{-1})$的多关系模型类决定的。

第七章考察了正规多模态逻辑在哲学领域的应用。多模态逻辑的产生和发展与哲学密不可分，多模态逻辑为研究哲学概念提供形式框架，为具体哲学问题的讨论提供了形式工具。首先，本章将具体展示正规多模态逻辑在一些基本的哲学概念(模态)的定义中是如何发挥作用的。其次，从哲学的视角出发，对一些重要哲学概念(模态)之间的相互作用进行重点讨论，这是多模态逻辑对哲学概念之间相互作用进行形式化刻画的重要体现。最后，以具体的哲学问题讨论中出现的多模态逻辑系统为例，说明多模态逻辑的建立与发展对于哲学研究、哲学理论发展的重要作用。

二、本书的主要工作

第一，在文献把握方面，从国外文献出发，对多模态逻辑研究的相关文献特别是多模态逻辑研究的英文第一手文献和部分法文文献进行了细致梳理。由于多模态逻辑系统种类繁多且文献较为分散，本书将相关研究文献进行归类，以同质系统、异质系统为划分标准，对文献进行了归类分析。研究发现，已有多模态逻辑系统大部分属于正规多模态逻辑系统的范畴，正规多模态逻辑系统在多模态系统的研究中处于主体地位，因而本书对多模态逻辑的研究也限定在正规多模态逻辑的范围内。对相关文献中具体的多模态逻辑系统的研究和分析，在一定程度上也为多模态逻辑的研究提供了契机和应用可能。

第二，在正规多模态逻辑的一般系统研究方面，以模态算子的交互作用公理模式为视角，采用形式化方法研究了正规多模态逻辑的一般系统。对已有的具有递进关系的三个模态算子交互作用公理模式 $G(a,b,c,d)$，$G(a,b,\varphi)$ 及 Sahlqvist 公理模式进行了考察。$G(a,b,c,d)$ 和 $G(a,b,\varphi)$ 公理模式是 Sahlqvist 公理模式的特例。Sahlqvist 公理模式是 Sahlqvist 公式在多模态逻辑中的扩展。在单模态逻辑中，Sahlqvist 公式是一类广泛的模态公式的抽象和概括，这类公式具有局部的一阶对应性。通过证明可以得到多模态 Sahlqvist 公式对应性定理，由此又可分别得到了多模态 Sahlqvist 公式可靠性定理、完全性定理、决定性定理及相关结论。

第三，在多模态交互作用公理模式研究方面，根据 Sahlqvist 公理模式的性质，给出一类新的模态算子交互作用公理模式 $G(a,b,\wedge)^n$。这类公理模式是 Sahlqvist 公理模式的特例，同时又是 $G(a,b,c,d)$ 和 $G(a,b,\varphi)$ 公理模式的扩展。根据关系方程的表述，$G(a,b,\wedge)^n$ 公理模式在多关系框架上对应一阶性质 $\mathrm{R}_{a_1}\cap\cdots\cap\mathrm{R}_{a_n}\subseteq F^{\varphi}(\mathrm{R}_{b_1}^{-1},\cdots,\mathrm{R}_{b_n}^{-1})$，由此得到了 $G(a,b,\wedge)^n$ 公理模式的可靠性、完全性及决定性定理，同时给出了各个定理的证明。由于目前为止未能找到一个统一的关系方程去描述Sahlqvist公理模式对应的一阶性质，因此，对于此类公理模式的研究，将有助于进一步精确分析 Sahlqvist 公理模式在多关系框架上对应的一阶性质。

第四，在正规多模态逻辑系统的对应性研究方面，给出多模态 Sahlqvist 公式对应性定理，证明 $G(a,b,c,d)$ 和 $G(a,b,\varphi)$ 公理模式作为 Sahlqvist 公理模式的特例，其在多关系框架上分别具有一阶对应性。同时，根据二元关系理论的基本内容，利用关系方程这种新的表述工具对 $G(a,b,c,d)$ 和 $G(a,b,\varphi)$ 公理模式的次级公理以及次级公理的逆等公理(模式)在多关系框架对应的一阶性质进行了表述，并给出了 $G(a,b,\varphi)$ 公理模式的决定性定理及其证明。

第五，在正规多模态逻辑的应用研究方面，考察了多模态逻辑在哲学概念的相互定义、哲学概念的相互作用以及具体哲学问题讨论中的工具性作用。通过使用多种模态，必然与可能、知识与信念、义务与允许等哲学概念可以相互定义。通过构建具体的多模态逻辑系统，可以刻画时间与知识、知识与问题、义务与时间、知识与义务等哲学概念间的相互作用。对具体的哲学问题的讨论，表明多模态逻辑与若干广义模态哲学难题有着深层的关联，正规多模态逻辑较之单模态逻辑对内涵语境的描述能力更强。

第二章　正规多模态逻辑的形式系统

研究正规多模态逻辑的形式系统需建立在多模态语言的基础之上，在明确了多模态语言的初始符号和基本概念之后，构建正规多模态逻辑的形式系统[①]。相关文献对这类系统的研究较多，一般所讲的传统模态逻辑系统、时态逻辑系统、认知逻辑系统以及动态逻辑系统都属于正规多模态逻辑系统的范畴。

本章主要研究正规多模态逻辑的形式系统。首先对多模态语言、正规多模态逻辑系统的定义及符号表述进行明确的阐述。其次，研究正规多模态逻辑系统中具体的模态算子交互作用公理，并将这些具体的模态算子交互作用公理一般化，从模态算子交互作用公理模式的视角考察正规多模态逻辑的形式系统。最后，对多模态逻辑的公理化系统及分离性问题进行考察。

为了简化表述，本书对于正规多模态逻辑的研究限制在命题逻辑范围内，即正规多模态命题逻辑，由此得出的许多一般性结论可以直接扩展到一阶逻辑的范围内。

第一节　多模态语言

多模态语言是构建多模态逻辑系统的基础，它是传统模态语言的一个扩展。本部分的内容主要包括多模态语言的初始符号、多模态公式的形成规则、模态算子的性质以及模态算子的运算等。在导论中已经提到，对模态算子的表述方式主要有两种：一种是直接表述；另一种是参数化的表述。前者在研究具体的正规多模态逻辑系统时较为直观，而后者在构建正规多模态逻辑一般系统，给出一般性结论时更加简洁和具有普遍性。因此，在给出多模态语言时将同时使用两种方式进行表述。

一、多模态语言的符号

本部分将首先使用直接表述的方式介绍多模态语言的符号以及一些基本的概念，并给出一些基本的结论。而后将采用参数化的表述方式对上

① 也称多模态逻辑正规系统。

述结论进行改写，为构建正规多模态逻辑一般系统做准备。

(一) 多模态语言的定义

定义 2.1 多模态命题逻辑语言(下文简称多模态语言)是在经典命题逻辑语言的基础上通过添加逻辑算子集OPS进行的扩展，OPS的元素是模态算子。更精确地讲，如果Φ是命题变元p、q、r等的集合，$\neg$、$\wedge$、$\vee$、$\rightarrow$、$\leftrightarrow$是布尔联结词，并且$\bot$和$\top$是表示假和真的逻辑常量，那么语言$\mathcal{L}(\Phi,\mathrm{OPS})$就是通过下述规则形成的公式所构成的集合：

(1) 如果$p\in\Phi$，则p是公式；

(2) $\top$和$\bot$是公式；

(3) 如果α和β是公式，则$\neg\alpha$，$\neg\beta$，$\alpha\wedge\beta$，$\alpha\vee\beta$，$\alpha\rightarrow\beta$，$\alpha\leftrightarrow\beta$是公式；

(4) O为任意n元模态算子，并且$O\in\mathrm{OPS}$，如果$\alpha_1,\cdots,\alpha_n$是公式，则$O(\alpha_1,\cdots,\alpha_n)$是公式。

在本书的大部分工作中，我们只考虑一元模态算子的情况，而对于其他情况我们也会给出一些说明。如果$O\in\mathrm{OPS}$，则当O为模态算子集中唯一的算子时，多模态语言$\mathcal{L}(\Phi,\{O\})$可以简写为$\mathcal{L}(\Phi,O)$。在不引起混淆的情况下，$\mathcal{L}(\Phi,\mathrm{OPS})$和$\mathcal{L}(\Phi,O)$分别简写为$\mathcal{L}(\mathrm{OPS})$和$\mathcal{L}(O)$，或直接用$\mathcal{L}$表示多模态语言。

多模态语言的重要特征在于其能够处理模态算子集OPS，包含多种模态算子也是多模态逻辑区别于单模态逻辑的一个重要特征。此外，我们将考察$\langle\mathrm{OPS},\Theta\rangle$类型的算子的结构，其中$\Theta$表示在OPS之上的(任意)运算$\theta$的集合。因此，在定义2.1中的公式形成规则中增加下述规则：

(5) 如果$\theta\in\Theta$，并且$O_1,O_2,\cdots,O_n$是模态算子，那么$\theta(O_1,O_2,\cdots,O_n)$也是模态算子。

从直觉上来看，集合Θ赋予算子集OPS一个代数结构，尽管从逻辑的角度来看，算子之间的等价并不是一个令人满意的概念。$\theta\in\Theta$这些运算形式化了模态算子之间的运算，这一概念将在正规多模态逻辑系统的研究中发挥重要作用，同时它能够形式化语言学中很多涉及多重内涵语境的概念，从而在某种程度上对自然语言算子的研究发挥作用。此外，后文将有专门章节研究模态算子的运算，如并运算、合成运算等。

如果Θ是模态算子之上的运算的集合，与Θ相关联的复制(clone)，记作Θ-clone，其他的运算集可以由Θ生成，也就是说所有的运算都可以由Θ定义。例如，一元模态算子O的迭代O^n属于$(\{;\})$-clone，其中“;”表示算子的合成。

实际上另外一种更加自然的方式是将OPS看作由更基础的算子生成的算子集。确切地讲，我们假设模态算子集OPS是在原子模态算子集OPS_0的基础上，在运算集Θ作用下，由下述归纳规则构造而成的：

(1) 如果$O\in\mathrm{OPS}_0$，那么$O\in\mathrm{OPS}$。

(2) 如果θ是任意 n 元运算，$\theta\in\Theta$并且$O_1,O_2,\cdots,O_n\in\mathrm{OPS}_0$，那么$\theta(O_1,O_2,\cdots O_n)\in\mathrm{OPS}$。

符号OPS_0用来指称在OPS之下的基础的模态算子集，“原子”这一术语以及符号OPS_0都是受动态逻辑的启发，这样的多模态逻辑语言被记作$\mathcal{L}(\Phi,\mathrm{OPS}_0,\Theta)$。在$\Phi$和$\Theta$不产生歧义的情况下也可记作$\mathcal{L}(\mathrm{OPS}_0)$，或简单记作$\mathcal{L}$。

如果OPS由具有 n 个元素的有限集合OPS_0生成，且$\mathrm{OPS}_0=\{O_1,O_2,\cdots,O_n\}$，那么多模态语言$\mathcal{L}$是有限的且具有$n$个元素。我们通常将原子模态算子集$\mathrm{OPS}_0$记作$\mathrm{OPS}_0=\{\Box_1,\cdots,\Box_n,\Diamond_1,\cdots,\Diamond_n\}$，其中算子$\Box_i$和$\Diamond_i$分别被称为“普遍”和“存在”(或分别被记作 N 和 P)。这当然是多模态语言最自然的表述，其中原子模态算子与单模态逻辑中算子($\Box$和$\Diamond$)具有相同的形式，只不过它们是独立的。模态算子的这种直接表述本身包含了算子类型的概念(可以先验地区分 N 类型算子和 P 类型算子)和算子之间的对偶性概念($\Box_i$和$\Diamond_i$是对偶的)。此外，我们经常使用单模态情况作为例子，即$\mathrm{OPS}_0=\{\Box,\Diamond\}$，也可以表示成$\mathcal{L}(\Box,\Diamond)$。

此外，除了考察模态算子之上的运算集Θ，还可以考察多模态语言中的其他类型的运算，它们或者在公式基础上构建模态算子运算，如运算集Ξp，或者在模态算子的基础上构建公式的运算，如运算集Ξf，二者有以下规则：

(1) 如果$\theta\in\Xi p$，并且$\alpha_1,\cdots,\alpha_n\in\mathcal{L}$，那么$\theta(\alpha_1,\cdots,\alpha_n)\in\mathrm{OPS}$。

(2) 如果$\theta\in\Xi f$，并且$O_1,O_2,\cdots,O_n\in\mathrm{OPS}$，那么$\theta(O_1,O_2,\cdots,O_n)\in\mathcal{L}$。

这些运算中的部分已经被应用到了动态逻辑中，如测试(test)运算(一元，Ξp类型)和重复(repeat)运算(一元，Ξf 类型)(Harel，1984)。一般来讲，我们将包含运算集Θ、Ξp和Ξf 的多模态语言记作$\mathcal{L}(\Phi,\mathrm{OPS},\Theta,\Xi p,\Xi f)$。

(二) 多模态语言的命题函项

定义 2.2　如果$\mathcal{L}$是多模态语言，则n元命题函项(简称FP)是从$\mathcal{L}^n$到$\mathcal{L}$的函数，该函项由该语言的所有逻辑算子构建而成，即通过下列算子的合成得到：

(1) 否定$\neg$(一元)、蕴涵$\to$和等价$\leftrightarrow$(二元)；

(2) 合取$\wedge^n$ $(n\geqslant 1)$ $\wedge^n(\alpha_1,\cdots,\alpha_n)=(\alpha_1\wedge\cdots\wedge\alpha_n)$；

(3) 析取$\vee^n$ $(n\geqslant 1)$ $\vee^n(\alpha_1,\cdots,\alpha_n)=(\alpha_1\vee\cdots\vee\alpha_n)$；

(4) 投射函数$\mathbb{P}_i^n$ $(n\geqslant 1)$ $\mathbb{P}_i^n(\alpha_1,\cdots,\alpha_n)=\alpha_i$，其中$1\leqslant i\leqslant n$；

(5) n元“真”算子：$\top^n$ $(\alpha_1,\cdots,\alpha_n)=\top$和$n$元“假”算子：$\bot^n$ $(\alpha_1,\cdots,\alpha_n)=\bot$；

(6) 原子模态算子$O\in\mathrm{OPS}_0$。

另外，用$\phi,\psi,\cdots$表示命题函项，用$\vec{\phi}=(\phi_1,\cdots,\phi_p)$表示$p$个命题函项的集合，其中包含一些特殊的一元函项FP。符号$1'$表示恒等，并且$1'(\alpha)=\alpha$(同时$1'=\mathbb{P}_1^1$)；符号$\mathbb{F}$表示一元“假”算子$\bot^1$，并且$\mathbb{F}(\alpha)=\bot$；符号$\mathbb{V}$表示一元“真”算子$\top^1$，且$\mathbb{V}(\alpha)=\top$。为了表述方便，我们通常假设命题函项不包含算子$\to$和$\leftrightarrow$，而将$\neg$,$\vee$和$\wedge$作为初始的布尔算子。如果α和β是公式，那么符号$\alpha=\beta$表示α和β是相同的符号序列。同样，$\phi=\psi$表示ϕ和ψ与$\mathcal{L}^n$上的函项相同。此外，用“$\phi=\psi$定义ϕ”以及符号$\phi\equiv_{\mathrm{def}}\psi$均表示$\phi$被定义为$\psi$的一个缩写，而$\psi$表示符号序列。

$\mathcal{L}$中的任意多模态公式都可以看作其中出现的命题变元的一个函项，因此可以看作定义了一个命题函项。例如，在传统的模态逻辑语言$\mathcal{L}(\Box,\Diamond)$中，公式$\Box p\wedge\neg q$可以定义为二元FP，即$\phi(p,q)=\Box p\wedge\neg q$，因此等同于对公式推理或命题函项推理。然而，如果想要强调公式α对于命题的依赖性，那么将公式看作命题函项的观点就更为合适。例如，如果α是一个公式，p是出现在α中的命题。我们用$\alpha(p)$来表示α是p的函项，这也使得替换变得更为自然。例如，通过将α中命题p的所有出现替换为公式β而得到的公式被表示为$\alpha(\beta)$，而不是通常的记号$\alpha[p/\beta]$。

如果公式α不包含命题变元，仅包含常量$\bot$和$\top$，那么公式α被称为是封闭的。如果α_0是封闭的公式，并且对于所有的$\alpha_1,\cdots,\alpha_n$而言，$\phi(\alpha_1,\cdots,\alpha_n)=\alpha_0$，那么命题函项$\phi$被称为等于$\alpha_0$的常值。例如，公式$\Box_1\bot\vee\Diamond_2\top$是封闭的，$\mathbb{F}$和$\mathbb{V}$是常值FP。封闭公式$\alpha_0$确定了一个等于$\alpha_0$的常值FP，在某种意义上，常值FP就是0元函项。

定义 2.3 如果p是任意命题变元，α是任意公式，p在α中肯定的或否定的出现可以定义为：

(1) p在p中的出现是肯定的；

(2) p不在$\bot$或$\top$中出现；

(3) 如果p在α中的出现是肯定的(否定的)，那么它在$\alpha\wedge\beta$，$\alpha\vee\beta$以

及$\beta \to \alpha$中的出现是肯定的(否定的)，在$\neg\alpha$和$\alpha \to \beta$中是否定的(肯定的)。

(4) 如果p在α中的出现是肯定的(否定的)，那么它在$O\alpha$中的出现是肯定的(否定的)，其中O是原子模态算子。

如果p在α中所有出现都是肯定的(否定的)，则认为α是肯定的(否定的)。同样地，如果p_i在n元命题函项ϕ($\phi(p_1,\cdots,p_n)$)中的所有出现是肯定的(否定的)，则认为n元函项ϕ是肯定的(否定的)；如果在$\phi(p_1,\cdots,p_n)$中，$p_1,\cdots,p_n$的所有出现都是肯定的(否定的)，在这种情况下则认为ϕ具有肯定(否定)极性(polarity)。例如，$\phi(p_1,p_2)=\Box p_1 \wedge p_2$是肯定的，但$\phi(p_1,p_2)=\Box p_1 \wedge \neg p_2$中$p_1$是肯定的，$p_2$是否定的，所以，$\phi(p_1,p_2)$没有极性。若将算子当作函项FP处理(Catach，1989)[56-58]，若所有的ϕ_i($1 \leqslant i \leqslant n$)是肯定的(否定的)，则函项集$\vec{\phi}=(\phi_1,\cdots,\phi_n)$也是肯定的(否定的)。除此之外，还具有下述性质：

(1) 投影函数$\mathbb{P}_i^n$是肯定的，原子模态算子也是肯定的。

(2) 如果ϕ是肯定的(否定的)，那么$\neg\phi$是否定的(肯定的)。

(3) 如果ϕ和ψ是肯定的(否定的)，那么$\phi \wedge \psi$和$\phi \vee \psi$也是肯定的(否定的)。

(4) 如果ϕ和ψ具有相同的极性，那么$(\phi,\bar{\psi})$是肯定的；如果ϕ和$\bar{\psi}$是具有相反的极性，那么$(\phi,\bar{\psi})$是否定的。

(5) ϕ和ϕ^σ具有相同的极性。

定义 2.4 模态公式α($\alpha \in \mathcal{L}$)的模态度$\mathrm{d}(\alpha)$可以归纳定义为：

(1) 如果p是命题变元，则$\mathrm{d}(p)=0$。

(2) $\mathrm{d}(\top)=\mathrm{d}(\bot)=0$。

(3) $\mathrm{d}(\alpha)=\mathrm{d}(\neg\alpha)$。

(4) $\mathrm{d}(\alpha \wedge \beta)=\mathrm{d}(\alpha \vee \beta)=\mathrm{d}(\alpha \to \beta)=\max(\mathrm{d}(\alpha),\mathrm{d}(\beta))$。

(5) 如果$O \in \mathrm{OPS}_0$，O是原子模态算子，则$\mathrm{d}(O\alpha)=\mathrm{d}(\alpha)+1$。

因此，一个模态公式α的模态度是该公式嵌套的模态算子的最大数目。例如，若$\mathrm{OPS}_0=\{\Box_1,\Diamond_1,\Box_2,\Diamond_2\}$，则$\alpha=\Box_1(p \vee \Diamond_2 q)$，$\beta=\Diamond_1\Box_2(p \to \Box_1 q) \wedge \Box_1\Box_2(p \vee q)$的模态度分别为2和3。模态度为0的公式不包含模态算子，也就是说该公式是命题逻辑公式。

对于已知的原子模态算子O ($O \in \mathrm{OPS}_0$)而言，其模态度可以定义为$\mathrm{d}_O(\alpha)$。该模态度也是O在α内的最大嵌套数。相应的规则与上述规则(1)～(5)是相同的，不同的是规则(5)变成$\mathrm{d}_O(O\alpha)=\mathrm{d}_O(\alpha)+1$；若$O' \neq O$，则$\mathrm{d}_O(O'\alpha)=\mathrm{d}_O(\alpha)$。例如，对于上文提到的$\alpha$和$\beta$而言，$\mathrm{d}_{\Box_1}(\alpha)=\mathrm{d}_{\Box_2}(\alpha)=1$，且$\mathrm{d}_{\Box_1}(\beta)=2$，$\mathrm{d}_{\Box_2}(\beta)=1$。注意，原子模态算子$O$与其对偶算子$O^\sigma$的模

态度是相同的。此外，如果一个公式属于子语言 $\mathcal{L}(O)$，当且仅当相对于不是 O 的模态算子而言，该公式的模态度为 0：即 $\alpha \in \mathcal{L}(O) \Leftrightarrow \mathrm{d}_{O'}(\alpha) = 0$，其中 $O' \neq O$。根据上述规定可以定义 n 元命题函项 ϕ 的模态度，作为公式 $\phi(p_1,\cdots,p_n)$ 的模态度，其中 $p_1,\cdots,p_n$ 是命题，并且这是相对于给出的原子模态算子而言的。

(三) 多模态语言的参数化表示

对多模态语言进行直接表述较为直观，在直接使用模态算子概念的同时可以用较为自然的方式引入一些形式运算，如布尔运算及合成等。但是，对于形式化、系统化研究多模态逻辑而言，这种方法存在一定的局限性。首先，从数学的角度而言，更乐意对模态算子使用统一的符号表示，而与模态逻辑各个分支采用的各种不同的符号无关。其次，多模态语言的概念实际上表达了这样一个想法，即每个算子都与特定类型模态的某个方面的表述相联系或相关联。例如，在认知逻辑中，每个知识算子 K_i 或信念算子 B_i 都与某个理性主体 x_i 相关。在动态逻辑中，与每个需要考虑的程序 a 都有对应的模态算子 $[a]$。除了通过使用索引之外，对算子的直接运算不允许语言对这些方面进行明确的表述(如理性主体 x_i 或程序 a)。此外，如果这些方面本身是结构化的，或者具有某些代数运算(例如对动态逻辑程序的运算)，则会变得不方便使用。最后，在对模态算子进行研究的过程中，对偶性的概念几乎是无处不在的。例如，N 类型算子和 P 类型算子是对偶的，并且与算子 O 或者其对偶相关的子系统也是同一的。因此，同一个实体用算子及其对偶表示似乎是合理的，例如，算子 O 及其对偶表示同一个实体的两个方面。

从技术的角度来看，对模态算子进行统一的表述更为方便。在动态逻辑中对模态算子已经使用了这种类型的表述，如 $[a][b]\cdots$ 和 $\langle a\rangle\langle b\rangle\cdots$，其中 a 和 b 表示程序。实际上，每个多模态逻辑系统都可以在动态逻辑中被重新解释，只要我们把 a 和 b 简单看作形式参数，也可以称其为模态参数。实际上，对于任意对偶的算子对 $(\Box,\Diamond)$，只要匹配一个模态参数 a，使 $\Box=a$，$\Diamond=b$ 就足够了。

定义 2.5 根据多模态语言的一般定义(参见定义 2.1)，我们称多模态语言是一个公式集 $\mathcal{L}$，它由以下内容构成：

(1) 命题变元集 Φ；

(2) 布尔联结词 $\neg$、$\wedge$、$\vee$、$\rightarrow$、$\leftrightarrow$；

(3) 符号 $\top$ (永真)、$\bot$ (永假)；

(4) “必然”或“普遍”模态算子构成的集合，该模态算子记作 $[a]$，

$[b],\cdots$，其中 a 和 b 表示模态参数。

用 Σ 表示模态参数的集合，用 $\mathcal{L}(\Sigma)$ 表示由 Σ 构成的多模态语言，$A,B,\cdots$ 为原子参数。模态参数集 Σ 在原子参数集 Σ_0（$\Sigma_0=\{A,B,\cdots\}$）的基础上，使用参数之上的形式运算 θ（$\theta\in\Theta$，Θ 是形式运算的集合)归纳构造而成，满足

- $\Sigma_0\subseteq\Sigma$；
- 如果 $\theta\in\Theta$ 是 n 元的，并且 $a_1,\cdots,a_n\in\Sigma$，那么 $\theta(a_1,\cdots,a_n)\in\Sigma$。

从任意模态参数集合 Σ 生成多模态语言 $\mathcal{L}(\Sigma)$ 是可能的。在这种情况下，则称 Σ 是 $\mathcal{L}(\Sigma)$ 的参数基础，Σ_0 是 $\mathcal{L}(\Sigma)$ 的原子基础。如果与模态参数 a 相关联的模态算子是 n 元算子，则称参数 a 是 n 元的。如果参数 a 是一元的，则用 $[a]\alpha$ 表示 $[a](\alpha)$，如果参数 a 是二元的，则用 $\alpha[a]\beta$ 表示 $[a](\alpha,\beta)$。如果 $a\in\Sigma$，且 $[a]$ 是 n 元算子，则用 $\langle a\rangle$ 表示 $[a]$ 的对偶算子①，令 $\langle a\rangle(\alpha_1,\cdots,\alpha_n)\equiv_{\mathrm{def}}\neg[a](\neg\alpha_1,\cdots,\alpha_n)$。$\mathcal{L}$ 的模态算子集合 OPS 记作：$\mathrm{OPS}=\{[a]|a\in\Sigma\}\cup\{\langle a\rangle|a\in\Sigma\}$，在 OPS 中，[ ] 和 ⟨ ⟩ 是模态算子形成函项，即 $a\to[a]$ 和 $a\to\langle a\rangle$。集合 $\mathrm{OPS}_0=\{[A]|A\in\Sigma_0\}\cup\{\langle A\rangle|A\in\Sigma_0\}$ 是 $\mathcal{L}$ 的原子算子集，符号 $\Box\in\mathrm{OPS}_0$（$\Diamond\in\mathrm{OPS}_0$）表示 $\Box=[A]$（$\Diamond=\langle A\rangle$）并且 $A\in\Sigma_0$。同样，如果 $\Sigma_0=\{A_1,\cdots,A_n\}$，则用 $\Box_i$ 和 $\Diamond_i$ 表示 $[A_i]$ 和 $\langle A_i\rangle$。$\Box_i$ 和 $\Diamond_i$ 有时分别被称为"必然"和"可能"算子，或 N 类型和 P 类型算子，后文在关于模态算子性质的研究中会进行详细阐述。

由(原子)参数定义的多模态语言 $\mathcal{L}(\Sigma)$ 十分丰富，因为模态参数基础 Σ 具有代数结构，其本身配备有形式运算，并且模态参数集 Σ 之上的形式运算被"转换"到模态算子集 OPS 之上。例如，如果 Σ 包含一种 Θ 类型的运算 θ，则可以推导出模态算子之上的一种运算(也记作 θ)：$\theta([a_1],\cdots,[a_n])=[\theta(a_1,\cdots,a_n)]$ 并且 $\theta(\langle a_1\rangle,\cdots,\langle a_n\rangle)=\langle\theta(a_1,\cdots,a_n)\rangle$。

多模态语言的参数化表示方法由来已久，在很多文献中都对多模态语言的参数基础进行过讨论。如传统单模态语言可被看作由包含一个元素的任意模态参数集生成的，其中 $\Sigma=\{A\}$。经典认知逻辑的语言(Halpern et al.，1985)是在模态参数集 $\Sigma=\{x_1,\cdots,x_n\}$ 的基础上生成的，其中 x_i 表示理性主体。动态逻辑的语言是由模态参数集生成的，其元素为原子程序。区间逻辑的语言(Halpern et al.，1986a)是在模态参数集合 $\Sigma=\{B,B',E,E',A,A'\}$ 基础上形成的，其他模态算子通过使用模态算子基本运算复制 C_b②进行定义。

① 算子 O 的对偶性：$O^{\sigma}\alpha\equiv_{\mathrm{def}}\neg O\neg\alpha$ (Catach，1989)[60]。

② 用 C_b 表示模态算子基本运算的复制，$C_b=\mathrm{clone}\{\mathbb{V},\mathbb{F},\vee,\wedge,\neg,\sigma,;,1',\cup\}$ (Catach，1989)[77-78]。

二、多模态算子的性质

考察多模态算子的性质需要在多模态逻辑系统的框架内进行，因此在给出多模态逻辑系统定义的基础之上，本部分分别对多模态算子性质的句法定义、多模态算子性质的参数化表述展开论述。

定义 2.6 一个多模态逻辑系统(LMM)是一个(多)模态公式集，它包括命题逻辑中的重言式，并在经典的推理规则分离规则(MP)和替代规则(US)下封闭。

在下文中，用 L 表示由多模态语言 $\mathcal{L}$ 中的公式构造的多模态逻辑系统 LMM。L 系统中的定理应是 L 中的一个公式，记作 $\vdash_{\mathrm{L}} \alpha$ (或者简写成 $\vdash \alpha$)，也就是说 $\vdash_{\mathrm{L}} \alpha \Leftrightarrow \alpha \in \mathrm{L}$。如果 $\mathrm{L} \subseteq \mathrm{L}'$，也就是说 L' 包含 L-系统的所有定理，那么我们说 L' 是一个 L-系统。

通常有两种类型的模态算子，即“必然”(“普遍”)和“可能”(“存在”)算子，分别被记作 N 类型算子和 P 类型算子，这也被认为是模态逻辑的基础概念。这两类算子具有对偶性及互补性，这两种类型算子之间的对偶关系与后文将要介绍的模态算子之上的对偶运算联系紧密。此外，模态算子的必然性或可能性只能由公理或相关语义来刻画，所以不能直接从模态语言中获得必然性和可能性的概念的确切性质，这些概念的性质与考虑它们的逻辑框架(理论)密切相关。

(一) 多模态算子性质的句法定义

定义 2.7 L 是任一多模态逻辑系统 LMM，O 是多模态语言 $\mathcal{L}$ 中的一元算子，

(1) 如果算子 O 满足全等规则 RE: $\dfrac{\alpha \leftrightarrow \beta}{O\alpha \leftrightarrow O\beta}$，则 O 是全等的(congruent)；

(2) 如果算子 O 满足单调规则 RM: $\dfrac{\alpha \to \beta}{O\alpha \to O\beta}$，则 O 具有单调性(monotonic)；

(3) 如果算子 O 满足公理 $O(\alpha \wedge \beta) \leftrightarrow (O\alpha \wedge O\beta)$，则 O 是 N 类型算子；

(4) 如果算子 O 满足公理 $O(\alpha \vee \beta) \leftrightarrow (O\alpha \vee O\beta)$，则 O 是 P 类型算子；

(5) 如果算子 O 是全等的 N 类型或 P 类型算子，则 O 是正则的(regular)；

(6) 如果算子 O 是正则的并且满足公理 $O\top$(若 O 是 N 类型算子)或公理 $\neg O\bot$(若 O 是 P 类型算子)，则 O 是正规的。

定义 2.8 如果任意原子模态算子 $O((O \in \mathrm{OPS}_0))$ 是全等的(单调的，正则的，正规的)，则多模态逻辑系统 L 是极小的(单调的，正则的，正规的)LMM。

任意正规算子都是正则算子，任意正则算子都是单调算子，任意单调算子都是全等算子(Chellas，1980)[235]。模态算子性质之间的这种关系也决定了多模态逻辑系统之间的层次结构。

定理 2.1　已知O是全等的一元模态算子：

(1) O是单调的，当且仅当满足公理 M：$O(\alpha\wedge\beta)\to(O\alpha\wedge O\beta)$。

(2) O是 N 类型算子，当且仅当其满足下述条件之一：

① O满足正则规则 RR：$\dfrac{(\alpha\wedge\beta)\to\gamma}{(O\alpha\wedge O\beta)\to O\gamma}$；

② O是单调的且满足公理 C：$(O\alpha\wedge O\beta)\to O(\alpha\wedge\beta)$；

③ O是单调的且满足公理 K：$O(\alpha\to\beta)\to(O\alpha\to O\beta)$。

(3) O是正规的N类型算子，当且仅当满足K公理和必然化规则RN：$\dfrac{\alpha}{O\alpha}$。

上述结论都属于传统模态逻辑的范畴(Chellas，1980)[236-238]。当算子是 P 类型时，也可以得出与(2)和(3)对应的结论。尤其是根据(3)，对于任意原子模态算子O($(O\in\mathrm{OPS}_0)$)，当O是 N 类型算子，则每个正规多模态逻辑系统都可以由 K 公理及必然化规则 RN 所刻画，这也就是我们通常所说的对正规多模态逻辑系统的公理化刻画。为了直观，有时会用$\Box_1,\cdots,\Box_n$表示 N 类型算子，用$\Diamond_1,\cdots,\Diamond_n$表示 P 类型算子。

根据上述定义可以得到，任意常量算子都是正则的，恒等算子$1'$既是正规 N 类型算子也是正规 P 类型算子，算子$\mathbb{F}$是正规 P 类型算子，算子$\mathbb{V}$是正规 N 类型算子。此外，模态算子的常见性质还有：$\Box$是自返的，如果它满足公理 T: $\Box\alpha\to\alpha$；$\Box$是传递的，如果它满足公理 4: $\Box\alpha\to\Box\Box\alpha$；$\Box$是对称的，如果它满足公理 B: $\alpha\to\Box\neg\Box\neg\alpha$；其中$\Box$表示N类型算子。

(二) 多模态算子性质的参数化表示

模态参数是形成模态算子的基础，接下来，将要考察模态参数的一些性质，这是研究模态算子的性质以及模态算子形式运算的基础。

定义 2.9

(1) 如果算子$[a]$是全等的(单调的，正则的 N 类型，正规的 N 类型)算子，那么参数a是全等的(单调的，正则的，正规的)(Catach，1989)[109]。或者，根据对偶性(Catach，1989)[75]，如果算子$\langle a\rangle$是全等的(单调的，正则的 P 类型，正规的 P 类型)算子，那么参数a是全等的(单调的，正则的，正规的)。

(2) 如果任意原子参数A($A\in\Sigma_0$)是全等的(单调的，正则的，正规的)，那么称参数基础Σ是极小的(单调的，正则的，正规的)。

因此，参数基础是极小的(单调的，正则的，正规的)当且仅当由其确定一个极小的(单调的，正则的，正规的)多模态逻辑系统。我们通常采用的是极小参数基础。

在多模态语言的一般框架内，没有什么(也就是说不涉及任何逻辑理论)能先验地将必然性算子(普遍算子)和可能性算子(存在算子)区分开来。因此，$[a]$和$\langle a\rangle$(以及$\Box$和$\Diamond$)形式的表述本身就已经先验地具有这些算子的类型及其之间的对偶关系。但是在研究一些非正则多模态逻辑(即仅极小或单调)系统时，这种表述方式将存在一定的问题。因此，在更为一般意义上来讲(尤其是对于非正规的多模态系统而言)，模态算子仅可以被表示为$[a],[b],\cdots$。在这种情况下，对偶性在语言中被严格表述为参数上的对偶运算，被记作$a\mapsto a^{\sigma}$，(在一元情况下)可被公理化为$\left[a^{\sigma}\right]\alpha\leftrightarrow\neg[a]\neg\alpha$，这是根据算子之间的对偶性①得到的。因此，根据这一观点，$\langle a\rangle$也可以写作$\left[a^{\sigma}\right]$。但是，也可以构建这样一些系统，其中$\langle a\rangle$和$\left[a^{\sigma}\right]$是不同的。在这些系统内，必然性和可能性不能够相互定义，这类系统也属于多模态逻辑的范畴。

关于必然和可能的对偶性，以及使用表达式$[a]$和$\langle a\rangle$统一表示模态算子，人们可能想知道这些参数是否始终具有完全清晰的直观含义。在动态逻辑中，参数可以被清楚地解释为程序，那么对于各种不同的模态算子呢？这些模态算子往往具有各种不同的解释。一般来讲，模态参数a可以被解释为算子$[a]$和$\langle a\rangle$应该具有的模态的最一般概念。

例如，通常的模态算子$\Box$和$\Diamond$反映了同一概念或模态(从更广泛的意义来讲)的两个方面。在这种情况下，可以写成$\Box=[A]$和$\Diamond=\langle A\rangle$，其中$A$代表了这一概念或模态。时态逻辑中的算子$G$和$F$是同一概念的两个方面(“必然”和“可能”)，人们可以称之为对未来的预测，或者更简单地称之为“未来”。然后我们可以认为，通过$G=[A]$和$F=\langle A\rangle$，我们定义了代表这一概念的参数，即$A=$未来。与此同时，G和F表示对未来的两种可能的预测形式：在未来的任何时刻或至少在未来的某个时刻。在认知逻辑中，如果$[K_i]=[A_i]$(x_i知道……)，那么将如何解释参数A_i呢？一般情况下，把A_i看作理性主体x_i，但是这实际上这并不符合我们的直觉，我们很难认为一个人代表了一个模态，而将这个人简单地表示为他知道或不知道的东西则更具有局限性。更为合适的方法是将参数A_i解释成为理性主体x_i关于这个世界的知识，也就是说$[A_i]p$表示“根据理性主体x_i关于这个世界的

① 即$O^{\sigma}\alpha\equiv_{\mathrm{def}}\neg O\neg\alpha$ (Catach，1989)[60]。

知识的观点看，p 是必然真的”。因此更为合适的方法是把 K_i 写作 $[知道\text{-}x_i]$ 而不是知道 $[x_i]$，与之类似地将 B_i 写作 $[相信\text{-}x_i]$。

三、多模态算子的运算

上文已经提到，多模态语言的独创性在于其能够处理模态算子集 OPS，多模态算子的形式运算的定义方法主要有两种，一种是直接进行句法定义，记作模态算子基本运算的句法复制 C_s (Catach，1989)[54-55+60]，即不考察模态算子的内涵，演绎或语义性质；另一种在逻辑框架下定义模态算子的形式运算，他们使用了模态算子类型的概念，如普遍(必然)、存在(可能)等特征，这种类型的运算被记作模态算子基本运算复制 C_b (Catach，1989)[78]。此外，上述两种运算的一般性结论还可以进行参数化表示。

(一) 模态算子基本运算的句法复制 C_s

模态算子可以看作特殊的一元命题函项，它具有函项的某些性质。对于模态算子的形式运算 Θ，可以直接进行句法定义：

定义 2.10 已知 O 是多模态语言 $\mathcal{L}$ 中的一元模态算子，则

(1) 算子之上的布尔运算有 $\neg O$，$O \wedge O'$，$O \vee O'$；

(2) 算子 O 的对偶性：$O^{\sigma}\alpha \equiv_{\text{def}} \neg O \neg \alpha$；

(3) 合成：$(O_1;O_2;\cdots;O_n)\alpha \equiv_{\text{def}} O_1 O_2 \cdots O_n \alpha$；

(4) 算子 O 的迭代是 O^n，其中 $n \geqslant 0$。

以上被称为多模态语言的基本运算，除此之外，还包括一些常量运算(或算子)。用 $1'$ 表示恒等运算，$1'(\alpha)=\alpha$；用 $\mathbb{F}$ 表示恒假运算 $\bot$，$\mathbb{F}(\alpha)=\bot$；用 $\mathbb{V}$ 表示恒真运算 $\top$，$\mathbb{V}(\alpha)=\top$。这些形式运算都被引入到多模态语言的原子模态算子集中，即 $1', \mathbb{F}, \mathbb{V} \in \mathrm{OPS}_0$，并且 $\{\vee, \wedge, \neg, \sigma, ;\} \subseteq \Theta$。我们用 C_s 表示与这些运算相关联的复制，记作 $C_s = \mathrm{clone}\{\mathbb{F}, \mathbb{V}, \vee, \wedge, \neg, \sigma, ;, 1'\}$，这被称为模态算子基本运算的句法复制。

实际上，模态算子的合成运算是基础的。如果我们以自然语言的内涵算子的一般框架为例，合成运算能允许将嵌套在上下文的概念形式化，例如，在语句“x 相信 y 知道 p”“x 相信 y 不可能知道 p”以及“x 了解到 p 是可能的”中。当然，人们可以怀疑这类句子的代表性以及它们在自然语言中的使用频率，然而可以确定的是，这种类型的语句影响出现在很多非常重要的多模态逻辑系统中，如认知时态系统，以及某些特定问题的形式化，如理性人之间的交流问题或者使用某些知识或者信念的时间规划问题等。

根据模态算子基本运算的定义，我们可以将模态的经典定义进行扩

展。在多模态语言 $\mathcal{L}$ 中，模态算子集 OPS 是在原子模态算子集 OPS_0 的基础上使用形式运算集 Θ 生成的。模态是通过应用运算 Θ 从 OPS_0 构造的算子。如果该多模态语言还包括 Ξp 类型的运算，那么还会考虑由这类运算所构造的算子。需要注意的是，模态是特殊的命题函项，在其构造中我们排除了 Ξp 或 Ξf 类型的形式运算，只允许 Θ 运算的使用。例如，$\phi(p,q)=\Box p\wedge\neg q$ 不被认为是一个模态。此外，如果原子算子是一元的，模态也是一元 FP；然而任何一元 FP 都不被认为是一个模态，例如 $\phi(p)=\Box p\vee\Diamond\neg p$。此外，模态将被记作 $\phi,\psi,\cdots$，上文关于命题函项的一般性结论都可以应用到模态。

定义 2.11　Θ-模态是一个算子，它是在原子模态算子的基础上使用形式运算 $\theta\in\Theta$ 构造而成的。

在通常意义上，传统模态逻辑中的 $\Box\Diamond$ 或 $\Diamond\neg\Box\Box\neg\Diamond$ 可以看作 $\{\neg,;\}$-模态。$\{\neg,;\}$-模态是模态算子的序列，其总是具有极性的：如果否定出现偶数次，那么它是肯定的；反之亦然。下面我们将考察一些 Θ-模态的例子。

基于模态算子集 $OPS_0=\{\Box_1,\cdots,\Box_n,\Diamond_1,\cdots,\Diamond_n\}$ 之上的多模态语言 $\mathcal{L}$，其中 $\Diamond_i$ 和 $\Box_i$ 是对偶。那么 $\Box_1\Diamond_2$ 和 $\Diamond_1\Box_2\Diamond_3$ 是 $\{;\}$-模态，$\neg\Box_1$ 和 $\Diamond_1\neg\Box_2\Diamond_3\Box_1$ 是 $\{\neg,;\}$-模态。在线性认知时态系统中，$OPS_0=\{K_1,\cdots,K_n,\bigcirc,\Box,\Diamond\}$，由此可以构造 $\{\neg,;\}$-模态：$K_i\Box$ 表示“x_i 知道这将永远会是真的”，$K_i\neg K_j$ 表示“x_i 知道 x_j 不知道……”，$\Diamond K_i$ 表示“在未来 x_i 可能知道……(x_i 将不可避免地知道……)”。

如果 u 是一个从 $\mathbb{N}$ 到 $\mathbb{N}$ 的函项，也就是说 u 是一个序列，$u=(u_1,u_2,\cdots,u_n,\cdots)$，其中 $n\geqslant 0$，我们用 $\Box_{u,n}$ 和 $\Diamond_{u,n}$ 表示模态：$\Box_{u,0}=\Diamond_{u,0}=1'$，$\Box_{u,n}=\Box_{u_1}\Box_{u_2}\cdots\Box_{u_n}$，$\Diamond_{u,n}=\Diamond_{u_1}\Diamond_{u_2}\cdots\Diamond_{u_n}$ $(n\geqslant 1)$，这些模态都是 $\{;\}$-模态。如果 u 是阶为 n 的有限序列，那么一般把 $\Box_{u,n}$ 和 $\Diamond_{u,n}$ 写作 $\Box_{(u_1,\ldots,u_n)}$ 和 $\Diamond_{(u_1,\ldots,u_n)}$。例如，$\Box_{(2,1,3)}$ 表示模态 $\Box_2\Box_1\Box_3$。如果 u 是一个等于 i 的常数序列，那么 $\Box_{u,n}=\Box_i^n$，$\Diamond_{u,n}=\Diamond_i^n$，其中 $\Box_{u,n}$ 和 $\Diamond_{u,n}$ 是对偶的 FP。因此 $\Box_{u,n}$ 和 $\Diamond_{u,n}$ 模态可以表示任何 $\Box_i$ 或 $\Diamond_i$ 算子的序列。如果 $u=(u_1,u_2,\cdots,u_n)$，$v=(v_1,v_2,\cdots,v_m)$，二者分别是阶为 n 和 m 的有限序列，那么 u 和 v 的合成就是阶为 $n+m$ 的有限序列 $uv=(u_1,u_2,\cdots,u_n,v_1,v_2,\cdots,v_m)$。对于所有的序列 u 和 v 而言，可以得到(相等被视为符号序列)：$(\Box_{u,n};\Box_{v,m})=\Box_{uv,n+m}$ 和 $(\Diamond_{u,n};\Diamond_{v,m})=\Diamond_{uv,n+m}$。

此外，如果 $O_1,\cdots,O_n,\cdots$ 是任意算子集，对于任意序列 u 而言，我们可以用同样的方式定义 $O_{u,n}$，即 $O_{u,0}=1'$，$O_{u,n}=O_{u_1}O_{u_2}\cdots O_{u_n}$ $(n\geqslant 1)$。这使得

可以将$\{O_1,\cdots,O_n,\cdots\}$中使用的任何算子表示为单模态逻辑$L(\Box,\Diamond)$中的算子$\Box$和$\Diamond$的序列(在有些文献中它们被称为M和N)。模态$\Box_{u,n}$和$\Diamond_{u,n}$成为$O_{u,n}$形式$\{;\}$-模态的例子，$O_{u,n};O_{v,m}=O_{uv,n+m}$在一般意义上也是有效的。

根据上文提到的模态算子的性质以及模态算子基本运算的复制，关于模态算子的性质我们可以得到以下结论。

定理 2.2　已知L是极小LMM系统，$O,O_1,\cdots,O_n$是模态算子，则

(1) 算子$1'$是正规的，自我对偶的(即$(1')^{\sigma}\simeq 1'$)，是N类型和P类型算子。

(2) 算子$\mathbb{F}$和$\mathbb{V}$是对偶的，$\mathbb{F}$是正规P类型算子，$\mathbb{V}$是正规N类型算子。

(3) O是全等的(单调的，N类型，P类型，正规的)算子当且仅当它的对偶O^{σ}是全等的(单调的，N类型，P类型，正规的)算子。

(4) 如果$O_1,\cdots,O_n$是全等的(单调的，N类型，P类型，正则的，正规的)算子，那么合成$(O_1;\cdots;O_n)$也是全等的(单调的，N类型，P类型，正则的，正规的)算子。

证明过程非常简单，此处省略。在(3)意义上N类型和P类型算子是对偶的，在正则系统中，对偶性仅被限制为N类型(P类型)算子。关于根据上文定义的模态$O_{u,n}$,$\Box_{u,n}$和$\Diamond_{u,n}$，我们还可以得到以下结论：

定理 2.3　已知L是极小LMM系统，$\{\neg,;\}$-模态或等同于$\{;\}$-模态(如果它是肯定的)，或等同于$\{;\}$-模态的否定(如果它是否定的)。(证明略)

上文已表明任意$\{\neg,;\}$-模态都有极性，所以根据定理2.3，$\Box_1\neg\Diamond_2\Box_2\neg\Diamond_1$是肯定的，其等同于$\Box_1\Box_2\Diamond_2\Diamond_1$；$\Box_2\neg\Box_1\Diamond_2\neg\Box_1\Diamond_1\neg\Box_2$是否定的，其等同于$\neg\Diamond_2\Box_1\Diamond_2\Diamond_1\Box_1\Box_2$和$\Box_2\Diamond_1\Box_2\Box_1\Diamond_1\Diamond_2\neg$。

定理 2.4

(1) 如果L是极小(单调)LMM系统，则任意$\{;\}$-模态是全等(单调)算子。

(2) L是正则的LMM系统，其基于原子算子集$\mathrm{OPS}_0=\{\Box_1,\cdots,\Box_n,\Diamond_1,\cdots,\Diamond_n\}$之上，原子算子$\Box_i$($\Diamond_i$)是N类型(P类型)算子，那么，任意模态$\Box_{u,n}$($\Diamond_{u,n}$)都是N类型(P类型)算子。此外，$\Box_{u,n}$和$\Diamond_{u,n}$具有对偶性。

(3) 如果L是正规的LMM系统，那么模态$\Box_{u,n}$和$\Diamond_{u,n}$也是正规算子。

注意，在(1)中，$\{;\}$-模态就是由原子算子$O_1,\cdots,O_n$获得的模态$O_{u,n}$。我们可以将(1)重新陈述为：任意全等的(单调的)算子的合成都是全等的(单调的)算子。(3)表明，任意正规必然(可能)算子的合成都是正规必然(可能)算子。例如，在线性认知时态系统中，模态K_iO或模态B_iOB_j都是正规算子，因此满足K公理$\Box(p\to q)\to(\Box p\to\Box q)$。由定理2.4我们还可以推出：如果$\Box$是全等的(单调的，N类型，正规的)算子，那么它的迭代算子$\Box^n(n\geqslant 1)$也是全等的(单调的，N类型，正规的)算子。

(二) 模态算子基本运算复制 C_b

在定义模态算子基本运算复制 C_b 之前，需要在模态算子类型和模态算子性质的基础上(参见定义 2.7)，对模态算子的并运算进行句法定义。

定义 2.12 已知 L 是任意多模态逻辑系统，O 是多模态语言 $\mathcal{L}$ 中的一元算子，$O_1,\cdots,O_n$ 表示任意 N 类型或 P 类型的算子，这些算子之间的并 $O_1\cup\cdots\cup O_n$ 定义为

(1) 若 $O_1,\cdots,O_n$ 是 N 类型算子，则 $(O_1\cup\cdots\cup O_n)\alpha\equiv_{\text{def}}(O_1\alpha\wedge\cdots\wedge O_n\alpha)$；

(2) 若 $O_1,\cdots,O_n$ 是 P 类型算子，则 $(O_1\cup\cdots\cup O_n)\alpha\equiv_{\text{def}}(O_1\alpha\vee\cdots\vee O_n\alpha)$。

从命题函项的角度而言，N 类型算子(P 类型算子)的并是合取(析取)。例如，在经典时态逻辑中，麦加拉学派的历史必然算子 $\Box\alpha\equiv_{\text{def}}(H\alpha\wedge\alpha\wedge G\alpha)$ 就是算子 H、算子 $1'$ 及算子 G 的并。在认知逻辑中，公共知识算子 E (所有人都知道)就是算子 $K_1,\cdots,K_n$ 的并，即 $E\alpha\equiv_{\text{def}}(K_1\alpha\wedge\cdots\wedge K_n\alpha)=(K_1\cup\cdots\cup K_n)\alpha$，其中算子 $K_1,\cdots,K_n$ 是 N 类型算子。在动态逻辑中，算子之间的并定义为 $[a\cup b]\alpha=([a]\alpha\wedge[b]\alpha)$，$\langle a\cup b\rangle\alpha=(\langle a\rangle\alpha\vee\langle b\rangle\alpha)$。在区间时态逻辑中(Halpern et al.，1986b)，算子 $\langle I\rangle$ 被定义为 $\langle I\rangle\alpha\equiv_{\text{def}}(\alpha\vee\langle B\rangle\alpha\vee\langle E\rangle\alpha\vee\langle D\rangle\alpha)$，算子 $\langle D\rangle$ 本身被定义为 $\langle D\rangle\alpha\equiv_{\text{def}}\langle B\rangle\langle E\rangle\alpha$ (其中 $\langle D\rangle=\langle B\rangle;\langle E\rangle$)。因此算子 $\langle I\rangle$ 可以由 $\langle B\rangle$ 和 $\langle E\rangle$ 定义为：$\langle I\rangle=(1'\cup\langle B\rangle\cup\langle E\rangle\cup\langle B\rangle;\langle E\rangle)$。由此可以看出，并运算可以引入到算子的运算之中，但这仅限于正则算子。

根据定义 2.10，将并运算引入到形式运算 Θ 中，可以得到模态算子基本运算的复制(或基本复制)，用 C_b 表示，记作 $C_b=\text{clone}\{\mathbb{F},\mathbb{V},\vee,\wedge,\neg,\sigma,;,1',\cup\}$。需要注意的是，并运算是模态算子集 OPS 之上的一个部分运算(不同于合成)，因为并运算仅在相同类型的算子上进行定义，而并不是所有的算子都具有相同的类型。

定理 2.5 已知 $O_1,\cdots,O_n$ 表示相同 N 类型算子(或 P 类型算子)，则

(1) $(O_1\cup\cdots\cup O_n)$ 是 N 类型算子(P 类型算子)；

(2) 如果 $O_1,\cdots,O_n$ 是正规的，那么 $(O_1\cup\cdots\cup O_n)$ 是正规的；

(3) $(O_1\cup\cdots\cup O_n)^\sigma=(O_1^\sigma\cup\cdots\cup O_n^\sigma)$；

(4) $(O_1\cup\cdots\cup O_n);O=(O_1O\cup\cdots\cup O_nO)$，$O;(O_1\cup\cdots\cup O_n)=(OO_1\cup\cdots\cup OO_n)$。

定理 2.6 已知 L 是正则的多模态逻辑系统，并且基于原子模态算子集 $\text{OPS}_0=\{\Box_1,\cdots,\Box_n,\Diamond_1,\cdots,\Diamond_n\}$ 之上，原子算子 $\Box_1$ ($\Diamond_1$)是 N 类型算子(P 类型算子)。若 ϕ 是由 $\Box_1,\cdots,\Box_n$ (或 $\Diamond_1,\cdots,\Diamond_n$)构成的 $\{;,\cup\}$-模态，那么

(1) ϕ 等价于 $\{;\}$ -模态 $\Box_{u,n}$ ($\Diamond_{u,n}$)的并；

(2) ϕ 是 N 类型算子(P 类型算子)；

(3) 如果 L 是正规的，那么 ϕ 是正规算子。(证明略)

如果假设L是一个根据上述条件构造的正则的LMM系统，则 $\Box_1\cup\Box_2$ 、$\Box_1(\Diamond_2\cup\Diamond_3)$ 和 $\neg\Diamond_1(\Box_2\Box_1\cup 1')\neg\Diamond_3$ 都是 $\{\neg,;,\cup\}$ -模态；$\Box_1\Box_2\neg\Diamond_1\neg$ 、$\Box_1\neg(\Diamond_1\cup\Diamond_2)\neg\Box_3$ 和 $\Box_1(\Box_2\Box_3\cup\neg\Diamond_1\neg)\cup\Box_2(1'\cup\Box_1\Box_3)$ 都是 $\{\neg,;,\cup\}$ -模态，N 类型算子；$\Diamond_1\Diamond_2\Diamond_3$ 和 $\Diamond_1(\Diamond_1\cup\neg\Box_2\neg\cup 1')\Diamond_3$ 都是 $\{\neg,;,\cup\}$ -模态，P 类型算子。

(三) 模态算子运算的参数化表示

我们看到模态算子的运算或者可以直接进行句法定义(定义 2.10，模态算子基本运算的句法复制)或者可以在逻辑框架下进行定义(包含并的模态算子基本运算复制)。同时我们也特别强调了一些常量算子(恒等算子 1′ 、算子 $\mathbb{F}$ 和 $\mathbb{V}$)，这些形式运算及常量算子是模态算子运算的核心。根据参数化的符号，这些基本运算可以做如下转换。

定理 2.7

(1) 如果 Σ 是多模态逻辑系统 L 的极小参数基础，那么 Σ 自然配备一个二元运算 ; ，被称为相对乘(relative product)或合成，并且包含被称为同一的元素 λ ，满足 $\langle\Sigma,;,\lambda\rangle$ 是一个幺半群[①]。Σ 也包含元素 0，对于 Σ 的任意元素，即 $a\in\Sigma$ 而言，满足 $0;a=0=a;0$ [②]。

(2) 如果 Σ 是正则的，那么它具有二元运算“ $\cup$ ”，称为“并”，使得 $\langle\Sigma,\cup,0\rangle$ 是一个可交换幺半群[③]，并且在 $\cup$ 上是可分配的，即

- $(a\cup b)\cup c=a\cup(b\cup c)$ ；
- $(a\cup 0)=a=(0\cup a)$ ；
- $(a\cup b)=(b\cup a)$ ；
- $(a\cup b);c=(a;c\cup b;c)$ ；
- $a;(b\cup c)=(a;b\cup a;c)$ ；

---

① 幺半群是一个带有二元运算：M×M→M 的集合 M，其符合下列公理：
结合律：对任何在 M 内的 a、b、c，$(a\times b)\times c=a\times(b\times c)$。
单位元：M 内存在元素 e，使得 M 内的任意元素 a 都会满足 $a\times e=e\times a$。
封闭性(非必要)：对任何在 M 内的 a、b，$a\times b$ 也会在 M 内。

② 在动态逻辑中，有时用 θ 表示 0，表示“空程序”或“终止程序”。

③ 运算为可交换的幺半群称为阿贝尔幺半群(或较多地称之为可交换幺半群)。阿贝尔幺半群经常会将运算写成加号。每个可交换幺半群都自然会有一个它自身的代数顺序≤，定义为：$x\leq y$ 当且仅当存在 z 使得 $x+z=y$。

(3) L 中的上述运算由下列公理刻画：

- $[a \cup b]\alpha \leftrightarrow ([a]\alpha \wedge [b]\alpha)$，　$\langle a \cup b\rangle\alpha \leftrightarrow (\langle a\rangle\alpha \vee \langle b\rangle\alpha)$；
- $[0]\alpha$ 或 $[0]\bot$，　$\neg\langle 0\rangle\alpha$ 或 $\neg\langle 0\rangle\top$；
- $[a;b]\alpha \leftrightarrow [a][b]\alpha$，　$\langle a;b\rangle\alpha \leftrightarrow \langle a\rangle\langle b\rangle\alpha$；
- $[\lambda]\alpha \leftrightarrow \alpha$，　$\langle\lambda\rangle\alpha \leftrightarrow \alpha$。

证明　根据 OPS 之上的模态参数集 Σ 中 $[\ ]$ 和 $\langle\ \rangle$ 类型算子的对应性，使用句法复制 C_s 或运算 C_b 可以得到：$[0] = \mathbb{V}$ 并且 $\langle 0\rangle = \mathbb{F}$，$[\lambda] = \langle\lambda\rangle = 1'$，$[a;b] = [a];[b]$ 并且 $\langle a;b\rangle = \langle a\rangle \cup \langle b\rangle$，$[a \cup b] = [a] \cup [b]$ 并且 $\langle a \cup b\rangle = \langle a\rangle \cup \langle b\rangle$。其中使用了 ; 和 $\cup$ 的分配性①，运算的公理化推导过程可参见卡塔奇的工作(Catach，1989)[76+79]。另外，对于任意 $a \in \Sigma$，$[a^n] = [a]^n$ 并且 $\langle a^n\rangle = \langle a\rangle^n$，其中 $n \geqslant 0$ (Catach，1989)[60]。

我们将在模态参数之上的复制运算 $C_b = \text{clone}\{\cup, 0, ;, \lambda\}$ 称为基本复制②。如果 Θ 是参数之上的运算集，若 a 由原子参数和运算 Θ (或 Θ 的复制)构成，则称参数 a 是 Θ-参数。使用参数化表述的一个好处是可以通过单一的形式参数表述一些 $\{;,\cup\}$-模态，如可以确定 $\Box\Box\alpha$ 和 $[A;A]\alpha$ 是等同的，$\Box_1(\Box_2\alpha \wedge \alpha \wedge \Box_1\Box_2\alpha)$ 和 $[A_1;(A_2 \cup \lambda \cup A_1;A_2)]\alpha$ 是等同的。

另外，算子的合成比参数的合成更为一般化，这等于说，由 $\{;\}$-参数并不能定义所有的 $\{;\}$-模态。例如，$\Box\Diamond$ 模态是不可由模态参数表述的(除非承认参数之上的对偶运算 $a \to a^\sigma$，在这种情况下 $\Box\Diamond$ 可以由 $[A;A^\sigma]$ 表示，A 是原子模态参数)。实际上，这一结论表明 $\Box\Diamond$ 不是正规的 N 类型算子③。在正规多模态逻辑系统中，我们假设符号 $[a]$ 表示的模态算子都是正规的④。

---

① 对任意算子 O 而言：$(O_1 \cup \cdots \cup O_n);O = (O_1O \cup \cdots \cup O_nO)$，$O;(O_1 \cup \cdots \cup O_n) = (OO_1 \cup \cdots \cup OO_n)$ (Catach，1989)[78]。

② 在此不考虑布尔运算 $(\wedge, \vee, \neg)$ 是否与 C_s 运算对应这一事实。实际上，二者是否对应这一事实在正规多模态逻辑系统内并没有太大意义。例如，可以用参数定义否定，由此获得一个算子 $\neg[\alpha]$ c，这一算子既不是正规的也不是单调的(这一算子是反单调的)。对于析取也一样，我们不能在参数上定义 $\vee$ 运算，使其同时满足 $[a \vee b]\alpha = ([a]\alpha \vee [b]\alpha)$，$\langle a \vee b\rangle\alpha = (\langle a\rangle\alpha \vee \langle b\rangle\alpha)$ 和 $[a \vee b]\alpha = \neg\langle a \vee b\rangle\neg\alpha$。这些否定、析取以及算子之上的析取的结论之于对偶性都是不稳定的。因此，可以认为参数之上的对偶和并之于模态算子是“好的”布尔运算，同理之于模态参数。

③ 算子的直接表述方法对算子概念本身进行表述，存在先验的 N 类型算子和 P 类型算子(或“普遍性/必然性”算子和“存在性/可能性”算子) (Catach，1989)[55+63]。

④ 如果假设在多模态语言的形式推理中用对偶运算 $[a^\sigma]$ 代替算子 $\langle a\rangle$，那么就可以得到一个更为简洁的形式语言，因为任意序列的模态算子都可以用单一的参数来表述，例如，$\Box_1\Diamond_2\Box_3 = [A_1;A_2^\sigma;A_3]$。然而，在这种形式化中，我们应该注意到算子 $[a]$ 不再必然表示正规 N 类型算子，这与动态逻辑的情况不同。

定理 2.8

(1) 如果Σ是极小参数基础(单调的)，那么所有$\{;\}$-参数都是全等的(单调的)；换言之，如果a由原子参数组成，那么算子$[a]$和$\langle a\rangle$都是全等的(单调的)；

(2) 如果Σ是正则(正规的)参数基础，那么所有$\{;,\cup\}$-参数都是正则的(正规的)；更确切地说，如果a由原子算子、常量 0、λ以及运算;和$\cup$获得，那么算子$[a]$是 N 类型的(正规 N 类型的)并且算子$\langle a\rangle$是 P 类型的(正规 P 类型的)。

证明 根据定理 2.4 和定理 2.6。

作为引理，我们可以证明，对于正规多模态逻辑系统而言，这种公理化是等价的(参见定理 2.1(3))，即

(1) 对于任意原子模态参数A而言，$[A](\alpha\to\beta)\to([A]\alpha\to[A]\beta)$并且$\dfrac{\alpha}{[A]\alpha}$；

(2) 对于任意$\{;,\cup\}$-参数a而言，$[a](\alpha\to\beta)\to([a]\alpha\to[a]\beta)$并且$\dfrac{\alpha}{[a]\alpha}$。

因为(2)$\Rightarrow$(1)是不足道的，(1)$\Rightarrow$(2)可以根据上述定理得出。

第二节 公理系统和公理模式

研究多模态逻辑的核心任务是处理是模态的联合问题，交互作用公理是模态联合(或发生交互作用)的保证，同时也是该系统的特征公理(之一)。本节在对正规多模态逻辑系统进行严格句法定义的基础上，考察模态交互作用公理(模式)。不同的交互作用公理模式也是区分不同类型的正规多模态逻辑系统的重要标准。

一、正规多模态逻辑系统的定义及表述

上文已经给出多模态逻辑系统的定义，接下来将对正规多模态逻辑的公理系统(简称正规多模态逻辑系统)进行句法定义，同时给出一系列符号，去规范化表示正规多模态逻辑系统。

在定义 2.6 和定义 2.8 中，我们对多模态逻辑系统(LMM)及其类型进行了简要介绍，下面将给出正规多模态逻辑系统的详细定义。

定义 2.13 L 是多模态逻辑系统(LMM)。

(1) 如果 L 满足公理 K. $[A](\alpha\to\beta)\to([A]\alpha\to[A]\beta)$及 RN 规则

$\dfrac{\alpha}{[A]\alpha}$，其中 $A\in\Sigma_0$ 为原子模态参数，那么称 L 是正规的，记作 NMML。

(2) 如果 L 额外满足下列模态算子基本复制 C_b 的运算 $\{\cup,0,;,\lambda\}$ 的公理，那么称 L 是标准的：

$[a\cup b]\alpha\leftrightarrow([a]\alpha\wedge[b]\alpha)$，　　　　$\langle a\cup b\rangle\alpha\leftrightarrow(\langle a\rangle\alpha\vee\langle b\rangle\alpha)$，

$[0]\bot$ 或 $[0]\alpha\leftrightarrow\top$，　　　或　　$\neg\langle 0\rangle\top$ 或 $\langle 0\rangle\alpha\leftrightarrow\bot$，

$[a;b]\alpha\leftrightarrow[a][b]\alpha$，　　　　$\langle a;b\rangle\alpha\leftrightarrow\langle a\rangle\langle b\rangle\alpha$，

$[\lambda]\alpha\leftrightarrow\alpha$，　　　　$\langle\lambda\rangle\alpha\leftrightarrow\alpha$。

需要注意的是，任何正规系统在下述 RK 规则下都是封闭的(其中 $\Box=[A]$ 代表原子算子)：

$$\text{RK:}\ \frac{\alpha_1\wedge\cdots\wedge\alpha_n\to\alpha}{\Box\alpha_1\wedge\cdots\wedge\Box\alpha_n\to\Box\alpha}\quad(\forall n\geqslant 0)。$$

假设正规系统都是标准的，如果系统 L 是正规且标准的，则简称系统 L 是正规的(NMML)。从形式上来讲，极小的正规 LMM 系统对应于动态逻辑中的 PDL 系统，它不包含模态参数的归纳和共轭(或逆)运算。另外，在(2)中，模态算子的并也能够很好地定义，因为原子算子也是正规的(参见定义 2.12)。(2)在模态参数集 Σ 和模态算子之间建立一个同质关系 $a\to[a]$，例如 $0\to\mathbb{F}$，$\lambda\to 1'$，$a;b\to[a];[b]$ 和 $a\cup b\to[a]\cup[b]$。

在一个正规的 LMM 系统中，任意 $\{\cup,0,;,\lambda\}$ 参数 a 都是正规的，即由此决定的算子 $[a]$ 是正规的(满足公理 K 和必然化规则 RN)。如果 a 是 $\{\cup,0,;,\lambda\}$ 参数，则算子 $\langle a\rangle$ 和 $[a]$ 是单调的，二者在析取和合取上分别可以进行分配。另外，任意 $\{;\}$-模态，即任意算子序列 $\langle a\rangle,[b],\cdots$ 都是单调的(参见定理 2.2)。

定理 2.9　已知 L 是极小 LMM 系统，ϕ 和 ψ 是一元命题函项。则

(1) 公理 S：$\phi\alpha\leftrightarrow\psi\alpha$ 和公理 S^σ：$\psi^\sigma\alpha\leftrightarrow\phi^\sigma\alpha$ 是等价的。

(2) 如果 L 是单调的，那么 S 和 S^σ 在下述规则中也是等价的：

$$\text{RS:}\ \frac{\alpha\leftrightarrow\beta}{\phi\alpha\leftrightarrow\psi\beta}\ \text{或}\ \text{RS}^\sigma\text{：}\ \frac{\alpha\leftrightarrow\beta}{\psi^\sigma\alpha\leftrightarrow\phi^\sigma\beta}。$$

S 和 S^σ 是对偶公理(或定理)，RS 和 RS^σ 也是如此。例如，$(\Box_1\Diamond_2\alpha\wedge\Diamond_3\beta)\to\Box_2(\Diamond_1\alpha\vee\beta)$ 和 $\Diamond_2(\Box_1\alpha\wedge\beta)\to(\Diamond_1\Box_2\alpha\vee\Box_3\beta)$ 是对偶公理模式，二者具有等价性。经典时态逻辑中的公理模式 $\alpha\to GP\alpha$ 和 $FH\alpha\to\alpha$ 之间也存在着等价关系，其中 (G,F) 和 (H,P) 是对偶的算子对。(2)适用于单调系统，因此也适用于正规的 LMM 系统。定理 2.9 是传统模

态逻辑中相似定理在多模态逻辑中的扩展(Chellas，1980)[235+243]，例如，以下公理和规则具有等价性：

$$\Box_2\alpha\to\Box_1\alpha \text{ 和 } \Diamond_1\alpha\to\Diamond_2\alpha\text{；}$$

$$\frac{\alpha\to\beta}{\Box_2\alpha\to\Box_1\beta} \text{ 和 } \frac{\alpha\to\beta}{\Diamond_1\alpha\to\Diamond_2\beta}\text{。}$$

为了规范化表示正规多模态逻辑系统，我们作如下规定：

定义 2.14 K^{Σ_0} 表示极小正规 LMM 系统，用 K^n 表示极小 n 模态正规系统，也就是说它包含 n 个原子算子($\Sigma_0=\{A_1,\cdots,A_n\}$)。如果 n=1，则 K 就是(单)模态逻辑系统。

K^{Σ_0} 是同质系统，因为任意原子模态算子都是在相同的模态理论内定义的，即在模态逻辑的 K 系统之内。K^{Σ_0} 不包含交互作用，因为没有公理或者规则涉及不同的原子算子的联合。根据定义 2.13(1)可知，K^{Σ_0} 的公理化是可分离的，后文会展开详细论述。如果 K^{Σ_0} 被看作极小的正规标准 LMM 系统，那么它等同于动态逻辑中的 PDL 系统，并且其不包含参数的共轭、归纳等运算。在多模态逻辑中，PDL 与传统(单)模态逻辑中 K 系统的角色类似，它是极小的正规系统。

除了这些符号，还可以用 $K^{\Sigma_0}S_1\cdots S_n$ 表示在 K^{Σ_0} 的基础上添加公理 $S_1\cdots S_n$ 而形成的正规 LMM 系统(Lemmon，1966；Hughes et al.，1996)。使用多模态逻辑系统公理化的相关符号，可以得到：$K^{\Sigma_0}S_1\cdots S_n=\mathrm{NMML}(\Gamma)$，其中 $\Gamma=\{S_1,\cdots,S_n\}$。同时也可以使用其他符号进行表示：如果一个逻辑系统的公理化(记作 $\mathrm{A}x$)是可分离的，那么与 Σ_0 中的原子参数 A 相关联的子系统 L_A 是可以通过提取公理化 $\mathrm{A}x_A$ 进行分离的。因此，任意可分离的 LMM 系统都可以被看作系统 L_A 的“叠加”(“同质”部分)加上一些交互作用公理(“交互作用”部分)。在这种情况下，如果 Σ_0 是有穷的，即 $\Sigma_0=\{A_1,\cdots,A_n\}$，则用 $L_{A_1}\times\cdots\times L_{A_n}$ 表示 L 的“同质”部分，与此同时，如果 $S_1\cdots S_n$ 是额外添加的交互作用公理，则用 $L=L_{A_1}\times\cdots\times L_{A_n}+S_1\cdots S_n$ 表示整个多模态逻辑系统 L。

用上述符号可以表述一些具体的正规 LMM 系统。例如，T×K4 是正规的双模态逻辑系统，其中包含 T 类型算子和 K4 类型算子。如果用 $\Box_1$ 和 $\Box_2$ 表示上述算子①，则这一系统可被表示为 T ($\Box_1$)×K4 ($\Box_2$)(或者简写成 $T_1\times K4_2$)。这一系统是通过公理模式 T: $\Box_1\alpha\to\alpha$ 和 4: $\Box_2\alpha\to\Box_2\Box_2\alpha$

① 模态算子的名称并不重要，无论使用什么符号，T×K4 总是指称相同的系统。

获得的。另外，$T\times K4$ 是不包含交互作用的非同质系统，因此它的公理化是可分离的。$T\times K4+K_{1,2}$ 表示在 $T\times K4$ 的基础上通过添加公理(包含公理) $K_{1,2}:\Box_2\alpha\to\Box_1\alpha$ 得到的双模态逻辑系统。为了表明算子 $\Box_1$ 和 $\Box_2$ 在该系统中的作用，该系统可表示为 $T(\Box_1)\times K4(\Box_2)+\{\Box_2\alpha\to\Box_1\alpha\}$ (或简写为 $T_1\times K4_2+K_{1,2}$)。这一系统是包含交互作用且非同质的系统，该系统的公理化(包含公理 T、4 和 $K_{1,2}$)是不可分离的。

如果 L_0 是任意模态逻辑系统，则用 $L_0^{\Sigma_0}$ 表示在多模态逻辑系统 L_0 的基础上通过添加 Σ_0 生成的同质的多模态逻辑系统。如果 Σ_0 包含有穷的 n 个元素，则简单地用 L_0^n 表示这一同质系统，其中 n 个原子模态算子对应的系统与其在(单)模态逻辑中对应的系统是一样的。例如，T^n 表示包含 n 个 T 类型的原子模态算子 $\Box_1\cdots\Box_n$ 的同质多模态逻辑系统。这种表示方式与认知逻辑中常用的符号是一致的(Halpern et al.，1985)，用这种表示方式可以考察 T^n 、$S4^n$ 、$S5^n$ 系统(知识逻辑)，或者 KD^n 、$KD4^n$ 、$KD45^n$ (信念逻辑)。这与戈布尔(Goble，1970)使用的表示方式相似，所以，同样可以定义 $T\times K4\times S5\times\cdots$ 类型的符号进行表示①。需要注意的是，对于不包含交互作用的系统而言，其子系统的序是无所谓的(即 $T\times K4=K4\times T$)。但是，如果引入算子之间的交互作用，例如上面提到的 $T\times K4+K_{1,2}$，则不再有效。

与此同时，也可以用此种符号表示去考察包含相同类型算子集的异质多模态逻辑系统。例如，$T^n\times K4^p$ 表示包含 n 个 T 类型的原子算子和 p 个 K4 类型的原子算子的系统。但是，这些符号在包含交互作用的系统里变得不容易处理。例如，在莱曼的认知系统中包含 n 个知识算子 $K_1,\cdots,K_n$ 和信念算子 $B_1,\cdots,B_n$，不同类型的算子集发生交互作用，记作 $S5(K_i)^n\times KD(B_i)^n+\{K_ia\to B_ia,B_ia\to K_iB_ia\}$ (Lehmann et al.，1988)。

以上就是用正规多模态逻辑系统的符号对具体的正规多模态逻辑系统进行表述的分析。需要指出的是，在谈到逻辑系统公理化的可分离问题时，上述某些符号可能会出现误用的情况。例如，被记作 $T\times K4+K_{1,2}$ 的系统实际上应被记作 $T_1\times S4_2+K_{1,2}$，因为算子 $\Box_2$ 在这一系统中是自返的。同样地，在上文提到的莱曼等人研究的系统中②，算子 B_i 实际上是 KD4 类型的而不是 KD 类型的。因此，多模态逻辑系统的符号使用准确性的前提是

① 这种表述符号与有机化学中分子的表述方式十分相似。例如，分子式由其组成元素表示(C_2H_3OH)。

② 在模态算子交互作用公理 $K_ip\to B_ip$ 和 $B_ip\to K_iB_ip$ 中的算子 B_i 具有传递性的，因为可以推导出定理 $B_ip\to B_iB_ip$。与表面现象相反(因为没有提到传递性公理)。该系统中的信念算子 B_i (至少)是 KD4 类型的而不是 KD 类型的，该系统的公理化也是不可分离的(Lehmann et al.，1988)。

对公理化的可分离问题进行研究。

二、具体的模态交互作用公理模式

传统模态逻辑中有一些非常“基本”的公理，如 D、T、B、4、5 公理，研究多模态逻辑也可以采取相同的方法，即集中于一些比较有特点的交互作用公理(模式)，以此为切入点研究多模态逻辑系统。接下来，我们将考察一些多模态逻辑系统中具体的交互作用公理，此处考察研究这些具体交互作用公理的意义在于如何使用多模态语言从一般层面上对其进行解释，主要以第一章中提到的模态算子的交互作用原则为例。

为了便于理解，此处将使用非参数化的模态算子$\Box_1$、$\Diamond_1$、$\Box_2$、$\Diamond_2$等。$\Box_1=\Box_2=\Box$表示$\Box_1$和$\Box_2$代表相同的算子$\Box$。另外，如果O是模态算子，O^n表示O的迭代$OO\cdots O$(Catach，1989)[57+60]。接下来将给出一些具体的模态算子之间的交互作用公理(或公理模式)，并对其进行解释。如果 S 是任意公理模式，则用S^σ表示它的对偶公理。根据对偶的性质，S^σ与 S 是等价的。

$K_{1,2}$ $\Box_2\alpha\to\Box_1\alpha$；	$K_{1,2}^\sigma$ $\Diamond_1\alpha\to\Diamond_2\alpha$。	包含
$D_{1,2}$ $\Box_2\alpha\to\Diamond_1\alpha$；	$D_{1,2}^\sigma$ $\Box_1\alpha\to\Diamond_2\alpha$。	持续性
$B_{1,2}$ $\alpha\to\Box_1\Diamond_2\alpha$；	$B_{1,2}^\sigma$ $\Diamond_1\Box_2\alpha\to\alpha$。	半对称性
$4_{1,2}$ $\Box_1\alpha\to\Box_2\Box_1\alpha$；	$4_{1,2}^\sigma$ $\Diamond_2\Diamond_1\alpha\to\Diamond_1\alpha$。	相对传递性
$5_{1,2}$ $\Diamond_1\alpha\to\Box_2\Diamond_1\alpha$；	$5_{1,2}^\sigma$ $\Diamond_2\Box_1\alpha\to\Box_1\alpha$。	相对欧性
$SC_{1,2}$ $\Box_2\Box_1\alpha\to\Box_1\Box_2\alpha$；	$SC_{1,2}^\sigma$ $\Diamond_1\Diamond_2\alpha\to\Diamond_2\Diamond_1\alpha$。	半交换性
$C_{1,2}$ $\Box_2\Box_1\alpha\leftrightarrow\Box_1\Box_2\alpha$；	$C_{1,2}^\sigma$ $\Diamond_1\Diamond_2\alpha\leftrightarrow\Diamond_2\Diamond_1\alpha$。	交换性

$K_{1,2}$、$D_{1,2}$、$B_{1,2}$、$4_{1,2}$和$5_{1,2}$公理模式分别是模态逻辑中 T、D、B、4 和 5 公理的扩展。这些公理的命名是参照各自包含模态算子的类型或模态逻辑中一些已知的公理选定的。$K_{1,2}^\sigma$、$D_{1,2}^\sigma$、$B_{1,2}^\sigma$、$4_{1,2}^\sigma$、$5_{1,2}^\sigma$、$SC_{1,2}^\sigma$以及$C_{1,2}^\sigma$分别是最左侧公理模式的对偶公理模式，而最右侧表明了该公理模式对应的框架(模型)上的可及关系的性质。以上公理模式都是模态逻辑和多模态逻辑中最常见的公理，它们都满足模态归约原则。根据定理 2.9 中公理和推理规则之间的等价性，允许这些公理用与其等价的推理规则进行表示。

下面将对公理模式$K_{1,2}$、$D_{1,2}$和$B_{1,2}$展开详细的讨论，其中原子算子$\Box_1$和$\Box_2$等是正规的。

(一) 公理模式 $K_{1,2}$ $\Box_2\alpha\to\Box_1\alpha$

这一公理模式表明$\Box_2$表达的必然性比$\Box_1$表达的必然性程度更高(在 2

的层面上是必然的则在 1 的层面上一定也是必然的)，或者，根据对偶性(根据 $K^{\sigma}_{1,2}$)，$\Diamond_2$ 表达的可能性较之 $\Diamond_1$ 表达的可能性而言更弱(在 1 的层面上是可能的则在 2 的层面上也是可能的)[①]，可以将此写作 $\Box_1 \leqslant \Box_2$[②]，这一公理模式有时被称为“包含原则”或“包含公理”(Catach，1989)[74-75]。在第四章和第五章中将会看到与 $\Box_1$ 和 $\Box_2$ 相对应的二元关系之间的一种包含关系。

在多模态语言中，这种类型的包含公理可以用来表述不同程度的必然性(必然度)，从第一章的文献综述中可以看到相关研究已经出现在许多文献中。在科恩和戈布尔的研究工作中，已经提出了存在多种必然性的想法，他们使用算子集 $\Box_1,\cdots,\Box_n$ 和 $\Box_{n+1}p \to \Box_n p$ 原则去表示多种必然性概念，以及概念之间的交互作用。杜布瓦等(Dubois et al.，1988)也提出了类似的想法，他们提出了可能性理论的多模态解释。算子 $[a]$ 被解释成一个必然性指数，它的真值在 0 到 1 之间。在其构建的系统中，相对自然的公理是包含原则 $[b]\alpha \to [a]\alpha$，其中若 $b \geqslant a$ ($a,b \in [0,1]$)。认知逻辑的公理 $K_i p \to K_j p$(“x_j 知道 x_i 知道的所有事情”)、$B_i p \to B_j p$(“x_j 相信 x_i 相信的所有事情”)、$K_i p \to B_i p$(“我们相信我们知道的”)，历史必然和道义逻辑系统中的公理 $\Box p \to Op$，道义逻辑中用于对规范的层次进行表述的原则 $O_i p \to O_j p$ 都是 $K_{1,2}$ 公理模式的特例。卢卡斯等(Lucas et al.，1986)构建的双模态系统 $L\Box_{Gr}$ 中也涉及包含公理 $\Box p \to Lp$，斯莫林斯基构建的 MOS、PR L_1 系统的公理 $\Box p \to \nabla p$ 等都可以看作包含公理的特例。

通过对算子进行形式运算，许多交互作用公理都可以归约为 $K_{1,2}$ 的类型，即包含公理。上文提到的 $4_{1,2}$ 和 $SC_{1,2}$ 就是例子。因此，包含是模态算子之间基础的交互作用形式。

定理 2.10 若下述模态算子是正规的，则下列公理是等价的：

(1) $\Box_2\alpha \to \Box_1\alpha$；

(2) $\Box_2(\alpha \to \beta) \to (\Box_1\alpha \to \Box_1\beta)$；

(3) $\Box_2(\alpha \to \beta) \to (\Box_2\alpha \to \Box_1\beta)$；

(4) $\Box_2(\alpha \leftrightarrow \beta) \to (\Box_1\alpha \leftrightarrow \Box_1\beta)$；

(5) $(\Box_1\alpha \wedge \Box_2\beta) \to \Box_1(\alpha \wedge \beta)$；

(6) $\Diamond_1(\alpha \to \beta) \to (\Box_1\alpha \to \Diamond_2\beta)$；

(7) $\Box_2(\alpha \wedge \beta) \to (\Box_1\alpha \wedge \Box_2\beta)$；

---

① 就可能世界而言，就给定的世界，在 2 意义上的可及世界多于 1 意义上的可及世界。

② 令 ϕ 和 ψ 分别是 n 元、m 元命题函项，对于任意命题 p_i 而言，如果 $\vdash (\phi(p_1,\cdots,p_n) \to \psi(p_1,\cdots,p_m))$，那么 $\phi \leqslant \psi$，在多模态语言中记作 $[\phi] \leqslant [\psi]$ (Catach，1989)[70]。

(8) $(\Box_1\alpha\to\Diamond_2\beta)\to\Diamond_2(\alpha\to\beta)$；

(9) $(\Box_2\alpha\wedge\Diamond_1\beta)\to\Diamond_1(\alpha\wedge\beta)$；

(10) $\Box_2(\alpha\to\beta)\to(\Diamond_1\alpha\to\Diamond_1\beta)$；

(11) $\Box_2^n\alpha\to\Box_1^n\alpha$，$\forall n\geqslant 1$。

$\Box_1$和$\Box_2$之间不具有对称性，也就是说$K_{1,2}$并不等于$K_{2,1}$。注意，如果$\Box_1=\Box_2=\Box$，上述公理就会退化成经典模态逻辑中的公理。(2)和(3)退化成公理 K，(5)退化成公理 $C((\Box\alpha\wedge\Box\beta)\to\Box(\alpha\wedge\beta))$，(7)退化成公理 M($\Box(\alpha\wedge\beta)\to(\Box\alpha\wedge\Box\beta)$)。双模态系统 L$\Box_{cat}$ 中的公理$\Box(p\to q)\to(Lp\to Lq)$以及双模态逻辑系统 MOS 中的公理$\Box(p\leftrightarrow q)\to(\nabla p\leftrightarrow\nabla q)$都是(2)的特例。然而，在上述双模态逻辑系统中，算子$\Box_1$(分别是 L 或∇)不是正规的，它们只是全等的，因此(1)和(2)之间的等价性不成立(Smorynski，1985；Lucas et al.，1986)。另外，(3)还可以被记作$\Box_2\alpha\wedge\Box_2(\alpha\to\beta)\to\Box_1\beta$。在巴纳巴的著作中(Barnaba et al.，1985)，对(7)也有涉及(公理$\Box_0(p\to q)\to(\Diamond_n p\to\Diamond_n q)$)。

此外，$K_{1,2}$公理模式还具有以下性质。第一，如果$\Box_1$是持续的(该系统内包含$\Box_1$算子的特征公理对应的框架上的可及关系的性质)，并且$\Box_1\leqslant\Box_2$，那么$\Box_2$也是持续的。实际上，在这种情况下，在$\Box_1$和$\Box_2$之间有更强的公共持续性的结论，因为公理$\Box_2\alpha\to\Diamond_1\alpha$有效。第二，如果$\Box_1$是自返的，并且$\Box_1\leqslant\Box_2$，那么$\Box_2$也是自返的。第三，如果$\Box_1$或$\Box_2$是对称的，那么$K_{1,2}$等同于$B_{1,2}$，即$\alpha\to\Box_1\Diamond_2\alpha$，$B_{1,2}$刻画了可及关系的半对称性质。①第四，如果$\Box_1$是恒等算子1'，那么$K_{1,2}$等同于公理模式$\Box_2\alpha\to\alpha$，其中$\Box_2$是自返的。模态逻辑中的公理 T 是$K_{1,2}$的特例。第五，如果$\Box_2=\mathbb{F}$，并且$\Box_1\leqslant\Box_2$，那么$\Box_1=\mathbb{F}$。第六，如果$\Box_1=\mathbb{F}$，那么公理模式$K_{1,2}$就是重言式。

(二) 公理模式$D_{1,2}$　$\Box_2\alpha\to\Diamond_1\alpha$

$\Box_1$和$\Box_2$是对称的，也就是说$D_{1,2}$和$D_{2,1}$是等价的(参见定理 2.11)。这一公理模式描述了与$\Box_1$和$\Box_2$关联的二元关系的一种公共持续性(存在一个公共的可及世界)，即在 2 的层面上是必然的，则在 1 的层面上是可能的。这也就是说事件不可能在 1 的层面上是必然的而在 2 的层面上是不可能的。换言之，这一公理模式描述的是$\Box_1$和$\Box_2$之间的相容性。

---

① 如果$\Box_1$是对称的，则$\alpha\to\Box_1\Diamond_1\alpha\to\Box_1\Diamond_2\alpha$。相反，如果$\alpha\to\Box_1\Diamond_2\alpha$，那么$\Diamond_1\alpha\to\Diamond_1\Box_1\Diamond_2\alpha\to\Diamond_2\alpha$。如果$\Box_2$是对称的，则推理过程类似。

在已有文献中也使用过这一公理模式刻画过不同的公理。在认知逻辑中，$D_{1,2}$ 公理模式能够描述不同理性主体之间信念的相容性问题。对知识算子而言，原则 $K_i p \to \neg K_j \neg p$ 表示：如果 x_i 知道 p，那么对于任何理性主体 x_j 而言，p 至少是可信的①。关于信念算子的 $B_i p \to \neg B_j \neg p$ 原则也是 $D_{1,2}$ 的特例，它表示当其他理性主体 x_j 相信 $\neg p$ 时，理性主体 x_i 不会相信 p。道义逻辑中原则 $\neg(O_i p \wedge O_j \neg p)$ 描述了规范 i 和规范 j 之间的相容性概念(一件事情 p 不能是被规范 i 强制执行而同时又被规范 j 禁止执行)。伦尼也对这种类型的公理模式进行过考察，如公式 $\Box_{u,n} p \to \Diamond_{v,m} p$。

定理 2.11 下列公理或规则是等价的：

(1) $\Box_2 \alpha \to \Diamond_1 \alpha$；

(2) $\Box_1 \alpha \to \Diamond_2 \alpha$；

(3) $\Diamond_1 \alpha \vee \Diamond_2 \neg \alpha$；

(4) $\neg(\Box_1 \alpha \wedge \Box_2 \neg \alpha)$；

(5) 规则 $\dfrac{\alpha \vee \beta}{\Diamond_1 \alpha \vee \Diamond_2 \beta}$；

(6) $\Box_2^n \alpha \to \Diamond_1^n \alpha$，其中 $\forall n \geqslant 1$。

公理模式 $D_{1,2}$ 是对传统模态逻辑中公理 D($\Box\alpha \to \Diamond\beta$)的扩展，该公理刻画了可及关系的持续性。如果 $\Box_1 = \Box_2 = \Box$，则可以得到公理 D。公理(3)可以命名为 $O_{1,2}$，因为它是传统模态逻辑中公理 O($\Diamond\alpha \vee \Diamond\neg\alpha$)的扩展(Chellas，1980)。

此外，公理模式 $D_{1,2}$ 还具有以下性质：第一，如果 $D_{1,2}$ 成立，则 $\Box_1$ 和 $\Box_2$ 都是持续的，也就是说，$\Box_1$ 和 $\Box_2$ 都不能是空的(即等同于 $\mathbb{F}$)。第二，如果 $\Box_1$ 和 $\Box_2$ 都是自返的，那么 $D_{1,2}$ 成立。第三，如果算子 $\Box_1$ 和 $\Box_2$ 之一具有对角线关系(即等同于 $1'$)，那么，公理模式 $D_{1,2}$ 等同于另外一个算子的自返(公理)。这一性质也表明，公理模式 $D_{1,2}$ 可以看作传统模态逻辑中 T 公理的扩展。

(三) 公理模式 $B_{1,2}$ $\alpha \to \Box_1 \Diamond_2 \alpha$

这一公理模式是传统模态逻辑对称公理 B($\alpha \to \Box\Diamond\alpha$)的一个扩展，故称半对称。实际上，$B_{1,2}$ 与其“对称”$B_{2,1}$($\alpha \to \Box_2 \Diamond_1 \alpha$)总是联用(注意二者并不等价)，这也说明算子 $\Box_1$ 和 $\Box_2$ 是共轭关系(Catach，1989)[181-195]，这

① 如果令算子 K_i 是自返的，则这一原则就自动成为定理，因为根据 $K_i p \to p$ 和 $p \to \neg K_j \neg p$ 可以推导出 $K_i p \to \neg K_j \neg p$。

与时态逻辑中 G 算子和 H 算子相同。

许多文献都对这一公理模式进行了考察。如在普莱尔的历史必然与时态逻辑中的公理 $p\to H\Box Fp$ (其中 $\Box_1=H;\Box$， $\Diamond_2=F$)；在联合认知模态 K_i 和时态(或历史必然)模态 $\Box$ 和 $\Diamond$ 的系统内的公理 $\Diamond K_i p\to p$ ，这一公理表示如果 x_i 知道 p 是可能的，那么 p 是真的，这一公理对公理 $K_i p\to p$ (如果 x_i 知道 p ，那么 p 是真的)的增强。另外，也可将上述公理看成是 $B^{\sigma}_{1,2}$ 类型，即 $\Diamond_1\Box_2\alpha\to\alpha$ 。此外， $B_{1,2}$ 公理还能够刻画伦尼的 $p\to\Box_{u,n}\Diamond_{v,m}p$ 公理。

定理 2.12　下列公理和规则是等价的：

(1) $\alpha\to\Box_1\Diamond_2\alpha$ ；

(2) $\Diamond_1(\alpha\wedge\Box_2\beta)\to(\Diamond_1\alpha\wedge\beta)$ ；

(3) $(\alpha\wedge\Diamond_1\beta)\to\Diamond_1(\Diamond_2\alpha\wedge\beta)$ ；

(4) $\Box_1(\Diamond_2\alpha\to\beta)\to(\alpha\to\Box_1\beta)$ ；

(5) $\Box_1(\alpha\to\Box_2\beta)\to(\Diamond_2\alpha\to\beta)$ ；

(6)规则 $\dfrac{\Box_2\alpha\vee\beta}{\alpha\vee\Box_1\beta}$ ；

(7)规则 $\dfrac{\Diamond_2\alpha\to\beta}{\alpha\to\Box_1\beta}$ ；

(8) $\alpha\to\Box_1^n\Diamond_2^n\alpha,\forall n\geqslant 1$ ；

(9) $\alpha\to(\Box_1\Diamond_2)^n\alpha,\forall n\geqslant 1$ 。

公理(2)和(3)是在包含算子的布尔代数的共轭运算结论(Catach，1989)[137]启发下得出的。如果 $\Box_1=\Box_2=\Box$ ，那么公理(4)和规则(7)可以分别命名为 $X_{1,2}$ 和规则 $RX_{1,2}$ ，因为它们是传统模态逻辑中相关结论(Chellas，1980)[136]的扩展。另外，根据定理 2.9，规则(6)和(7)不与规则 RS 和 RS^{σ} 等价。公理(4)和(5)实际上是(3)的变体。公理(8)和(9)是 n 之上的一个归纳①。

此外，公理模式 $B_{1,2}$ 还具有以下性质：第一，如果 $B_{1,2}$ 成立，并且 $\Box_1$ 是自返的，那么 $\Box_2$ 也是自返的。第二，如果 $\Box_1$ 或 $\Box_2$ 是对称的，那么 $B_{1,2}$ 等同于由 $K_{1,2}$ 描述的包含关系 $\Box_1\leqslant\Box_2$ 。第三，如果 $\Box_1$ 具有对角线性质 ($\Box_1=1'$)，那么 $B_{1,2}$ 等同于 $\Box_2$ 的自返性 $\Box_2\alpha\to\alpha$ 。第四，如果 $\Box_1$ 和 $\Box_2$ 是共轭关系($B_{1,2}$ 和 $B_{2,1}$)，那么它们同时是自返的、对称的或传递的。

上文给出了 $4_{1,2}$ 、 $5_{1,2}$ 、 $SC_{1,2}$ 和 $C_{1,2}$ 公理模式， $B_i p\to K_i B_i p$ 原则

---

① 例如，对于(8)而言，若 $B_{1,2}$ 中 $n=1$ ，并且如果 $\alpha\to\Box_1^n\Diamond_2^n\alpha$ ，根据规则(7)，则 $\Diamond_2\alpha\to\Box_1^n\Diamond_2^{n+1}\alpha$ 并且 $\alpha\to\Box_1^{n+1}\Diamond_2^{n+1}\alpha$ 。

(Lehmann et al., 1988), $\Box p \to O\Box p$ 和 $\mathbb{P}p \leftrightarrow O\mathbb{P}p$ 原则(Chellas, 1980)[190-200]，莱布尼茨原则 $\mathrm{L}p \to \Box \mathrm{L}p$ (Lucas et al., 1986)以及 $\nabla p \to \Box\nabla p$ 原则(Smorynski, 1985)都是 $4_{1,2}$ 公理模式的特例。$4_{1,2}$ 公理模式实际上可以看作 $K_{1,2}$ 公理模式的一个扩展，即令 $\Box_2' = \Box_1$， $\Box_1' = \Box_2;\Box_1$。认知逻辑中 $\neg K_i p \to K_j \neg K_i p$ 或 $\neg B_i p \to K_i \neg B_i p$ 类型的原则①，切莱士研究的 $\Diamond p \to \Diamond\Diamond p$ 原则和伦尼提出的 $\neg\Box_{u,n} p \to \Box_{v,m} \neg\Box_{w,l} p$ 公理(Rennie, 1970)可看作 $5_{1,2}$ 公理模式的特例。$SC_{1,2}$ 和 $C_{1,2}$ 公理模式经常出现在将时间作为模态维度的多模态逻辑系统中，如维尼玛的区间逻辑(Venema，1990)，康普的时态历史必然逻辑中的公理 $\Diamond Pp \to P\Diamond p$，时态认知逻辑中的 $K_i \bigcirc p \to \bigcirc K_i p$ 或 $K_i \forall\bigcirc p \to \forall\bigcirc K_i p$ 原则，以及法里纳斯二维系统中的 $\bigcirc_1 \bigcirc_2 p \leftrightarrow \bigcirc_2 \bigcirc_1 p$ 原则等，都可看作上述公理模式的特例。

三、一般的模态交互作用公理模式

上文考察了正规多模态逻辑中一些具体的模态交互作用公理模式及特例，接下来将研究一般的模态交互作用公理模式，这些公理模式涵盖了之前研究的所有具体的模态交互作用公理。为了表述简洁、清晰，统一使用参数化的表述方式。

选择这些公理模式的首要原因是它们都是一阶可定义的，也就是说，它们对应于多关系框架上的一阶性质，第四章将对这一问题进行具体的研究。而在第五章中，将用典范模型的方法进一步研究基于这些公理模式构建的正规多模态逻辑系统的完全性问题。

(一) $G(a,b,c,d)$ 公理模式及其扩展

传统模态逻辑中较为“基本”的公理有 D、T、B、4、5 公理等，将这些公理进行概括，就可以得到 $G^{k,l,m,n}$ 模式：$G^{k,l,m,n}$ $\Diamond^k \Box^l \alpha \to \Box^m \Diamond^n \alpha$ (k,l,m,n 全部大于等于 0)。这一公理模式被切莱士称为 k,l,m,n-收敛。例如，公理 D、T、B、4、5 分别对应 $G^{0,1,0,1}$、$G^{0,1,0,0}$、$G^{0,0,1,1}$、$G^{0,1,2,0}$ 和 $G^{1,0,1,1}$。将这一公理模式推广到多模态逻辑中，能够得到 $G(a,b,c,d)$ 公理模式。②

定义 2.15 $G(a,b,c,d)$ 公理模式表示为 $G(a,b,c,d)$：$\langle a\rangle[b]\alpha \to [c]\langle d\rangle\alpha$，其中 a、b、c、d 是任意模态参数。由此得到的公理被称为

---

① 第二个原则与 $B_i p \to K_i B_i p$ 十分接近，它表示“知识对信念的负自省”。

② 加贝在相关文献中对这一模式以及与其相似的模式 $\Box^k \Diamond^l \alpha \to \Box^m \Diamond^n \alpha$ 进行过考察。公理模式 $G^{k,l,m,n}$ 最初始于塞格伯格(K. Segerberg)，之后切莱士也对此进行过研究。

a,b,c,d-收敛公理。

$G(a,b,c,d)$ 公理模式最初由卡塔奇介绍，记作符号 $G^{a,b,c,d}$ (Catach，1989)[491-495]。这一公理模式的普遍性在于，a、b、c、d 不一定是原子模态参数，它们可以是复杂的表达式(正则公式)。当我们考虑多模态语言 $\mathcal{L}(\Sigma)$ 时，其中 Σ 至少包含运算 $\{\bigcup,0,;,\lambda\}$，因此假设 $G^{a,b,c,d}$ 公理模式中的 a、b、c、d 至少是 $\{\bigcup,0,;,\lambda\}$-参数。此外，$G(a,b,c,d)$ 和 $G(c,d,a,b)$ 是等价的，并且 $G(0,b,c,d)$，$G(a,b,0,d)$，$G(a,\lambda,\lambda,a)$ 和 $G(\lambda,a,a,\lambda)$ 都是重言式。

显然，如果令 $\Box=[A]$，$\Diamond=\langle A\rangle$，$a=A^k$，$b=A^l$，$c=A^m$，$d=A^n$，则由 $G^{k,l,m,n}$ 公理模式可以扩展得到 $G(a,b,c,d)$ 公理模式，因此，传统模态逻辑中的 D、T、B、4、5 公理都是 $G(a,b,c,d)$ 公理模式的特例。由 $G(a,b,c,d)$ 公理模式构建的多模态逻辑系统类涵盖了这样的系统，每个(原子)模态算子都属于由 D、T、B、4、5 公理作为特征公理所构建的 15 个常见的单模态逻辑系统①。此外，$G(a,b,c,d)$ 公理模式还能够刻画上文中提到的具体的模态交互作用公理。令 $\Box_1$ 和 $\Box_2$ 分别表示由原子参数 A 和 B 形成的模态算子($\Box_1=[A]$，$\Box_2=[B]$)，则可以得到下述对应关系：

$K_{1,2}$　$\Box_2\alpha\to\Box_1\alpha$；　　$G(\lambda,B,A,\lambda)$。

$D_{1,2}$　$\Box_2\alpha\to\Diamond_1\alpha$；　　$G(\lambda,B,\lambda,A)$。

$B_{1,2}$　$\alpha\to\Box_1\Diamond_2\alpha$；　　$G(\lambda,\lambda,A,B)$。

$4_{1,2}$　$\Box_1\alpha\to\Box_2\Box_1\alpha$；　　$G(\lambda,A,B;A,\lambda)$。

$5_{1,2}$　$\Diamond_1\alpha\to\Box_2\Diamond_1\alpha$；　　$G(A,\lambda,B,A)$。

$SC_{1,2}$　$\Box_2\Box_1\alpha\to\Box_1\Box_2\alpha$；　　$G(\lambda,B;A,A;B,\lambda)$。

除此之外，前文提到的许多模态算子间的交互作用原则都可以用这一公理模式进行刻画。例如，在认知逻辑中，令 $K_i=[A]$，$K_j=[B]$，则模态算子交互作用原则 $K_iK_jp\to K_ip$ 可改写为 $G(\lambda,A;B,A,\lambda)$；道义逻辑中的 $O_iO_jp\to O_ip$ 原则与之类似。令 $B_i=[A]$，$K_i=[B]$，则 $B_ip\to K_iB_ip$ 原则改写为 $G(\lambda,A,B;A,\lambda)$，$B_ip\to B_iK_ip$ 原则与之类似。在认知道义逻辑中，令 $K_i=[A]$，$O=[B]$($P=\langle B\rangle$)并且 $B_i=[C]$，则 $\neg K_iIp\to B_iPp$ 原则改写为 $G(A;B,\lambda,C,B)$，即 $\langle A\rangle\langle B\rangle<p\to[C]\langle B\rangle p$。对于包含真势模态 $\Box$ 和 $\Diamond$ 的 $K_i\Box p\to B_i\neg\Diamond Ip$ 原则，也可改写为 $G(\lambda,A;B,C;B,D)$，其中令 $K_i=[A]$，$\Box=[B]$，$B_i=[C]$，$O=[D]$($P=\langle D\rangle$)，即 $[A][B]p\to[C][B]\langle D\rangle p$)。在时态逻辑中，令 $H=[A]$(或 $G=[A]$)，$\Diamond=[B]$，则 $Pp\to H\Diamond p$ 和 $Fp\to G\Diamond p$

① 也就是说，使用定义 2.14 的符号，多模态系统 $\mathrm{L}=\mathrm{L}_{A_1}\times\cdots\times\mathrm{L}_{A_n}+\cdots$，其中系统 L_{A_i} 是 15 个(单)模态系统之一，“…”表示交互作用公理。

原则可改写为$G(A,\lambda,A,B)$。[①]在时态历史必然逻辑中，令$P=[A]$，$\Box=[B]$，则伯吉斯公理$P\Box p\to\Box Pp$可改写为$G(A,B,B,A)$。在认知时态逻辑中，令$B_i=[A]$，$\bigcirc=[B]$，$K_i=[C]$，公理$B_i\bigcirc p\to K_i\bigcirc\neg K_i\neg p$是$G(\lambda,A;B,C;B,C)$类型。在更为复杂的多模态逻辑系统中，公理$GK_i\Box p\to\neg F\Diamond B_iO\neg p$也是$G(\lambda,A;B;C,A;C;D,E)$类型，其中$G=[A]$，$K_i=[B]$，$\Box=[C]$，$B_i=[D]$并且$O=[E]$。

因此，公理$[a]\alpha\to([b]\alpha\to[c]\alpha)$，$[a]\alpha\to([b]\alpha\wedge[c]\alpha)$，$[a_1]\cdots[a_n]\alpha\to[b_1]\cdots[b_n]\alpha$以及$[a]\alpha\leftrightarrow[b]\alpha$都可以改写为$G(a,b,c,d)$模式。其中$[a]\alpha\to([b]\alpha\to[c]\alpha)$等同于$[a\cup b]\alpha\to[c]\alpha$，即$G(\lambda,a\cup b,c,\lambda)$；$[a]\alpha\to([b]\alpha\wedge[c]\alpha)$等同于$[a]\alpha\to[b\cup c]\alpha$，即$G(\lambda,a,b\cup c,\lambda)$；$[a_1]\cdots[a_n]\alpha\to[b_1]\cdots[b_n]\alpha$改写为$[a]\alpha\to[b]\alpha$，并且$a=(a_1;\cdots;a_n)$，$b=(b_1;\cdots;b_n)$；$[a]\alpha\leftrightarrow[b]\alpha$等同于两个包含公理$[a]\alpha\to[b]\alpha$和$[b]\alpha\to[a]\alpha$的合取。

定理 2.13 下述公理和规则是等价的：

(1) $\langle a\rangle[b]\alpha\to[c]\langle d\rangle\alpha$；

(2) $\langle a\rangle(\alpha\wedge[b]\beta)\to(\langle a\rangle\alpha\wedge[c]\langle d\rangle\beta)$；

(3) $(\langle a\rangle[b]\alpha\wedge\langle c\rangle\beta)\to\langle c\rangle(\langle d\rangle\alpha\wedge\beta)$；

(4) $[c](\langle d\rangle\alpha\to\beta)\to(\langle a\rangle[b]\alpha\to[c]\beta)$；

(5) $[c](\alpha\to[d]\beta)\to(\langle c\rangle\alpha\to[a]\langle b\rangle\beta)$；

(6) 规则$\dfrac{\alpha\vee\beta}{[a]\langle b\rangle\alpha\vee[c]\langle d\rangle\beta}$；

(7) 规则$\dfrac{[d]\alpha\vee\beta}{[a]\langle b\rangle\alpha\vee[c]\beta}$；

(8) $(\langle a\rangle[b])^n\alpha\to([c]\langle d\rangle)^n\alpha$，$n\geqslant 1$；

(9) 以上都可以根据$(a,b,c,d)\to(c,d,a,b)$进行置换。

证明

$(1)\Rightarrow(2)$：$\langle a\rangle(\alpha\wedge[b]\beta)\to(\langle a\rangle\alpha\wedge\langle a\rangle[b]\beta)\to(\langle a\rangle\alpha\wedge[c]\langle d\rangle\beta)$。

$(2)\Rightarrow(1)$：令$\alpha=[b]\beta$。

$(1)\Rightarrow(3)$：$(\langle a\rangle[b]\alpha\wedge\langle c\rangle\beta)\to([c]\langle d\rangle\alpha\wedge\langle c\rangle\beta)\to\langle c\rangle(\langle d\rangle\alpha\wedge\beta)$。

$(3)\Rightarrow(1)$：令$\beta=[d]\neg\alpha$，并且$(\langle a\rangle[b]\alpha\wedge\langle c\rangle[d]\neg\alpha)\to\langle c\rangle(\langle d\rangle\alpha\wedge[d]\neg\alpha)\leftrightarrow\langle c\rangle\bot\leftrightarrow\bot$，因此$(\langle a\rangle[b]\alpha\wedge[c]\langle d\rangle\neg\alpha)\to\bot$，可得证(1)。

---

① 注意，时态逻辑中的公理$FGp\to GFp$和$PHp\to HPp$是$\Diamond\Box p\to\Box\Diamond p$类型的(模态逻辑中的$G$公理)，因此也是$G^{k,l,m,n}$和$G(a,b,c,d)$类型的。

(4)可以由(3)通过换质位得到。

(5)是(4)的变体。

$(1)\Rightarrow(6)$：1. $\alpha\vee\beta$；

2. $\neg\alpha\to\beta$；

3. $\langle a\rangle[b]\neg\alpha\to\langle a\rangle[b]\beta$；　　根据$\langle a\rangle[b]$的单调性

4. $\langle a\rangle[b]\neg\alpha\to[c]\langle d\rangle\beta$；　　定理 2.13(1)

5. $[a]\langle b\rangle\alpha\vee[c]\langle d\rangle\beta$。

$(6)\Rightarrow(1)$：$\beta=\neg\alpha$。

$(1)\Rightarrow(7)$：1. $[d]\alpha\vee\beta$；

2. $\langle d\rangle\neg\alpha\to\beta$；

3. $[c]\langle d\rangle\neg\alpha\to[c]\beta$；　　根据$[c]$的单调性

4. $\langle a\rangle[b]\neg\alpha\to[c]\beta$；　　定理 2.13(1)

5. $[a]\langle b\rangle\alpha\vee[c]\beta$；

$(7)\Rightarrow(1)$：令$\beta=\langle d\rangle\neg\alpha$。

(8)：可以由(6)得到。

(9)反映了(a,b,c,d)和(c,d,a,b)的等价关系(换质位法)。

因此，根据以上结论以及定理 2.10～定理 2.12 可以发现一些等价关系。定理 2.13(6)是与模式$S=G(a,b,c,d)$相关联的规则 RS 的一个变体(参见定理 2.9)，即$\dfrac{\alpha\to\beta}{\langle a\rangle[b]\alpha\to[c]\langle d\rangle\beta}$。从这些等价关系中，我们还可以发现经典模态逻辑中的一些等式。例如，从(1)和(4)可以推出$\Box\alpha\to\Box\Box\alpha$和$\Box\Box(\alpha\to\beta)\to(\Box\alpha\to\Box\Box\beta)$等价；从(1)和(3)可以推出$\Diamond\alpha\to\Box\Diamond\alpha$和$(\Diamond\alpha\wedge\Diamond\beta)\to\Diamond(\Diamond\alpha\wedge\beta)$等价。

除此之外，可以考察$G(a,b,c,d)$公理模式的两个较为一般化的特例，$[a]\alpha\leftrightarrow[b]\alpha$和$[a]([b]\alpha\leftrightarrow[c]\alpha)$，其中$a,b,c$是任意模态参数。前者表示算子$[a]$和$[b]$是等同的，并且参数$a$和$b$也是等同的，它与$G(\lambda,a,b,\lambda)$和$G(\lambda,b,a,\lambda)$的合取是等同的。这一公理虽然是不足道的原则，但其却描述了模态的归约原则。在模态逻辑中，这种类型的原则(公理或定理)是非常重要的，因为它使得我们可以研究一个给定系统中不同模态的分离性。另外，这一原则也表明，在某些系统中，任意模态公式都等同于有限模态度的公式。最后，这类性质对可判定问题以及模态和多模态中的自动推演问题的研究具有重要影响。公理$[a]\alpha\leftrightarrow[b]\alpha$的结论可以扩展到多模态逻辑中，如$\Box_1\Box_2\alpha\leftrightarrow\Box_1\alpha$，$\Box_1\Box_2\Box_1\alpha\leftrightarrow\Box_2\alpha$类型的公理，而公理$[a]([b]\alpha\leftrightarrow[c]\alpha)$是公式$[a]\alpha\leftrightarrow[b]\alpha$的扩展。

(二) $G(a,b,\varphi)$ 公理模式及 $G(a,b,\wedge)^n$ 公理模式

上文考察的一般公理模式 $G(a,b,c,d)$ 是传统模态逻辑公理 $G^{k,l,m,n}$ 在多模态逻辑中的扩展。如果对 $G(a,b,c,d)$ 公理模式进行进一步扩展，能够得到 $G(a,b,\varphi)$ 公理模式。

定义 2.16 $G(a,b,\varphi)$ 公理模式表示为 $G(a,b,\varphi)$： $\langle a\rangle[b]\alpha\rightarrow\varphi$ ，其中 a,b 是任意模态参数， φ 是肯定公式(参见定义 2.3)。

公理模式 $G(a,b,c,d)$ 是公理模式 $G(a,b,\varphi)$ 的特例，其中 $\varphi=[c]\langle d\rangle p$ 。$G(a,b,\varphi)$ 公理模式也是受传统模态逻辑中的 $\Diamond^m\Box^n\alpha\rightarrow\varphi$ 类型公理的启发，公理模式 $G(a,b,\varphi)$ 可以看作 $\Diamond^m\Box^n\alpha\rightarrow\varphi$ 类型公理在多模态逻辑中的扩展，这种类型的公理在传统模态逻辑的对应性问题的研究中受到广泛关注(Sahlqvist，1975)。

根据 $G(a,b,\varphi)$ 公理模式的性质可知，具有 $G(0,b,\varphi)$ 和 $G(a,b,\top)$ 结构的模态公式是重言式。公理模式 $G(a,b,\varphi)$ 的对偶 $G(a,b,\varphi)^\sigma$ 是公理模式 $\varphi^\sigma\rightarrow[a]\langle b\rangle\alpha$ ， φ 和 φ^σ 都是肯定的(参见定义 2.3)。 $G(a,b,\varphi)$ 公理模式的刻画能力比 $G(a,b,c,d)$ 公理模式更强，公理模式 $G(a,b,\varphi)$ 能够刻画 $\varphi\rightarrow[a]\langle b\rangle\alpha$ 类型的公理，其中 φ 是肯定公式。下文将考察一些由 $G(a,b,\varphi)$ 公理模式刻画的具体公理的例子。

$G(a,b,\varphi)$ 公理模式较 $G(a,b,c,d)$ 公理模式包含更广泛的模态归约原则，其中包括上文已经考察过的模态算子序列，尤其是在左边或右边包含任意模态算子序列的公理。例如：

(1) $\langle a\rangle[b]\alpha\rightarrow[c]\langle d\rangle\alpha$;

(2) $[a]\langle b\rangle\alpha\rightarrow[c]\langle d\rangle\alpha$;

(3) $\langle a\rangle[b]\alpha\rightarrow O_1\cdots O_n\alpha$ ，其中 O_i 是算子 $[a_i]$ 或 $\langle a_i\rangle$；

(4) $O_1\cdots O_n\alpha\rightarrow[a]\langle b\rangle\alpha$ ，其中 O_i 是算子 $[a_i]$ 或 $\langle a_i\rangle$。

因为 $\{;\}$ -模态都是 $O_1;\cdots;O_n$ 类型，是肯定的。(2)是加贝提到的公理 $\Box^k\Diamond^l\alpha\rightarrow\Box^m\Diamond^n\alpha$ 的扩展(Gabbay，1975)，(3)和(4)是范本特姆考察的模态归约原则的扩展(van Benthem，1976)。上述公理不能改写成 $G(a,b,c,d)$ 模式或 $G(a,b,c,d)$ 公理模式的合取。此外，(1)和(2)，(3)和(4)分别具有对偶性。

当 $a=\lambda$ ， $b=0$ 时， $G(a,b,\varphi)$ 公理模式等同于 φ 。换言之， $G(a,b,\varphi)$ 能够刻画所有的公理 φ ，其中 φ 是肯定公式，例如，公理 $p\vee\Box\Diamond p$ 或 $\Diamond_1\Diamond_2 p\vee\Box_1 p$ 。值得注意的是，在这种情况下，公理 φ 等同于封闭公式，即通过用 $\bot$ 替换 φ 中的所有命题变元(Catach，1989)[73-74]。与之相关的例子有认知逻辑中的 $K_i\neg K_j p\rightarrow K_i p$ 公理(“负反省”公理)，更准确地说，

$K_i\neg K_j p\to K_i p$ 公理具有 $\Diamond_1\Box_2 p\vee\Box_1 p$ 形式。当 $b=0$ 但 $a\neq\lambda$ 时，$G(a,b,\varphi)$ 公理模式成为 $\langle a\rangle\top\to\varphi$。

当 φ 是一个析取式时，即(*) $\langle a\rangle[b]p\to(\langle c_1\rangle[d_1]p\vee\cdots\vee\langle c_n\rangle[d_n]p)$，$G(a,b,\varphi)$ 公理模式不能还原成为 $G(a,b,c,d)$ 公理模式。模态逻辑中的公理 $p\vee(\Diamond p\to\Box\Diamond p)$[①]等同于 $\Diamond p\to(p\vee\Box\Diamond p)$，因此也是 $G(a,b,\varphi)$ 类型公理。在莱曼和克劳斯给出的时态认知逻辑中，(A21)公理 $B_i\bigcirc p\to(\bigcirc B_i p\vee\bigcirc K_i\neg p)$ 和(A22)公理 $B_i\bigcirc p\to(\bigcirc B_i p\vee\bigcirc B_i\neg p)$ 同样不能转化成 $G(a,b,c,d)$ 类型的公理。(A21)可被改写为 $\neg\bigcirc B_i p\to(\neg B_i\bigcirc p\vee\bigcirc B_i\neg p)$，如果令 $\bigcirc=[A]$[②]，$K_i=[B]$，并且 $B_i=[C]$，那么它可以简写为 $\langle A;C\rangle p\to(\langle C;A\rangle p\vee[A;B]p)$，因此这一公理是 $G(a,b,\varphi)$ 类型的公理(和(*)是相同的类型)，其中 $a=A;C$，$b=\lambda$，$\varphi=\langle C;A\rangle p\vee[A;B]p$，并且它是肯定的。公理(A22)的情况与之类似。后文会再次讨论这两个公理及其在可能世界语义学解释下所对应的一阶性质。

在 $G(a,b,\varphi)$ 公理模式的基础上，还可以定义公理模式 $G(a,b,\wedge)^n$ 对其进行扩展。

定义 2.17 $G(a,b,\wedge)^n$ 公理模式表述为 $G(a,b,\wedge)^n$：$\langle a_1\rangle[b_1]\alpha_1\wedge\cdots\wedge\langle a_n\rangle[b_n]\alpha_n\to\varphi$，其中 a,b 是任意模态参数，n 是整数($n\geqslant 0$)，φ 是肯定公式(参见定义 2.3)。

当 $n=1$ 时即可得到 $G(a,b,\varphi)$ 公理模式，因此 $G(a,b,\varphi)$ 是 $G(a,b,\wedge)^n$ 公理模式的特例。$G(a,b,\wedge)^n$ 公理模式是受传统模态逻辑中 $\Box p_1\vee\Box(p_1\to p_2)\vee\cdots\vee\Box(p_1\wedge\cdots\wedge p_n\to p_{n+1})$ 类型公式(Sahlqvist，1975)的启发，是该类型公式在多模态逻辑中的扩展。后文会进一步研究 $G(a,b,\wedge)^n$ 公理模式在可能世界语义学解释下对应的一阶性质。

(三) Sahlqvist 公理模式

Sahlqvist 公理模式(最初的研究参见 Catach，1988)是单模态 Sahlqvist 公式[③]在多模态逻辑中的扩展。单模态 Sahlqvist 公式是一类模态公式的抽象和概括，这类模态公式都具有局部的一阶对应公式，将其推广到多模态逻辑中，能够得到多模态 Sahlqvist 公理模式。

---

① 这一公理被称为 5^-，将其添加到 S4 系统可得到 S4.4 系统。

② 注意，在线性时态逻辑中，根据公理 $\bigcirc\neg\alpha\leftrightarrow\neg\bigcirc\alpha$，则 $\bigcirc=[A]=\langle A\rangle$。

③ 单模态 Sahlqvist 公式 $\Box^n(\phi\to\varphi)$ 满足一系列条件，即 ϕ 中只能包含 $\Box$、$\Diamond$ 算子及 $\wedge$、$\vee$、$\neg$ 联结词；$\neg$ 只能直接出现在变元之前；$\Box$ 的辖域内不能出现 $\Diamond$ 算子及 $\wedge$、$\vee$ 联结词；φ 中只能包含 $\Box$、$\Diamond$ 算子及 $\wedge$、$\vee$ 联结词。

定义 2.18 在 Sahlqvist 公理模式①$[a](\phi \to \varphi)$ 中：

(1) a 为任意非空的模态参数；

(2) φ 是肯定公式；

(3) ϕ 是肯定的，并且它的命题不会在 φ 中出现；

(4) ϕ 不包含 $\to$ 蕴涵的形式，同时否定已经被"代入"②，ϕ 的[ ]-子公式③主要有以下几种情况：

① $[b]p$，其中 p 为任意命题，

② $[b]\top$ 或 $[b]\bot$，

③ $[b]\alpha$，其中 α 是否定公式(参见定义 2.3)。

多模态 Sahlqvist 公理模式的定义还可以参考萨尔奎斯特和范本特姆的相关说明(Sahlqvist，1975)。

关于上述定义需要说明的是，当 $a=\lambda$ 时能够得到一个非常重要的子公理类 $\phi \to \varphi$，(2)允许用 $\bot$ 替代不在 ϕ 中出现的 φ 中的所有命题变元，并且和 $G(a,b,\varphi)$ 一样($[a]$ 是全等的算子)。类似地，(2)允许用 $\top$ 替代不在 φ 中出现的 ϕ 中的所有命题变元。这意味着，假定 ϕ 和 φ 具有相同的命题变元④。(4)表示在 ϕ 中不包含[ ]-子公式 $[b]\alpha$，其中 α 不是否定的，也就是说其中 α 是肯定的或不具正负性，如不包含 $[a](p \vee \cdots)$ 或 $[a](\cdots\langle b\rangle p \cdots)$ 类型的子公式。需要注意的是，因为任意否定公式都可以写成 $\neg\alpha$ 的形式，其中 α 是肯定的，所以可以用 $[b]\neg\alpha$ 类型的公式替代(4)③中的情况，其中 α 是肯定的。此外，对于(4)②，因为 $[b]\top=\top$，所以可以进行简化。在(4)中，算子 $[b]$ 在合取之上是可以分配的，因为允许[ ]-子公式是 $[b]\beta$ 类型公式，其中 β 是 p、$\top$、$\bot$、α、α 的否定类型公式的合取。因此，$\Box(p \wedge \Box q)$ 类型的子公式也是可以接受的。另外，公理模式 $[a](\phi \to \varphi)$ 也可写成 $\phi \Rightarrow_a \varphi$ 的形式，其中符号 $\Rightarrow$ 表示刘易斯的严格蕴涵。

Sahlqvist 公理模式、$G(a,b,c,d)$ 公理模式、$G(a,b,\varphi)$ 公理模式以及 $G(a,b,\wedge)^n$ 公理模式都能够刻画包含多个命题变元的公理，例如，模态逻辑中的公理 $\Diamond(p \wedge \Box q) \to \Box(p \vee \Diamond\Box q \vee \Box(p \vee q))$、公理 $\Box p_1 \vee \Box(p_1 \to p_2) \vee \cdots \vee \Box(p_1 \wedge \cdots \wedge p_n \to p_{n+1})$ 以及公理 $\Diamond^{k_1}\Box^{l_1} p_1 \wedge \cdots \wedge \Diamond^{k_n}\Box^{l_n} p_n \to \varphi(p_1,\cdots,p_n)$。但是，上述四种公理模式均不能刻画麦金西公理 $\Box\Diamond p \to \Diamond\Box p$、

① 在单模态逻辑中，萨尔奎斯特将其称为简单公理，由其构建的系统被称为简单系统。

② 可以使用德摩根律 $\neg(\alpha \wedge \beta) \simeq (\neg\alpha \vee \neg\beta)$，$\neg(\alpha \vee \beta) \simeq (\neg\alpha \wedge \neg\beta)$ 以及规则 $\neg[a]\alpha \simeq \langle a\rangle\neg\alpha$ 和 $\neg\langle a\rangle\alpha \simeq [a]\neg\alpha$。

③ [ ]-公式是 $[b]\alpha$ 类型公式的一个抽象，其中 b 是任意模态参数。

④ 假设 φ 不包含 ¬ 或 → (也就是仅包含 ∨,∧,⊤,⊥ 和模态算子)不破坏普遍性(Catach，1989)[71]。

$\Box(\Box p \vee p) \to \Diamond(\Box p \wedge p)$ 和 $\Box(p \vee q) \to (\Diamond\Box p \vee \Diamond\Box q)$ 等类型的公理，因为这些公理不对应任何一阶性质。

在多模态逻辑中，Sahlqvist 公理模式能够刻画 $G(a,b,\varphi)$ 公理模式和 $G(a,b,c,d)$ 公理模式，以及它们“次级”的版本。与此同时，它也能够刻画 $G(a,b,\wedge)^n$ 公理模式，即当 $a=1$，$\phi = \langle a_1 \rangle [b_1] p_1 \wedge \cdots \wedge \langle a_n \rangle [b_n] p_n$ 时，Sahlqvist 公理模式 $[a](\phi \to \varphi)$ 可改写成为 $\langle a_1 \rangle [b_1] p_1 \wedge \cdots \wedge \langle a_n \rangle [b_n] p_n \to \varphi(p_1, \cdots, p_n)$，因此 $G(a,b,\wedge)^n$ 公理模式也是 Sahlqvist 公理模式的特例。

$G(a,b,\wedge)^n$ 公理模式能够刻画认知逻辑中认知算子和时态算子的交互作用公理，如 $(B_i p \wedge \neg p) \to \bigcirc(\neg K_i \neg p \to B_i p)$。这一公理描述了这样一个原则：“如果 x 相信 p，并且 p 是假的，那么他会一直相信 p，只要他不知道 p 是真的”，也就是说，随着时间的推移，信念具有持久性，直到证明事实并非如此。在算子 $\bigcirc$ 之上使用分配律 $\bigcirc(\alpha \vee \beta) \simeq (\bigcirc\alpha \vee \bigcirc\beta)$，则这一公理等价于 $(B_i p \wedge \neg\bigcirc K_i \neg p) \to (p \vee \bigcirc B_i p)$。若令 $\bigcirc = [A]$，$K_i = [B]$，$B_i = [C]$，该公理可改写为 $([C] p \wedge \langle A;B \rangle p) \to (p \vee [A;C] p)$。这一公式具有 $\phi \to \varphi$ 的形式，其中 $\phi = ([C] p \wedge \langle A;B \rangle p)$，$\varphi = (p \vee [A;C] p)$，因此它可以由 Sahlqvist 公理模式进行刻画。

在多模态逻辑中，Sahlqvist 公理模式能够广泛刻画具体的模态算子交互作用公理，因此具有普遍性。同时，Sahlqvist 公理模式也具有局限性，它在多模态逻辑中的局限性早在单模态逻辑的研究中就已经表明，即 Sahlqvist 公理模式不能刻画不具有一阶对应性质的模态逻辑公式。例如，麦金西公理不对应一阶性质，它是 Sahlqvist 公理模式刻画能力的一个反例。因此，Sahlqvist 公理模式具有限定的普遍性。

与此同时，根据上文的一些例子可以发现，对于一个给定的模态公式，有时需要通过一系列的转化才能确定它是否可以由 Sahlqvist 公理模式(或这种类型公理模式的联合)所刻画。

定义 2.19　由有穷或无穷个 Sahlqvist 公理模式构建的正规 LMM 系统被称为 Sahlqvist 系统[①]。

Sahlqvist 系统是迄今刻画能力最强的正规多模态逻辑一般系统。Sahlqvist 系统涵盖了文献中出现的大多数多模态逻辑系统(参见第一章文献综述部分)，并为构建具体的多模态逻辑系统提供方法论层面的指导。

---

① 萨尔奎斯特在单模态逻辑中称这类系统为简单系统(Sahlqvist，1975)，在多模态逻辑中将其命名为 Sahlqvist 系统是因为这类系统的公理是单模态逻辑中 Sahlqvist 公式的直接推广(Catach，1989)。

第三节 多模态逻辑的公理化与可分离性

在多模态逻辑系统中，不同的模态算子有不同的演绎方式，也就是说每个不同模态算子属于不同的(单)模态系统。例如，有的多模态逻辑系统同时包含T类型的模态算子$\Box_1$、S4类型的模态算子$\Box_2$，以及KD类型的算子集($\Box_3^1,\cdots,\Box_3^n$)等。如果从一般意义上考察多模态系统的公理化，则面临下述问题。

(Q1) 在何种程度上一个多模态逻辑系统(LMM)可以被看作多个(单)模态系统的叠加？(注意：单模态系统与不同的原子算子相“结合”。)换言之，这个问题是说在“多模态系统”与“(单)模态系统的叠加”之间是否存在完美的对偶性。若回答这一问题，则涉及另一核心问题：

(Q2) 已知多模态逻辑系统L的公理化及其语言中的任意算子O，我们如何形式化与O相关的子系统？

上述问题即多模态逻辑系统的可分离性关注的主要内容，对上述问题的回答就需要对多模态逻辑的子系统以及多模态逻辑的公理化系统的分离性问题进行研究。

一、多模态逻辑系统的子系统

任意逻辑系统可看作一个公式集，在此基础之上对上述问题进行考察。

定义 2.20 已知L是多模态逻辑系统(LMM)，O是任意模态算子。$\mathcal{L}$是多模态语言，$\mathcal{L}(O)$是与算子O相关的子语言。用$\mathrm{L}(O)$表示与O相关的子系统，$\mathrm{L}(O)$是出现在$\mathcal{L}(O)$中的L的定理集，即$\mathrm{L}(O)=\{\alpha\in\mathcal{L}(O)/\vdash_{\mathrm{L}}\alpha\}=\mathcal{L}(O)\cap\mathrm{L}$。

定理 2.14 集合$\mathrm{L}(O)$是相对于子语言$\mathcal{L}(O)$定义的模态逻辑系统(Chellas，1980)[46]。

证明 很容易证明$\mathrm{L}(O)$包含重言式(因为$\mathcal{L}(O)$就在L之中)，在分离规则下是封闭的(因为$\mathcal{L}(O)$和L在分离规则下是封闭的)，在替代规则下也是封闭的①。

① 在最后这个规则中，$\mathrm{L}(O)$仅通过$\mathcal{L}(O)$中的公式替代是封闭的：如果$\alpha\in\mathrm{L}(O)$，并且$\beta\in\mathcal{L}(O)$，则$\alpha[p/\beta]\in\mathrm{L}(O)$，其中$\alpha[p/\beta]$是用$\beta$替代$\alpha$中所有$p$的出现。与之对应的，$\mathrm{L}(O)$在一般的替代下是不封闭的：因为如果用不出现在$\mathcal{L}(O)$中的$\beta$替代$p$的出现，则公式$\alpha[p/\beta]$就不在$\mathcal{L}(O)$中，也就不在$\mathrm{L}(O)$中。

另外，如果O是唯一的模态算子，那么L(O)和L正好重合。

定义2.21 如果Γ是多模态公式集并且O是给定的算子，则$\Gamma(O)$是Γ中某类公式的集合，其中O是唯一的模态算子：$\Gamma(O)=\Gamma\cap\mathcal{L}(O)=\{\alpha\in\Gamma|\alpha\in\mathcal{L}(O)\}$。

如果O^σ是O的对偶模态，那么$\mathcal{L}(O)$根据O^σ是稳定的；同样地，$\mathcal{L}(O)$根据O的迭代O^n是稳定的。因此，$\Gamma(O)$包含公式Γ，其中算子是O^σ或O^n。特别地，O和O^σ确定了相同的模态逻辑子系统，即$\mathrm{L}(O)=\mathrm{L}(O^\sigma)$。其中$O$不一定是原子算子，它可能是$\{;,\cup\}$-模态。

因此，能够清楚地定义与任意模态算子O相关的子系统L(O)的概念(Q2)。对于(Q1)，整个系统L是不是子系统L(O)的叠加呢？已知L的性质，其子系统L(O)的性质是什么，即系统L的性质与子系统L(O)的性质的关系是什么？此时需要用到演绎逻辑中保守扩张(conservative extension)概念。

定义2.22 如果L和L′是分别基于语言$\mathcal{L}$和$\mathcal{L}'$构造的逻辑系统，并且$\mathcal{L}\subseteq\mathcal{L}'$，如果对于任意公式$\alpha$而言，$\vdash_{\mathrm{L}}\alpha\Leftrightarrow\vdash_{\mathrm{L}'}\alpha$，则称L′是L的保守扩张。

根据子系统L(O)的定义(参见定义2.20)，多模态系统L是每个子系统L(O)的保守扩张，由此可以确定这些子系统的确切性质。但是，这并没有直接回答系统L是不是L(O)系统的叠加这一问题，而“叠加”这一概念涉及系统L和子系统L(O)的公理化问题。接下来将进一步考察相关问题。

二、多模态逻辑系统的公理化与分离

在一般层面上考察多模态系统的公理化需要区分两种类型的多模态系统，不包含交互作用的系统和同质系统。对多模态子系统L(O)的公理化的研究会涉及公理化的可分离性概念。

一个多模态逻辑系统L是一个模态公式集，它包含重言式并且在经典逻辑的推理规则下是封闭的。L是可公理化的意思是，存在公理集和相关规则能够推导出L的所有定理。更确切地，公理化这一概念可以形式化表述为：

(1) 一个公理化是一个二元组$\mathcal{A}x=\langle\Gamma,\mathcal{R}\rangle$，其中Γ是公式集(也被称为公理集)，$\mathcal{R}$是推理规则的集合，

(2) 如果$\mathcal{R}$是空集，则$\mathcal{A}x$和Γ是等同的，

(3) 公理化的集合$\mathcal{A}x_i=\langle\Gamma_i,\mathcal{R}_i\rangle$ $(1\leqslant i\leqslant n)$被称为公理化$\mathcal{A}x=\langle\Gamma,\mathcal{R}\rangle$的并，其中$\Gamma_i$是集合Γ的并，$\mathcal{R}_i$是集合$\mathcal{R}$的并。

假设此处考察的系统在替代规则下是封闭的，此处使用的是公理模式

而不是公理。同时假设所有的公理化(包括子系统的公理化)包含命题演算的重言式、分离规则和替代规则。

定义 2.23 已知$\mathcal{L}$是多模态语言，$\mathcal{A}x=\langle\Gamma,\mathcal{R}\rangle$是公理化。

(1) 如果O是模态算子，用$\Gamma(O)$表示属于子语言$\mathcal{L}(O)$的公式集Γ(参见定理 2.14)，同样地，用$\mathcal{R}(O)$表示与$\mathcal{L}(O)$中公式有关的规则集$\mathcal{R}$。最后，$\mathcal{A}x(O)$被记作$\langle\Gamma(O),\mathcal{R}(O)\rangle$，它表示从$\mathcal{A}x$中提取的$O$的公理化或与$O$相关的子系统的公理化。注意，此处使用的替代规则仅是对于$\mathcal{L}(O)$公式而言的。

(2) $\mathcal{A}x$是包含Γ并且在推理规则$\mathcal{R}$下封闭的极小的多模态逻辑系统，这一系统被记作 MML($\mathcal{A}x$)。如果$\mathcal{R}$是空集，则用 MML(Γ)表示由公式集Γ进行公理化的多模态逻辑系统。

(3) 类似地，如果Γ和$\mathcal{R}$出现在单模态语言中，则用 ML($\mathcal{A}x$)表示包含Γ并且在推理规则$\mathcal{R}$下封闭的极小的单模态公理化系统。如果$\mathcal{R}$是空集，则用 ML(Γ)表示由公式集Γ进行公理化的模态逻辑系统。

同样，我们可以定义由$\mathcal{A}x$(或Γ)公理化的包含Γ且在推理规则$\mathcal{R}$下封闭的极小正规多模态逻辑。因此，分别用 NMML($\mathcal{A}x$)和 NMML(Γ)表示用$\mathcal{A}x$或公式集Γ进行公理化的正规多模态逻辑系统。在单模态情况下，分别用 NML($\mathcal{A}x$)和 NML(Γ)表示正规单模态逻辑系统。

上述定义是单模态逻辑相关定义在多模态逻辑中的一个简单扩展。如果只考虑正规系统，则一些经典模态逻辑系统可以表示为 K=NML($\varnothing$)、D=NML($\{\Diamond\top\}$)=NML($\{\Box p\to\Diamond p\}$)、T=NML($\{\Box p\to p\}$)、B=NML($\{\Box p\to p,\ p\to\Box\Diamond p\}$)。当$\mathcal{R}=\varnothing$时，由$\Gamma$公理化的逻辑系统，即 MML($\Gamma$)正是 TH($\Gamma$)[①]，它表示在极小多模态逻辑系统中由$\Gamma$推导出的定理集。

定义 2.24 已知 L 是多模态逻辑系统 LMM，如果存在一个公理化$\mathcal{A}x=\langle\Gamma,\mathcal{R}\rangle$满足 L= MML($\mathcal{A}x$)，则称 L 是可公理化的，$\mathcal{A}x$是 L 的公理化。如果$\Gamma$是有穷的，则称 L 是可有穷公理化的。

显然，对于任意可公理化的系统 L 而言，以 L 的所有定理为公理(即$\Gamma=\mathrm{L}$)，以不足道规则$\dfrac{\alpha}{\alpha}$为推导规则对其进行公理化就足够了。另外，L 是可有穷公理化的情况为多模态逻辑研究的核心内容。在通常情况下，仅通过公理集Γ进行公理化。

如果 L 是可公理化的，那么 L 的定理α的证明可定义为公式序列$(\alpha_1,\cdots,\alpha_n)$，该序列满足(1) $\alpha_n=\alpha$ (2) α_i或者是 L 的公理或者是使用 L 的推

---

① 在卡塔奇的论文中使用符号 TH($\mathcal{A}x$)(Catach，1988)。

理规则可从$(\alpha_1,\cdots,\alpha_{i-1})$推出。

上文讨论了“多模态系统”与“(单)模态系统叠加”之间的对偶问题，这使得我们定义了一个与算子相关的子系统的概念(定义 2.20)。在多模态逻辑系统 L 中，每个算子O都有与之相关的子系统$\mathrm{L}(O)$，但这并未完整地回答(Q1)。事实上，“叠加”这一概念恰恰与系统 L 和子系统$\mathrm{L}(O)$的公理化有关。因此，产生下述问题：

(Q3) 如果 L 是可(有穷)公理化的并且O是任意模态算子，那么子系统$\mathrm{L}(O)$是可(有穷)公理化的吗？

正如我们所说的，我们对有穷公理化感兴趣，然后问题就变成了给定系统 L 的有穷公理化$\mathcal{A}x$，推导出$\mathrm{L}(O)$的有穷公理化。现在，如果$\mathcal{A}x$是系统 L 的公理化，那么我们已经有了子系统$\mathrm{L}(O)$公理化的可能候选者，即提取的公理化$\mathcal{A}x(O)$(参见定义 2.23(1))。由此又产生了一个新的问题：

(Q4) 如果$\mathcal{A}x$是系统 L 的有穷公理化，那么提取的公理化$\mathcal{A}x(O)$是子系统$\mathrm{L}(O)$的有穷公理化？

换言之，如果$\mathcal{A}x$是系统 L 的有穷公理化，则 $\mathrm{L}=\mathrm{MML}(\mathcal{A}x)$，因此$\mathrm{L}(O)=\mathrm{MML}(\mathcal{A}x)(O)$。另一方面，如果$\mathcal{A}x(O)$是$\mathrm{L}(O)$的有穷公理化，则$\mathrm{L}(O)=\mathrm{ML}(\mathcal{A}x(O))$。因此，(Q4)改述为：

(Q4′) $\mathrm{MML}(\mathcal{A}x)(O)=\mathrm{ML}(\mathcal{A}x(O))$成立吗？

上述问题涉及多模态逻辑子系统的公理化问题，需引入公理化可分离性的概念。

定义 2.25 如果公理化系统$\mathcal{A}x$(或公式集Γ)是可分离的，则对于任意原子模态算子O而言，满足$\mathrm{MML}(\mathcal{A}x)(O)=\mathrm{ML}(\mathcal{A}x(O))$(或者$\mathrm{MML}(\Gamma)(O)=\mathrm{ML}(\Gamma(O))$)。

根据上述定义，可以得到以下结论：

引理 2.1 对任意公理化$\mathcal{A}x$和任意模态算子O而言，$\mathrm{ML}(\mathcal{A}x(O))\subseteq\mathrm{MML}(\mathcal{A}x)(O)$。

证明 如果$\alpha\in\mathrm{ML}(\mathcal{A}x(O))$，那么在$\mathrm{ML}(\mathcal{A}x(O))$中存在$\alpha$的一个证明，即在$\mathcal{L}(O)$中存在公式序列$\alpha_1,\cdots,\alpha_n$，其满足：每个$\alpha_i$或者是$\mathcal{A}x(O)$的公理或者是使用$\mathcal{A}x(O)$的推理规则从之前的公式推导而得，并且这一证明在$\mathrm{MML}(\mathcal{A}x)$中是有效的，因为$\mathcal{A}x(O)$的公理或者推理规则在$\mathcal{A}x$中也是有效的。因此，$\alpha$也是$\mathrm{MML}(\mathcal{A}x)$的定理，又因为$\alpha\in\mathcal{L}(O)$，所以$\alpha\in\mathrm{MML}(\mathcal{A}x)(O)$。

另外，多模态逻辑系统 L 的公理化$\mathcal{A}x$的可分离性也可以表述为：对于任意原子模态算子O而言，L 是$\mathrm{ML}(\mathcal{A}x(O))$的保守扩张(参见定义 2.22)。

上述引理的相反方向，即 $\mathrm{MML}(\mathcal{A}x)(O) \subseteq \mathrm{ML}(\mathcal{A}x(O))$，可表述为：如果 α 是 $\mathrm{L}=\mathrm{MML}(\mathcal{A}x)$ 的定理，并且 O 是唯一的模态算子，那么 α 也是(单)模态逻辑系统 $\mathrm{ML}(\mathcal{A}x(O))$ 的定理，即 α 是可以由 $\mathcal{A}x(O)$ 推出的。然而，并不是所有的公理化都具有这一性质。

如果 $\mathcal{A}x$ 是可分离的公理化，那么“(单)模态系统的叠加”这一概念就变得清晰：$\mathcal{A}x$ 是由若干 $\mathcal{A}x(O)$ 组成，并且每个 $\mathcal{A}x(O)$ 是与原子算子 O 相关的(单)模态逻辑系统的公理化。如果假设 $\{O_1,\cdots,O_n\}$ 是有穷的原子算子集，那么上述关系可以表示为图 2-1。

$$\mathrm{L} \leftarrow \mathcal{A}x = \begin{cases} \mathcal{A}x(O_1) \to \mathrm{L}(O_1) \\ \vdots \\ \mathcal{A}x(O_n) \to \mathrm{L}(O_n) \end{cases}$$

图 2-1

需要注意的是，子系统 $\mathrm{L}(O)$ 的类型可以从系统 L 的类型推导出来。

定理 2.15 如果 L 是极小(单调的，正则的，正规的)LMM 系统并且 O 是原子算子，那么 $\mathrm{L}(O)$ 是极小的(单调的，正则的，正规的)模态逻辑系统。

证明 根据定义 2.7、定义 2.8、定理 2.1、定义 2.20 和定理 2.14 即可得证。

上述结论可以推广到某些非原子算子的情况：①如果 L 是极小(单调的)系统，那么任意由 $\{;\}$ -模态确定的子系统 $\mathrm{L}(O)$ 也是极小的(单调的)。②如果 L 是正则的(正规的)系统，并且由原子算子集 $\mathrm{OPS}_0=\{\Box_1,\cdots,\Box_n,\Diamond_1,\cdots,\Diamond_n\}$ 定义而成，那么所有由 $\{;,\cup\}$ -模态 $\Box_{u,n}$ 或 $\Diamond_{u,n}$ 确定的子系统 $\mathrm{L}(O)$ 也是正则的(正规的)。但是②不能够推广到所有的 $\{;\}$ -模态，例如在单模态逻辑 $\mathcal{L}(\Box,\Diamond)$ 中，算子 $\Box\Diamond$ 既不是正则的也不是正规的，因此 $\mathrm{L}(\Box,\Diamond)$ 系统只是一个简单的单调系统。

在大多数情况下，有了多模态系统的直观形象，多模态系统的公理化似乎总是可分离的，也就是说 Q1 的答案似乎是非常显然的。实际上，通常考虑的多模态逻辑系统总是可以很好地进行公理化，即通过“叠加”与不同算子相关的子系统的(有穷)公理化获得。更准确地说，通常的多模态系统的构造方式有以下类型：

(1) 对于每个原子模态算子 $O \in \mathrm{OPS}_0$ 而言，可构建系统去描述 O，这一系统是可有穷公理化的(例如 T 和 S4 等)；

(2) (可能)添加一些算子之间的交互作用公理；

(3) 如果语言中包含模态算子之上的一些形式运算(参见定理 2.7)，则需给出一些公理去刻画这些形式运算(例如动态逻辑中的并和合成)。

在这种方法中，我们直观地将“与算子O相关的子系统L(O)”设想为与O的初始公理化相对应的模态系统。然而，图 2-1 具有误导性，因为一旦从整个系统 L 中考虑，子系统L(O)不一定与O的初始公理化系统重合。因为算子之间的交互作用会使得O产生新的(演绎的)性质。例如，已知 L 是一个正规的双模态逻辑系统，其构造方式如下：

(1) L 的语言包含原子算子$\mathrm{OPS}_0=\{\Box_1,\Box_2,\Diamond_1,\Diamond_2\}$；

(2) $\Box_1$是正规算子并且是自返的(T 类型算子)；

(3) $\Box_2$是正规算子(K 类型算子)；

(4) 满足公理$\Box_2\alpha\to\Box_1\alpha$。

经过推导会发现：L($\Box_2$)不是系统K而是系统T。实际上，在L中$\Box_2$会变成具有自返性，因为在L($\Box_2$)中，根据$\Box_1\alpha\to\alpha$和$\Box_2\alpha\to\Box_1\alpha$可得$\Box_2\alpha\to\alpha$。根据公理化$\mathcal{A}x=\Gamma=\{\Box_1\alpha\to\alpha,\Box_2\alpha\to\Box_1\alpha\}$，NMMML($\mathcal{A}x$)($\Box_2$)=系统 T，而NML($\mathcal{A}x$($\Box_2$)) =NML(∅)=系统 K。因此，NML($\mathcal{A}x$($\Box_2$))⊂NMML($\mathcal{A}x$)($\Box_2$)(参见引理 2.1)。换言之，L 不是 K 之于$\Box_2$的保守扩张。

根据上述例子可以看到，如果NMMML($\mathcal{A}x$)($\Box_2$)确实包含 T 系统(因为$\Box_2$是自返的)，那么实际上还需要证明它是 T 系统。换言之，如果将公理$\Box_2\alpha\to\alpha$添加到上述公理化中，如何检验得到的公理化$\mathcal{A}x=\Gamma=\{\Box_1\alpha\to\alpha,\Box_2\alpha\to\Box_1\alpha,\Box_2\alpha\to\alpha\}$是可分离的呢？于是又面临这样一个问题：如何定义一个标准去判定一个给定的公理化是否是可分离的。后文会在研究多模态逻辑的语义解释及相关结论的基础之上继续讨论这一问题。

实际上，决定多模态公理化系统是否可分离，除了多模态系统 L 与子系统L(O)各自的性质之外，另一个重要的因素是该多模态系统是否包含模态算子的交互作用，这是研究多模态系统的公理化是否可分离的一个重要因素。在上文已经提到，多模态逻辑研究的一个重要方面就是不同模态算子之间的交互作用，可将多模态逻辑系统分为包含交互作用公理的多模态系统和不包含交互作用公理的多模态系统。接下来，将对这两类系统进行形式化定义。

定义 2.26 令 L 是多模态逻辑系统 LMM。

(1) 如果公理、定理或推理规则涉及不同的模态算子$O_1,\cdots,O_n$，则称为交互作用公理、定理或推理规则；

(2) 公理化包含或不包含交互公理或交互规则，则被称为包含或不包含交互作用的公理化；

(3) 如果 L 承认包含或不包含交互作用的公理化，则称 L 是一个包含或不包含交互作用的逻辑系统。

例如，如果模态算子集为$\mathrm{OPS}_0=\{\Box_1,\cdots,\Box_n,\Diamond_1,\cdots,\Diamond_n\}$，公理$\Box_1\alpha\to\Box_2\Box_1\alpha$是交互作用公理，规则$\dfrac{\Box_1\alpha\to\beta}{\alpha\to\Box_2\beta}$是交互作用规则。如果$O$是唯一的模态算子，则称公理或规则是关于单模态$O$的。因此，不包含交互作用的公理化只包含单模态的公理和推理规则。从直观上讲，不包含交互作用的多模态公理化系统是独立的(单)模态系统的叠加。由此可以表明以下结论：

定理 2.16 已知$\mathcal{A}x$是多模态系统 L 的公理化。如果$\mathcal{A}x$不包含交互作用，那么$\mathcal{A}x$是可分离的。

证明 已知O是原子算子，根据引理 2.1 则需要表明$\mathrm{L}(O)\subseteq\mathrm{ML}(\mathcal{A}x(O))$。首先，单模态$O$的推理规则$\mathrm{R}\in\mathcal{A}x(O)$，如果R 的后承在子语言$\mathcal{L}(O)$中，那么 R 的前件也在$\mathcal{L}(O)$中。假设$\alpha\in\mathrm{L}(O)$，即$\vdash_{\mathrm{L}}\alpha$且$\alpha\in\mathcal{L}(O)$，则需要证明$\alpha\in\mathrm{ML}(\mathcal{A}x(O))$，即$\alpha$是可以由$\mathcal{A}x$的提取公理化$\mathcal{A}x(O)$推导得出。因为$\vdash_{\mathrm{L}}\alpha$，已知$\alpha_1,\cdots,\alpha_n$是 L 中$\alpha$的一个证明，则需要表明这一证明在$\mathrm{ML}(\mathcal{A}x(O))$中也是有效的：

(1) 对于$i=n$，可得$\alpha_n=\alpha\in\mathcal{L}(O)$；

(2) 假设$\alpha_i\in\mathcal{L}(O)$：如果$\alpha_i$是 L 的公理，则$\alpha_i$也是$\mathcal{A}x(O)$的公理；如果$\alpha_i$可以通过 L 的推理规则R 得到，那么R 是单模态规则(因为$\mathcal{A}x$不包含交互作用)。R 必然在$\mathcal{A}x(O)$中，因为其后承α_i在$\mathcal{L}(O)$中。此外，R 的前件也在$\mathcal{L}(O)$中，因此$\alpha_{i-1}\in\mathcal{L}(O)$。

根据归纳，可以表明对于所有$1\leqslant i\leqslant n$而言，有$\alpha_i\in\mathcal{L}(O)$且$\alpha_i$或者是$\mathcal{A}x(O)$的公理或者可以根据$\mathcal{A}x(O)$的规则由在先的公式得到。因此，证明$\alpha_1,\cdots,\alpha_n$在$\mathrm{ML}(\mathcal{A}x(O))$中有效，即$\alpha\in\mathrm{ML}(\mathcal{A}x(O))$。

定理 2.17 已知Γ是多模态公式集，其中包含原子算子$O_1,\cdots,O_n$，$1\leqslant i\leqslant n$。如果Γ不包含交互作用公式，那么Γ是可分离的，即$\mathrm{MML}(\Gamma)(O_i)=\mathrm{ML}(\Gamma(O_i))$。(证明略)

上述结论可以扩展到正规系统。例如，公式集$\Gamma=\{\Box_1\alpha\to\Diamond_1\alpha,\Box_2\alpha\to\alpha\}$是可分离的，$\mathrm{NMML}(\Gamma)(\Box_1)=\mathrm{NML}(\{\Box_1\alpha\to\Diamond_1\alpha\})=\mathrm{KD}$，$\mathrm{NMML}(\Gamma)(\Box_2)=\mathrm{NML}(\{\Box_2\alpha\to\alpha\})=\mathrm{T}$。这意味着，在双模态逻辑系统NMML(Γ) 中，任意仅包含$\Box_1$(或$\Box_2$)算子的定理就是 KD 系统(或 T 系统)的定理。

因此，上述结论也表明模态算子之间的交互作用使公理化变得不可分离。这可以形象地解释为，从演绎的角度看，一个模态算子受其所处模态环境的影响。对于包含交互作用的系统，公理化是不可分离的。实际上，从公理化的角度来看，甚至可能发生子系统的性质变得不清楚的情况。例如，假设 L 是仅通过交互作用公理$\Box_1\alpha\to\Box_2\Box_1\alpha$、$\Box_2\alpha\to\Diamond_1\Box_2\alpha$以及$\Box_2\alpha\to\alpha$进行公理化的正规双模态逻辑系统，那么由$L(\Box_1)$和$L(\Box_2)$确定的(单)模态系统是什么？它最终是可公理化的吗？目前这类问题尚缺乏相关研究。

通过对多模态逻辑系统公理化的定义、性质等进行细致的考察，并对多模态公理化系统的子系统的性质进行研究，我们得到不包含交互作用的多模态系统的公理化是可分离的，并对此进行了证明。这一结论是进一步精确分析多模态系统的一般性质、多模态系统与其子系统之间的关系以及研究多模态逻辑相关结论的“累积性”问题的重要基础，这将有助于构建更加完整的多模态逻辑一般理论。对于包含交互作用的多模态逻辑公理化系统而言，此处仅给出了一个具体的例子说明其公理化不可分离，但未对此给出普遍性的结论，这是今后仍需要研究的问题。

第三章　正规多模态逻辑的语义

本章将在可能世界语义学的基础上，使用二元关系理论作为工具，研究正规多模态逻辑的框架和模型，并对正规多模态逻辑系统进行语义解释。正规多模态逻辑的语义是通过扩展正规(单)模态逻辑的可能世界语义得到的多关系语义，多关系语义的框架为$\langle U,\mathfrak{R}\rangle$，其中U是非空的可能世界的集合，$\mathfrak{R}$是集合U之上的二元关系的集合。

多模态逻辑包含两种或两种以上模态算子，不同的模态算子之间可能会发生交互作用。如果一种模态算子对应一种可及关系的话，那么系统内包含不止一种可及关系，并且有的可及关系会发生交互作用。模态算子之间的交互作用以及模态算子之间运算的概念在多关系语义中自然地转换为二元关系的运算。二元关系的运算是二元关系理论的核心内容，也是研究多模态逻辑的多关系框架和多关系模型的重要基础。

第一节　语义基础——可能世界语义学

可能世界语义学(克里普克语义学)是模态逻辑进行语义解释的基础，多模态逻辑也不例外。在一定程度上，多模态逻辑情况下对可能世界语义学的使用，是对单模态逻辑情况的一个扩展。可能世界语义学是对正规多模态逻辑进行语义解释的基础，在此基础上考察正规多模态逻辑框架和模型的性质，进而研究正规多模态逻辑系统的一致性、可靠性、完全性、对应性等元性质。

一、可能世界语义学及真值集合

可能世界语义学的基本思想是研究任意公式在不同世界中的真值情况，这些世界被称为可能世界。与经典逻辑相比，这意味着不再将解释看作公式上的赋值函项，而是将其看作赋值函项集，因此，同一公式在对其进行赋值的不同世界中有不同的真值。从另一角度来看，可能世界语义学引入了真值相对性的概念：我们不再简单地说一个公式是“真”或者“假”，而是在某个世界里说它是“真”或者“假”。事实证明，尽管这个相对性的概念十分简单，却具有普遍意义，它使得我们可以从特定的视角考察问题。例如：在认知逻辑中，从观察者的视角出发，一个公式是真或是假是相对于给定个体而言的；在时态逻辑中，从时间点的视角出发，一个公式是真或是假是相对于给定的时间点而言的。此外，“可能世界”的概念极为宽泛，可以对其进行多种解释。例如，一个可能世界可以被解释为世界或宇宙的一种可能状态，或解释为事物某一特定的时刻或特定的时间间隔，或解释为计算机储存器的一种状态等等。

可能世界语义学的成功在很大程度上因为它的“灵活性”。目前，可能世界语义学已经被广泛应用到哲学、逻辑学、语言学及计算机科学人工智能等领域。接下来，我们将在多模态语言和多模态逻辑的背景下给出可能世界语义学的基本概念。

定义 3.1 L 表示极小 LMM 系统(参见定义 2.13)，它是基于多模态语言 $\mathcal{L}$ 的多模态公式集，其中 $\mathcal{L}=\mathcal{L}(\Phi,\mathrm{OPS})$。一般来讲，一个模型是结构 $\mathrm{M}=\langle \mathrm{U},\cdots,\mathrm{V}\rangle$，其中

(1) U 是非空集合，被称为“可能世界集”。

(2) V 是世界 x，$\mathrm{x}\in\mathrm{U}$ 中原子命题 $p\in\Phi$ 的赋值函项，其中用 $\mathrm{U}\times\Phi$ 将真值 $\{0,1\}$ 给世界 x 中的命题进行赋值 $\mathrm{V}(\mathrm{x}, p)=0$ 或 $\mathrm{V}(\mathrm{x}, p)=1$。

(3) “$\cdots$” 表示额外的元素，它是在可能世界集 U 之上的一种“结构”函项，如可能是一种或多种二元关系。

这类模型被称为克里普克模型，从严格的技术角度可以将其看作经典模型的集合。如果可能世界的集合 U 是有限的，则称模型 $\mathrm{M}=\langle \mathrm{U},\cdots,\mathrm{V}\rangle$ 是有限的。以一种等价的方式，我们还可以将模型定义为结构 $\langle \mathrm{U},\cdots,v\rangle$，其中 v 是 $\wp(\mathrm{U})$ ① 中 Φ 的函数，它与任何命题 $p\in\Phi$ 以及 U 的子集 $v(\mathrm{p})$ 相关联②。此处我们采用第一种定义方式。

给定模型 $\mathrm{M}=\langle \mathrm{U},\cdots,\mathrm{V}\rangle$，我们将定义一个可满足关系 $\vDash$，它归纳地赋予模型 M 和世界 U 中的公式真值。符号 $(\mathrm{M},\mathrm{x})\vDash\alpha$ 读作“公式 α 在模型 M 中的世界 x 中是真的”，用 $(\mathrm{M},\mathrm{x})\nvDash\alpha$ 表示“并非 $(\mathrm{M},\mathrm{x})\vDash\alpha$”。基于此，在克里普克模型上对非模态公式的赋值进行定义。

定义 3.2 $\mathcal{L}$ 是多模态语言，$\mathrm{M}=\langle \mathrm{U},\cdots,\mathrm{V}\rangle$ 是一模型，并且 $\mathrm{x}\in\mathrm{U}$，则

(1) 如果 p 是任一命题，则 $(\mathrm{M},\mathrm{x})\vDash p$ 当且仅当 $\mathrm{V}(\mathrm{x}, p)=1$。

---

① 该符号表示 U 的子集的集合。

② 根据定义 3.1，则 $\mathrm{x}\in v(p)\Leftrightarrow \mathrm{V}(\mathrm{x}, p)=1$。

(2) $(M,x)\vDash\top$ 并且 $(M,x)\nvDash\bot$。

(3) $(M,x)\vDash\neg\alpha$ 当且仅当 $(M,x)\nvDash\alpha$。

(4) $(M,x)\vDash(\alpha\wedge\beta)$ 当且仅当 $(M,x)\vDash\alpha$ 并且 $(M,x)\vDash\beta$。

(5) $(M,x)\vDash(\alpha\vee\beta)$ 当且仅当 $(M,x)\vDash\alpha$ 或者 $(M,x)\vDash\beta$。

(6) $(M,x)\vDash(\alpha\to\beta)$ 当且仅当 $(M,x)\vDash\alpha$ 蕴涵 $(M,x)\vDash\beta$。

(7) $(M,x)\vDash(\alpha\leftrightarrow\beta)$ 当且仅当 $(M,x)\vDash((\alpha\to\beta)\wedge(\beta\to\alpha))$。

接下来，仍需对 $O(\alpha_1,\cdots,\alpha_n)$ 类型模态公式的赋值进行定义，其中 O 是 n 元模态算子，$\alpha_1,\cdots,\alpha_n$ 是任意公式。

如果公式 α 在模型 M 的可能世界 x 中是真的，则称公式 α 在模型 M 上是可满足的，或模型 M 满足 α，记作 $(\exists x)(M,x)\vDash\alpha$。如果公式 α 在模型 M 的所有世界中都是真的，则称公式 α 在模型 M 上是真的，或 α 在模型 M 上有效，或模型 M 是 α 的模型，记作 $M\vDash\alpha$。同样，Γ 是一个公式集，如果存在一个世界 x，对任意公式 $\alpha\in\Gamma$ 而言，$(M,x)\vDash\alpha$，则称模型 M 满足 Γ。如果 Γ 中的所有公式在模型 M 上都有效，则称 Γ 在模型 M 上有效，记作 $M\vDash\Gamma$。用符号表示为：对任意 $x\in U$ 而言，$M\vDash\alpha$ 当且仅当 $(M,x)\vDash\alpha$；对于任意 $x\in U$，$\alpha\in\Gamma$ 而言，$M\vDash\Gamma$ 当且仅当 $(M,x)\vDash\alpha$。

符号 $\nvDash$ 表示“在模型上可错的”，其可以进行类似的扩展①。如果 M 是一模型，可以用 $TH_{mod}(M)$ ②表示在 M 上为真的公式集。如果 α（或 Γ）是一公式(或是公式集)，可以用 $MOD(\alpha)$（或 $MOD(\Gamma)$）表示可满足的公式 α（或 Γ）的模型集：$TH_{mod}(M)=\{\alpha|M\vDash\alpha\}$，$MOD(\alpha)=\{M|M\vDash\alpha\}$，$MOD(\Gamma)=\{M|M\vDash\Gamma\}$。

定理 3.1 如果 M 是一模型，那么 $TH_{mod}(M)$ 是一个多模态逻辑系统(参见定义 2.6)。

证明 如果 α 是一重言式，那么 $M\vDash\alpha$；如果 $M\vDash\alpha$，并且 $M\vDash(\alpha\to\beta)$，则 $M\vDash\beta$；并且 $TH_{mod}(M)$ 在替代规则下封闭③。

用 $\mathfrak{M}$ 表示模型类，如果 $\mathfrak{M}\subseteq MOD(\alpha)$，即如果 α 在 $\mathfrak{M}$ 中的任意模型 M 上都是有效的，则称 α 在 $\mathfrak{M}$ 中是有效的，记作 $\mathfrak{M}\vDash\alpha$；相同的概念也可以推广到公式集 Γ。用 $TH_{mod}(\mathfrak{M})$ 表示 $\mathfrak{M}$ 中的有效公式集，即 $TH_{mod}(M)$ 集合的交集，其中 $M\in\mathfrak{M}$。

① 如果 $M\nvDash\alpha$，则称 M 是 α 的反模型。M 是 α 的反模型等同于 M 可满足 $\neg\alpha$。

② 这些符号参考范本特姆的相关著作(van Benthem，1985)。

③ 实际上，在模型 M 的世界 x 中为真的公式集 $TH_{mod}(M,x)=\{\alpha|(M,x)\vDash\alpha\}$ 也是一多模态逻辑系统。

定义 3.3　如果M=$\langle U,\cdots,V\rangle$是一模型且$\alpha$是一公式，$\alpha$在M之上的真值集(truth set)定义为其中$\alpha$为真的世界集，即

$$\|\alpha\|^{M}=\{x\in U|(M,x)\vDash\alpha\}。$$

根据上述定义，可知$M\vDash\alpha\Leftrightarrow\|\alpha\|^{M}=U$。

定理 3.2　真值集合具有下述性质：

(1) $\|\top\|^{M}=U$并且$\|\bot\|^{M}=\varnothing$；

(2) $\|\alpha\|^{M}=U-\|\alpha\|^{M}$；

(3) $\|\alpha\wedge\beta\|^{M}=\|\alpha\|^{M}\cap\|\beta\|^{M}$；

(4) $\|\alpha\vee\beta\|^{M}=\|\alpha\|^{M}\cup\|\beta\|^{M}$；

(5) $M\vDash(\alpha\to\beta)\Leftrightarrow\|\alpha\|^{M}\subseteq\|\beta\|^{M}$；

(6) $M\vDash(\alpha\leftrightarrow\beta)\Leftrightarrow\|\alpha\|^{M}=\|\beta\|^{M}$。

证明细节此处省略①。

二、多模态逻辑系统的极大一致集与一致性

在这一部分中，将考察多模态逻辑中关于演绎的一些基本概念，如一致集、极大一致性、林登鲍姆引理(Lindenbaum lemma)、证明集等。与此同时，介绍多模态逻辑系统及其子系统L(O)的一致性概念与极大一致性之间的对应关系。为了简化概念，用L表示基于多模态语言$\mathcal{L}$的极小LMM系统，使用运算$\leqslant_L$和$\simeq_L$②分别表示公式之间的比较关系和等价关系。

定义 3.4　已知Γ是公式集，则

(1) 如果$\alpha\in\mathcal{L}$，并且存在$\alpha_1\cdots\alpha_n\in\Gamma$使得$\Gamma\vdash_L(\alpha_1\wedge\cdots\wedge\alpha_n\to\alpha)$，即$\Gamma\leqslant_L\alpha\Leftrightarrow(\exists\alpha_1\cdots\alpha_n\in\Gamma)\alpha_1\wedge\cdots\wedge\alpha_n\leqslant_L\alpha$，则称$\alpha$从$\Gamma$可推导，记作$\Gamma\vdash_L\alpha$或者$\Gamma\leqslant_L\alpha$。如果$\Gamma=\varnothing$，那么$\varnothing\vdash_L\alpha$表明$\alpha$是L的定理，记作$\vdash_L\alpha$。

(2) 用$TH_L(\Gamma)=\{\alpha|\Gamma\vdash_L\alpha\}$表示在L中可以由$\Gamma$推导出的公式集。因此L=$TH_L(\varnothing)$。

(3) 如果$\bot\in TH_L(\Gamma)$，则Γ被称作L不一致的。Γ是L不一致的$\Leftrightarrow$

---

① 参见切莱士给出的单模态情况下的证明(Chellas，1980)[38]。

② 如果L是基于多模态语言$\mathcal{L}$之上的LMM系统，公式之间的$\leqslant_L$和$\simeq_L$关系可定义为$\alpha\leqslant_L\beta\Leftrightarrow\vdash_L(\alpha\to\beta)\Leftrightarrow(\alpha\to\beta)\in L$，$\alpha\simeq_L\beta\Leftrightarrow\vdash_L(\alpha\leftrightarrow\beta)\Leftrightarrow(\alpha\leftrightarrow\beta)\in L$。其中$\leqslant_L$是一个序(自返并且传递)，$\simeq_L$是一种等价关系(Catach，1989)[66-67]。

$(\exists\alpha_1\cdots\alpha_n\in\Gamma)\alpha_1\wedge\cdots\wedge\alpha_n\leqslant_{\mathrm{L}}\bot$[①]。否则Γ就是 L 一致的。如果$\{\alpha\}$是 L 一致的，那么公式$\alpha$被称作 L 一致的，即$\nvdash_{\mathrm{L}}\neg\alpha$。

(4) 如果Γ是L一致的并且任意Γ的扩展(即任意包含Γ的集合)都是L不一致的，则Γ是 L 极大一致的。Γ还被称为林登鲍姆集(Lindenbaum set)。极大一致集被记作$\nabla\nabla'\cdots$，有时也用$\mathrm{Max}_{\mathrm{L}}\nabla$表示$\nabla$是 L 极大一致的。

(5) 用U^{L}表示 L 的极大一致集的集合。

下面，我们将给出推导和一致集的一些性质，这在多模态逻辑系统 LMM 中同样成立。

定理 3.3

(1) 对于任意集合Γ而言，$\vdash_{\mathrm{L}}\alpha\ \Leftrightarrow\ \Gamma\vdash_{\mathrm{L}}\alpha$。

(2) 如果公式$\alpha_1\vee\cdots\vee\alpha_n$是 L 极大一致的，那么任意公式$\alpha_i$也是 L 一致的。

(3) $\Gamma\subseteq\mathrm{TH}_{\mathrm{L}}(\Gamma)$。

(4) $\mathrm{TH}_{\mathrm{L}}(\mathrm{TH}_{\mathrm{L}}(\Gamma))=\mathrm{TH}_{\mathrm{L}}(\Gamma)$。

(5) 如果$\Gamma\subseteq\Delta$，那么$\mathrm{TH}_{\mathrm{L}}(\Gamma)\subseteq\mathrm{TH}_{\mathrm{L}}(\Delta)$。

(6) $\Gamma\vdash_{\mathrm{L}}\alpha\Leftrightarrow\Gamma\cup\{\neg\alpha\}$是 L 不一致的。

(7) 如果$\Gamma\vdash_{\mathrm{L}}\alpha$，那么，存在Γ的有穷子集Δ，满足$\Delta\vdash_{\mathrm{L}}\alpha$。

(8) Γ是 L 不一致的⇔对任意公式α而言，$\Gamma\vdash_{\mathrm{L}}\alpha$。

(9) Γ是 L 不一致的⇔存在α，满足$\Gamma\vdash_{\mathrm{L}}\alpha$，并且$\Gamma\vdash_{\mathrm{L}}\neg\alpha$。

(10) 如果Γ是 L 一致的，并且$\Delta\subseteq\Gamma$，那么Δ是 L 一致的。

(11) Γ是 L 一致的⇔Γ的任意有限子集都是 L 一致的。

定理 3.4 已知∇是 L 极大一致集，α和β是任意公式，则

(1) $\alpha\in\nabla\ \Leftrightarrow\ \nabla\vdash_{\mathrm{L}}\alpha$，或者，等同于$\mathrm{TH}_{\mathrm{L}}(\nabla)=\nabla$。

(2) 如果α是 L 的定理，那么$\alpha\in\nabla$(也就是说$\mathrm{L}\subseteq\nabla$)。

(3) $\neg\alpha\in\nabla\ \Leftrightarrow\ \alpha\notin\nabla$。

(4) 如果α是任意公式，那么，或者$\alpha\in\nabla$或者$\neg\alpha\in\nabla$。

(5) $(\alpha\wedge\beta)\in\nabla\ \Leftrightarrow\ \alpha\in\nabla$并且$\beta\in\nabla$。

(6) $(\alpha\vee\beta)\in\nabla\ \Leftrightarrow\ \alpha\in\nabla$或者$\beta\in\nabla$。

(7) 如果$\alpha\in\nabla$并且$(\alpha\to\beta)\in\nabla$，那么$\beta\in\nabla$。

(8) 如果$(\alpha\leftrightarrow\beta)\in\nabla$，那么$\alpha\in\nabla\ \Leftrightarrow\ \beta\in\nabla$。

(9) 如果$\alpha\in\nabla$并且$\alpha\leqslant_{\mathrm{L}}\beta$，那么$\beta\in\nabla$。

① 这等价于$\alpha_1\wedge\cdots\wedge\alpha_n\simeq_{\mathrm{L}}\bot$，因为对于任意公式$\alpha$而言，$\bot\leqslant_{\mathrm{L}}\alpha$。

关于定理3.3和定理3.4的证明可以参见切莱士关于单模态情况的证明(Chellas，1980)[53-55]。

定理3.5(LMM的林登鲍姆引理)

已知Γ是公式集，如果Γ是L一致的，那么存在一个L极大一致集Γ^+，并且Γ^+包含Γ。

证明 类似于经典逻辑中的证明，已知$\alpha_1,\cdots\alpha_n,\cdots$是$\mathcal{L}$中列举的任意公式，$\Gamma_0,\cdots,\Gamma_n,\cdots$是由以下方式归纳构建的一系列公式集，如下所示：

(1) $\Gamma_0=\Gamma$。

(2) 如果$\Gamma_{n-1}\cup\{\alpha_n\}$是L一致的，则$\Gamma_n=\Gamma_{n-1}\cup\{\alpha_n\}$；反之，则$\Gamma_n=\Gamma_{n-1}$。

假设$\Gamma^+=\bigcup\limits_{n=1}^{\infty}\Gamma_n$，则需证明$(\Gamma_n)_{n\in\mathbb{N}}$是所有L一致集的递增序列，这样定义的$\Gamma^+$自身是L一致的，并且$\Gamma^+$是极大的。具体证明细节此处省略①。

定义3.5 如果Γ是公式集，用$|\Gamma|_{\mathrm{L}}$表示包含Γ的L极大一致集∇的集合，令$|\Gamma|_{\mathrm{L}}=\{\nabla\in \mathrm{U}^{\mathrm{L}}\,|\,\Gamma\subseteq\nabla\}$，将其称为L中Γ的证明集。同样地，如果$\alpha$是一个公式，则定义$|\alpha|_{\mathrm{L}}=|\{\alpha\}|_{\mathrm{L}}$表示$\alpha$的证明集(proof set)。如果∇是极大一致的，则$\alpha\in\nabla\Leftrightarrow\nabla\in|\alpha|_{\mathrm{L}}$。

定理3.6 Γ是L不一致的$\Leftrightarrow|\Gamma|_{\mathrm{L}}=\varnothing$。

证明 ⇒) 根据定理3.3(10)，⇐) 根据林登鲍姆引理。具体证明细节省略。

定理3.7

(1) 对于任意$\nabla\in|\Gamma|_{\mathrm{L}}$，$\Gamma\vdash_{\mathrm{L}}\alpha\Leftrightarrow\alpha\in\nabla$。

(2) 对于任意∇，$\vdash_{\mathrm{L}}\alpha\Leftrightarrow\alpha\in\nabla$。

(3) α是L不一致的$\Leftrightarrow$存在$\nabla\in\mathrm{U}^{\mathrm{L}}$，且$\neg\alpha\in\nabla$。

证明 对于(1)而言，⇒)：如果$\mathrm{Max}_{\mathrm{L}}\nabla$且$\Gamma\subseteq\nabla$，那么$\alpha\in\mathrm{TH}_{\mathrm{L}}(\Gamma)\subseteq\mathrm{TH}_{\mathrm{L}}(\nabla)=\nabla$，所以$\alpha\in\nabla$。⇐)：如果$\Gamma\nvdash_{\mathrm{L}}\alpha$，那么$\Gamma\cup\{\neg\alpha\}$是L一致的，则存在$\mathrm{Max}_{\mathrm{L}}\nabla$满足$\Gamma\cup\{\neg\alpha\}\subseteq\nabla$。因此$\nabla\in|\Gamma|_{\mathrm{L}}$(因为$\Gamma\subseteq\nabla$)，$\alpha\notin\nabla$(因为$\neg\alpha\in\nabla$)。在(1)中令$\Gamma=\varnothing$，则可得到(2)，根据(2)可以得到(3)。

证明集具有可计算的性质，如下：

① 关于证明的细节可以参见梅金森的相关著作(Makinson，1966)，单模态情况的证明可参见相关著作(Chellas，1980；赵贤，2010)。

定理 3.8 若α和β是任意公式，则

(1) $\mathrm{U}^{\mathrm{L}}=|\top|_{\mathrm{L}}$ 且 $\varnothing=|\bot|_{\mathrm{L}}$；

(2) $|\neg\alpha|_{\mathrm{L}}=\mathrm{U}^{\mathrm{L}}-|\alpha|_{\mathrm{L}}$；

(3) $|\alpha\wedge\beta|_{\mathrm{L}}=|\alpha|_{\mathrm{L}}\cap|\beta|_{\mathrm{L}}$；

(4) $|\alpha\vee\beta|_{\mathrm{L}}=|\alpha|_{\mathrm{L}}\cup|\beta|_{\mathrm{L}}$；

(5) $|\alpha|_{\mathrm{L}}\subseteq|\beta|_{\mathrm{L}}\Leftrightarrow\vdash_{\mathrm{L}}(\alpha\to\beta)\Leftrightarrow\alpha\leqslant_{\mathrm{L}}\beta$；

(6) $|\alpha|_{\mathrm{L}}=|\beta|_{\mathrm{L}}\Leftrightarrow\vdash_{\mathrm{L}}(\alpha\leftrightarrow\beta)\Leftrightarrow\alpha\simeq_{\mathrm{L}}\beta$。

具体证明细节此处省略①。

多模态系统的子系统 L(O) 的一致性与极大一致性具有下述对应关系。

定理 3.9 已知α是一公式，Γ是公式集，则

(1) 如果$\alpha\in\mathcal{L}(O)$，那么，α是 L 的定理$\Leftrightarrow$ α是 L(O) 的定理。

(2) 如果$\Gamma\subseteq\mathcal{L}(O)$，那么，$\Gamma$是 L 一致的$\Leftrightarrow$ $\Gamma(O)$是 L(O) 一致的。

(3) 如果Γ是 L 一致的，那么$\Gamma(O)$是 L(O) 一致的。

证明 根据 L(O) 的定义(参见定义 2.20)，(1)是平凡的。

在(2)中：

Γ是 L 不一致的

$\Leftrightarrow(\exists\alpha_1\cdots\alpha_n\in\Gamma)(\alpha_1\wedge\cdots\wedge\alpha_n\to\bot)\in\mathrm{L}$

$\Leftrightarrow(\exists\alpha_1\cdots\alpha_n\in\Gamma)(\alpha_1\wedge\cdots\wedge\alpha_n\to\bot)\in\mathrm{L}(O)$

[因为$(\alpha_1\wedge\cdots\wedge\alpha_n\to\bot)\in\mathcal{L}(O)$]

$\Leftrightarrow$ Γ是 L(O) 不一致的。

在(3)中：如果Γ是 L 一致的，那么$\Gamma(O)$也是 L 一致的(因为$\Gamma(O)\subseteq\Gamma$，参见定理 3.3(10))，并且由(2)可得$\Gamma(O)$是 L(O) 一致的。

定理 3.10 已知 L 是 LMM 系统，Γ和∇是公式集。O是模态算子，并且∇_1是$\mathcal{L}(O)$的子集。则对于极大一致集而言：

(1) 如果∇是 L 极大一致集，那么$\nabla(O)$是 L(O) 的极大一致集。

(2) 如果Γ是 L 一致的，并且Γ包含集合∇_1，且∇_1是 L(O) 的极大一致集，且$\Gamma(O)=\nabla_1$，因此，$\Gamma(O)$是 L(O) 的极大一致集。

(3) 如果∇_1是 L(O) 的极大一致集，那么存在 L 极大一致集∇满足$\nabla_1=\nabla(O)$。

证明

(1) $\nabla(O)$是非空的，因为对于$\mathcal{L}(O)$中的任意公式α而言，或者α在∇

① 对于这些结论单模态情况的证明，可以参见切莱士的相关著作(Chellas，1980)。

中或者$\neg\alpha$在∇中，因此，或者α或者$\neg\alpha$在$\nabla(O)$中。另外，因为∇是L一致的，根据定理3.9(3)可知$\nabla(O)$是$\mathrm{L}(O)$一致的。最后，假设$\alpha\in\mathcal{L}(O)$且$\alpha\notin\nabla(O)$，那么$\alpha\notin\nabla$并且$\neg\alpha\in\nabla$；根据$\neg\alpha\in\mathcal{L}(O)$，可得$\neg\alpha\in\nabla(O)$。根据定理3.4(3)的结论，可推出$\nabla(O)$是$\mathrm{L}(O)$极大一致的。

(2) 根据$\nabla_1\subseteq\Gamma$和$\nabla_1\subseteq\mathcal{L}(O)$，可得$\nabla_1\subseteq\Gamma(O)$。相反地，假设$\alpha\in\Gamma(O)$并且$\alpha\notin\nabla_1$；因为$\nabla_1$在$\mathcal{L}(O)$中是极大的，所以集合$\nabla_1\cup\{\alpha\}$是$\mathrm{L}(O)$不一致的；但是$\nabla_1\cup\{\alpha\}$包含于$\Gamma(O)$，所以它是$\mathrm{L}(O)$一致的，因为$\Gamma$是L一致的(参见定理3.9(3))。根据定理3.3(9)出现了矛盾，这表明$\Gamma(O)\subseteq\nabla_1$，所以$\Gamma(O)=\nabla_1$。

(3) 如果∇_1是$\mathrm{L}(O)$一致的，根据定理3.9(2)则∇_1是L一致的；根据林登鲍姆引理，存在集合$\nabla\supset\nabla_1$是L极大一致的。又根据定理3.10(2)则可直接得到$\nabla_1=\nabla(O)$。

因此，定理3.10(2)和定理3.10(3)表明$\mathrm{L}(O)$的极大一致集是$\mathcal{L}(O)$和L的极大一致集的交集。如果用$\mathrm{U}^{\mathrm{L}}(O)$表示$\mathrm{L}(O)$的极大一致集，则$\mathrm{U}^{\mathrm{L}}(O)=\{\nabla(O)|\nabla\in\mathrm{U}^{\mathrm{L}}\}$。定理3.10(2)表明如果L的一致集$\Gamma$包含$\mathrm{L}(O)$的极大一致集，那么$\Gamma(O)$是$\mathrm{L}(O)$的极大一致集并且它是在$\Gamma$中唯一的$\mathrm{L}(O)$极大一致集①。

三、多模态逻辑系统的元性质

一个逻辑系统L在一定程度上可看作包含了演绎装置的公式集，由此可得到L-定理的概念。L的语义S在于给出特定的结构去评估L中公式的真值，由此可以得到S-有效式的概念。S-有效式即在S结构中总是真的。对逻辑系统元性质研究的一个重要方面即探讨 L-定理与 S-有效式之间的对应关系，这涉及系统的可靠性和完全性问题。接下来，在多模态框架内考察可靠性、完全性、对应性、典范模型等基本概念。

定义3.6　已知L是LMM系统，$\mathfrak{M}$是模型类，则

(1) 如果L的所有定理在$\mathfrak{M}$中都是有效的，则称L相对于模型类$\mathfrak{M}$是可靠的。用符号表示为$\vdash_{\mathrm{L}}\alpha\Rightarrow\mathfrak{M}\vdash_{\mathrm{L}}\alpha$，即$\mathrm{L}\subseteq\mathrm{Th}_{\mathrm{mod}}(\mathfrak{M})$。

(2) 如果$\mathfrak{M}$中有效的公式都是L的定理，则称L相对于模型类$\mathfrak{M}$是完全的，或者$\mathfrak{M}$的语义之于L是充足的，反之亦然。用符号表示为$\mathfrak{M}\vDash\alpha\Rightarrow\ \vdash_{\mathrm{L}}\alpha$，即$\mathrm{Th}_{\mathrm{mod}}(\mathfrak{M})\subseteq\mathrm{L}$。

---

① 上述结论在保守扩张的一般框架下是有效的(参见定义2.22)。

(3) 如果 L 相对于模型类 $\mathfrak{M}$ 既是可靠的又是完全的，则称 L 是由模型类 $\mathfrak{M}$ 决定的。用符号表示为 $\vdash_L \alpha \Leftrightarrow \mathfrak{M} \vdash_L \alpha$，即 $L=Th_{mod}(\mathfrak{M})$。

一般公理化系统的可靠性很容易证明。通常采用的标准方法是，首先证明 L 的公理在 $\mathfrak{M}$ 中都是有效的，其次证明 L 的推理规则在 $\mathfrak{M}$ 中是保有效性。相对而言，完全性的证明更为复杂，证明的方法也有几种。通常的做法是证明如果 α 不是 L 的定理，那么存在一个模型 $M \in \mathfrak{M}$ 不满足 α，即存在一个世界 x，满足 $(M, x) \nvDash \alpha$。将这一证明扩展，如果 Γ 是 L 的一致集，则存在一个模型 $M \in \mathfrak{M}$ 以及一个世界 x，满足 $(M,x) \vDash \Gamma$ (如果 α 不是 L 的定理 $\Leftrightarrow$ $\Gamma=\{\neg\alpha\}$ 是 L 一致的。参见定义 3.4)。因此，完全性证明是基于严格寻找这样一个模型 $M \in \mathfrak{M}$。对正规多模态逻辑系统完全性的研究将采取典范模型的方法，这也是模态逻辑研究中的一种标准方法，主要是由梅金森进行了发展(Makinson，1966)。

由模型类 $\mathfrak{M}$ 决定的系统 L 表达了 L 的公理化与由 $\mathfrak{M}$ 描述的语义之间的一种平衡。换言之，使得 L 的定理有效的模型类 $\mathfrak{M}$ 刻画了系统 L。

一般而言，与定理的概念无关，人们可以提出一个问题，即如何刻画使一个公式或公式集有效的结构，这就是对应(correspondence)问题，与之对偶的是可定义性(definability)问题，即已知一类结构 $\mathfrak{M}$[①](这类结构满足特定的性质)，决定(多)模态公式集 Γ，满足 $M \in \mathfrak{M} \Leftrightarrow M \vDash \Gamma$。对这一系列问题的研究是对应性理论研究的主题，这在 20 世纪 70 年代引起了模态逻辑学家们的极大兴趣。这主要包括下述几类问题：

(1) 决定性问题。给定 L，决定一类结构 $\mathfrak{M}$，并且 L 的所有定理在 $\mathfrak{M}$ 上都有效：给定 $L \rightarrow$ 发现 $\mathfrak{M}$ 且 $L=Th_{mod}(\mathfrak{M})$。

(2) 对应性问题。结构上什么条件对应特定的公式或(多)模态公理：给定 $\alpha \rightarrow$ 刻画 $MOD(\alpha)$。

(3) 可定义性问题。结构之上的哪些条件[②]可以由模态公理定义：给定 $\mathfrak{M} \rightarrow$ 存在 Γ 且满足 $\mathfrak{M} = MOD(\Gamma)$。在这种情况下，则称 $\mathfrak{M}$ 可模态公理化(modally axiomatizable)。

正规多模态逻辑系统的对应性问题将在第四章进行研究，决定性问题将在第五章中研究，同时对这两个问题之间的关系也进行了一些考察。范本特姆对模态逻辑的对应性问题和可定义性问题给出了较为全面的考察。

值得注意的是，同单模态逻辑中一样，LMM 系统也可能由几个模型

---

① 通常认为是框架而不是模型，也就是不包含赋值的结构。

② 此处，“结构上的条件”可能是关系结构上的一阶条件，也可能是其他类型的条件。

类决定。如果 L 由模型类 $\mathfrak{M}$ 和 $\mathfrak{M}'$ 决定，则认为 L 在模型类 $\mathfrak{M}$ 和 $\mathfrak{M}'$ 之间是不进行区分的①。此外，如果 L 相对于模型类 $\mathfrak{M}$ 是可靠的，那么 L 相对于所有比 $\mathfrak{M}$ 更特殊的模型类 $\mathfrak{M}'$ 也是可靠的，如 $\mathfrak{M}' \subseteq \mathfrak{M}$ ②。同样，如果 L 相对于模型类 $\mathfrak{M}$ 是完全的，那么 L 相对于所有比 $\mathfrak{M}$ 更一般(普遍)的模型类 $\mathfrak{M}'$ 也是完全的，如 $\mathfrak{M} \subseteq \mathfrak{M}'$。

定义 3.7　如果 L 是一 LMM 系统，则 L 的典范模型 $\mathrm{M} = \langle \mathrm{U}^{\mathrm{L}}, \cdots, \mathrm{V}^{\mathrm{L}} \rangle$ 满足：

(1) U^{L} 是 L 极大一致集的集合(参见定义 3.4)；

(2) V^{L} 是由 $\mathrm{V}^{\mathrm{L}}(\nabla, p) = 1$ 定义的赋值 $\Leftrightarrow$ 对于任意 $p \in \Phi$，$\nabla \in \mathrm{U}^{\mathrm{L}}$ 而言，$p \in \nabla$。

典范模型 M 也被称为亨金(Henkin)模型③。注意，在典范模型中，任一世界可看作 L 的公式集。

此外，在典范模型中，原子命题的真值集合(参见定义 3.3)是其证明集(参见定义 3.5)，记作 $\|p\|^{\mathrm{M}} = |p|_{\mathrm{L}}$。对于任意公式 α 而言，$\|\alpha\|^{\mathrm{M}} = |\alpha|_{\mathrm{L}}$，即 $(\mathrm{M}, \nabla) \vDash \alpha \Leftrightarrow \alpha \in \nabla$，其中任意 $\nabla \in \mathrm{U}^{\mathrm{L}}$。在第四章中将表明正规多模态逻辑系统也具有这一性质。根据定义 3.5(2)可以推出：如果 M 是典范模型，则(*) $\mathrm{M} \vDash \alpha \Leftrightarrow \vdash_{\mathrm{L}} \alpha$。这是典范模型的基础性质。换言之，任意 LMM 系统 L 都可以由其典范模型类决定(实际上可由任意典范模型决定)。

因此，若要证明 L 相对于模型类 $\mathfrak{M}$ 是完全的，只需证明典范模型 M 是属于 $\mathfrak{M}$ 的。因为如果 α 在 $\mathfrak{M}$ 中有效，那么 α 在 M 上也有效，并且根据(*)可知 α 是 L 的定理。如果 $\mathfrak{M}$ 由模型上的条件集所刻画，那么就可以根据 L 的典范模型满足这些条件而证明其完全性。接下来，用 M^{L} 表示 L 的专有典范模型(propre canonical model)，在第五章中会专门考察正规多模态逻辑系统的这一概念。

如果 O 是一模态算子，它会决定一个模态逻辑系统 L(O) (参见定义 2.20)；系统 L(O) 也有一典范模型(与定义 3.7 类似)。那么 L 和 L(O) 的典范模型之间的关系是什么呢？

定义 3.8　已知 L 是 LMM 系统，$\mathrm{M} = \langle \mathrm{U}^{\mathrm{L}}, \cdots, \mathrm{V}^{\mathrm{L}} \rangle$ 是 L 的典范模型。如果 O 是一模态算子，那么典范子模型 $\mathrm{M}(O) = \langle \mathrm{U}^{\mathrm{L}}(O), \cdots, \mathrm{V}^{\mathrm{L}}(O) \rangle$ 满足：

---

① 例如，模态逻辑中的 K 系统在任意反自返关系模型或反对称关系模型中是不区分的(Sahlqvist, 1975)。

② 因为 $\mathfrak{M}' \subseteq \mathfrak{M} \Rightarrow \mathrm{TH}_{\mathrm{mod}}(\mathfrak{M}) \subseteq \mathrm{TH}_{\mathrm{mod}}(\mathfrak{M}')$。

③ 这一模型是由亨金在经典逻辑中证明完全性时给出。

(1) $U^L(O)=\left\{\nabla(O)/\nabla\in U^L\right\}$(参见定理 3.10)；

(2) $V^L(O)(\nabla(O),p)=1\Leftrightarrow$ 对于任意 $p\in\Phi$，$\nabla\in U^L$ 而言，$V^L(\nabla,p)=1$ 且 $p\in\nabla$。

定理 3.11

(1) 如果 M 是 L 的典范模型，M(*O*) 是 L(*O*) 的典范模型，则称 M(*O*) 是从 M 提取的关于 *O* 的典范模型。

(2) 相反，如果 M_1 是 L(*O*) 的典范模型，则存在 L 的典范模型 M，满足 M_1=M(*O*)。

证明　对于(1)而言，一方面根据定理 3.10，可知 $U^L(O)$ 是 L(*O*) 极大一致集的集合。另一方面，因为 $p\in\Phi\subseteq\mathcal{L}(O)$，所以 $V^L(O)(\nabla(O),p)=1\Leftrightarrow V^L(\nabla,p)=1\Leftrightarrow p\in\nabla\Leftrightarrow p\in\nabla(O)$。根据典范模型的定义(定义 3.7)，模型 M(*O*) 就是 L(*O*) 的典范模型。

对于(2)，已知 $M_1=\left\langle U_1,\cdots,V_1\right\rangle$ 是 L(*O*) 的典范模型，则 U_1 是 L(*O*) 极大一致集的集合，$V_1(\nabla_1,p)=1\Leftrightarrow$ 对于任意 $p\in\Phi$，$\nabla_1\in U_1$ 而言，$p\in\nabla_1$。根据定理 3.10，可得 $U_1=U^L(O)$。根据 $V_1(\nabla_1,p)=V_1(\nabla(O),p)$ 定义赋值 V^L，则得到 L 的典范模型 $M=\left\langle U^L,\cdots,V^L\right\rangle$，其满足 M(*O*)=$M_1$。因此 L(*O*) 的典范模型 M(*O*) 是从 L 的典范模型 M 中提取出的典范模型。在第五章中会继续讨论这一问题。

第二节　语义工具——二元关系理论

正规多模态逻辑的语义研究涉及多种二元关系之间的运算，而这正是二元关系理论的主要内容。二元关系理论有一段有趣的发展历史。实际上，德摩根最初尝试对二元关系理论进行形式化，他在 1850 年左右完成了这项工作[①]。然而，德摩根一般不被认为是现代关系理论的开创者，相反，一般认为皮尔士奠定了现代关系理论的基础，是现代关系理论的开创者。之后施罗德(Schröder，1890)对这项工作进行了继续和扩展，并对这一理论进行了系统化的研究[②]。几年后，在怀特黑德(A.N.Whitehead)和罗素(B.Russell)的《数学原理》中发现了施罗德的这些工作。

然而，二元关系理论并没有得到持续的发展，直到塔斯基(Tarski，1941)

① 德摩根的研究动机是合乎逻辑的，其目的是强调经典逻辑在多重常识推理中的不足。在对这个问题的研究中，他提出了二元关系理论，同时他在数学中强调这一理论的趣味性和普遍性。

② 一般认为逻辑代数即布尔代数。

的一篇文章才复兴了这一理论的研究。如果说皮尔士和施罗德的工作代表了二元关系理论的经典传统，即研究集合上的二元关系及其基本运算，那么塔斯基是第一个研究二元关系的演算并引入关系代数概念的人，关系代数是二元关系理论的代数抽象。同时，塔斯基提出一些关键性问题决定了后续研究工作的主题。

基于研究正规多模态逻辑语义的需要，我们将给出基于集合之上的二元关系的基本运算以及一些新的运算，如限制(restriction)$\triangleright$、相对蕴涵(relative implication)Θ等，在此基础上对二元关系的性质进行详细的考察。

一、二元关系的基本运算

集合之上的二元关系的基本概念和基本运算是本部分的研究重点，这部分内容的参考文献比较分散，主要参考了里盖和约恩松(Riguet，1948；Jónsson，1991)使用的符号及其相关结论。

如果U是非空集合，那么U之上的二元关系是$U^2=U\times U$的子集R。U之上的二元关系集是$\wp(U^2)$，即$U^2=U\times U$的子集的集合，因此关系$R\in\wp(U^2)$是(x,y)对的集合，其中x、y在U中。[①]二元关系记作R、S、T…，通常用xRy或R(x,y)代替$(x,y)\in R$，用xRySz作为xRy和ySz的缩写。如果xRy，那么称y是x的R-后继(successor)，x是y的R-前驱(predecessor)。

*L*表示一阶语言(包含等式)，它包括个体变元*x*、*y*、*z*等，不包括函项符号，但包括*R*、*S*、*T*等符号表示二元谓词。如果U是一个集合，那么它的元素x、y、z等用*L*中的个体变元*x*、*y*、*z*等表示，U之上的二元关系R、S、T等用*L*中表示二元谓词的符号*R*、*S*、*T*等表示。因此，关于U之上的二元关系以及U的元素的方式和性质就可以用一阶语言*L*进行表述，通常还会使用布尔联结词$\neg$、$\wedge$、$\vee$、$\rightarrow$、$\leftrightarrow$以及变元之上的量词$\forall$和$\exists$。

定义 3.9　二元关系之上的基本运算被定义为集合$\wp(U^2)$之上运算，即

(1) 二元关系的补(complement)$\overline{R}=\{(x,y)|(x,y)\notin R\}=U^2-R$；

(2) 二元关系的并(union)$R\cup S=\{(x,y)|xRy\vee xSy\}$；

(3) 二元关系的交(intersection)$R\cap S=\{(x,y)|xRy\wedge xSy\}$；

(4) 空(empty)关系或者零(null)关系$\varnothing$，记作0；

---

① 还可以用积$U\times V$定义二元关系，它是(x,y)对的集合，其中$x\in U$，$y\in V$(Riguet，1948)。

(5) 总(total)关系或统一(unity)关系U^2，记作 1；

(6) 二元关系的包含(inclusion)关系$R \subseteq S \Leftrightarrow (\forall x)(\forall y)(xRy \rightarrow xSy)$。

拉西瓦(Rasiowa，1974)用Λ和V 分别表示空关系和总关系[①]，用R'表示补$\overline{R}$。

定义 3.10 二元关系之上的基本运算还包括：

(1) 二元关系的逆(inverse)R^{-1}：$R^{-1} = \{(x,y) | yRx\}$；

(2) 二元关系 R 和 S 的相对积(relative product) $R|S$：$R|S = \{(x,y) | (\exists z)xRzSy\}$；

(3) 二元关系 R 和 S 相对加(relative addition) $R \oplus S$：$R \oplus S = \{(x,y) | (\forall z)(xRz \vee zSy)\}$；

(4) U 之上的恒等(identity)关系(或对角线(diagonal)关系) $I = \{(x,y) | x \in U\}$；

(5) 差异(diversity)关系$\overline{I} = \{(x,y) | x \neq y\}$；

(6) 二元关系的迭代(iteration)R^n，由$R^0 = I$和$R^{n+1} = R^n|R$ 定义，其中$n \geqslant 0$。

关系 R 的逆有时被记作$\hat{R}$或$\overset{\mathrm{u}}{R}$。在有的文献中，关系的相对积$R|S$被定义为R 和 S 的合成，记作SR。如果R 和 S 是函项 r 和 s，则符号SR与函项的一般合成$\bigcirc$是一致的，因为这样就有SR=$R|S$=（r$\bigcirc$s）。U 之上的恒等关系I 实际上应被记作I_U，有时也被记作$\triangle_U$或$\triangle$。若根据关系代数的相关文献也可记作$1'$，由于同样的原因，U 之上的差异关系可被记作$0'$。

二元关系的基本运算有许多简单的性质，接下来给出二元关系的逆运算和相对积运算的一些性质，后文在构造有关证明时会使用到这些性质。

定理 3.12

逆的性质：

(1) $(R \cup S)^{-1} = (R^{-1} \cup S^{-1})$；

(2) $(R \cap S)^{-1} = (R^{-1} \cap S^{-1})$；

(3) $(R^{-1})^{-1} = R$；

(4) $0^{-1} = 0$，$1^{-1} = 1$，$I^{-1} = I$；

(5) $R \subseteq S \Leftrightarrow R^{-1} \subseteq S^{-1}$；

(6) $(R|S)^{-1} = S^{-1}|R^{-1}$；

相对积的性质：

(10) $R|(S \cup T) = R|S \cup R|T$；

(11) $(R \cup S)|T = R|T \cup S|T$；

(12) $R|(S \cap T) \subseteq R|S \cap R|T$；

(13) $(R \cap S)|T \subseteq R|T \cap S|T$；

(14) $R|I = R = I|R$；

(15) $(R|S)|T = R|(S|T)$；

① 符号Λ和 v 来自于格理论。

(7) $(R^n)^{-1}=(R^{-1})^n$，对于 $n\geqslant 0$；

(8) $(\overline{R})^{-1}=\overline{(R^{-1})}$；

(9) $X\subseteq R^{-1}\Leftrightarrow X|\overline{R}\subseteq\overline{I}$；

(16) $R|0=0=0|R$；

(17) $R\subseteq S$ 并且 $R'\subseteq S'\Rightarrow R|R'\subseteq S|S'$；

(18) $R\subseteq R|1$ 并且 $R\subseteq 1|R$。

关于上述性质的具体说明可参见卡塔奇的相关著作(Catach，1989)[120-121]。

二、二元关系的其他运算

上文介绍了二元关系基于集合的基本运算以及部分运算的性质，接下来将考察二元关系的另外三种运算：残差(residuation)、限制以及相对蕴涵。虽然这三种运算和二元关系的基本运算可以互相定义，但因其能够进一步简化关系方程的形式，所以在研究正规多模态逻辑的对应性、决定性及可判定性问题中具有重要作用。

定义 3.11　给定任意两个二元关系 R 和 S，方程 $X|R=S$ 和 $R|X=S$ 不一定存在解 X。然而，集合 $\{X|X|R\subseteq S\}$ 和集合 $\{X|R|X\subseteq S\}$ 总是有最大元素①，分别被称为 S 相对于 R 的左残数(left residue)和右残数(right residue)，分别记作 S/R 和 R\S。由此形成的二元关系的形式运算 S/R (在 R 之上的 S)及 R\S (在 S 之内的 R)可以由方程进行刻画：$T|R\subseteq S\Leftrightarrow T\subseteq S/R$，$R|T\subseteq S\Leftrightarrow T\subseteq R\backslash S$，其中 R，S，T 为任意二元关系。此外，上述运算可以用一阶公式进行解释：$S/R=\{(x,y)|(\forall z)(yRz\to xSz)\}$，$R\backslash S=\{(x,y)|(\forall z)(zRx\to zSy)\}$。

剩余运算可以用二元关系的基本运算进行定义，即 $R/S=\overline{\overline{R}|S^{-1}}$ 并且 $R\backslash S=\overline{R^{-1}|\overline{S}}$。反之，二元关系的基本运算相对积也可以由残差及其他基本运算进行定义，即 $R|S=\overline{\overline{R}/S^{-1}}$ 并且 $R|S=\overline{R^{-1}\backslash\overline{S}}$。残差运算之间也可借助二元关系的基本运算互相定义，即 $R/S=\overline{R}^{-1}\backslash\overline{S}^{-1}$ 并且 $R\backslash S=\overline{R}^{-1}/\overline{S}^{-1}$。上述三个运算的相互定义之间存在相似之处②。

定义 3.12　如果 R 和 S 是 U 之上的二元关系，我们用 S 定义 R 的限制，记作 $R\rhd S$，即 $R\rhd S=\{(x,y)|xRy\wedge(\exists z)zSx\}$。③

① 这是基于这样一个事实，即相对积在任意并之上总是可分配的。

② 另外，$R/S=R\oplus\overline{S}^{-1}$ 并且 $R/S=\overline{R}^{-1}\oplus S$，其中 $\oplus$ 是相对加(参见定义 3.10)。

③ 通常将关系 R 对集合 X 的限制定义为关系 $R|_X=\{(x,y)|xRy\wedge x\in X\}$。限制 $R\rhd S$ 正好就是 R 对集合 $X=\{x|(\exists z)zSx\}$ 的限制，即 R 对 S 上域的限制。

如果 xRy 且 x 至少有一个 S-前驱，则称 $xR \triangleright Sy$，或表述为 $xR \triangleright Sy \Leftrightarrow (\exists z)zSxRy$。限制运算可以用二元关系的基本运算进行定义，即 $R \triangleright S = R \cap S^{-1} | 1$。此外，对于任意 R，$R \triangleright S \subseteq R$ 而言，如果 S^{-1} 是持续的，则 $R \triangleright S = R$。

从语形上讲，二元关系的限制运算是可模态公理化的。通过使用限制运算与其他运算之间的相互定义关系，可使正规多模态逻辑系统中公理的语义解释变得更加简洁，同时使表述公理对应性质的关系方程变得更加简洁，由此可见限制运算在正规多模态逻辑的公理化及其对应性问题研究中具有重要作用。

定义 3.13　二元关系的相对蕴涵运算 Θ 定义为 $R\Theta S=\{(x,y) | (\forall z)(xRz \to zSy)\}$。

符号 $xR\Theta Sy$ 表示所有 x 的 R-后继都是 y 的 S-前趋，因此 $R\Theta S$ 读作"R 先于 S"或"S 约束 R"。相对蕴涵运算也可以与上文给出的二元关系运算相互定义，即 $R\Theta S=\overline{R|\overline{S}}$ 并且 $R|S=\overline{R\Theta\overline{S}}$；$R\Theta S=\overline{R}/\overline{S}^{-1}$ 并且 $R/S=\overline{R}\Theta\overline{S}^{-1}$；$R\Theta S=R^{-1}\backslash S$ 并且 $R\backslash S=R^{-1}\Theta S$。

定理 3.13　对任意二元关系 R、S、T 而言，

(1) $R|T \subseteq S \Leftrightarrow T \subseteq R^{-1}\Theta S$；

(2) $T|R \subseteq S \Leftrightarrow T^{-1} \subseteq R\Theta S^{-1}$；

(3) $R \subseteq S\Theta T \Leftrightarrow S \subseteq R\Theta T^{-1} \Leftrightarrow R^{-1}|S \subseteq T^{-1} \Leftrightarrow S^{-1}|R \subseteq T$。

根据残差运算的性质上述命题即可得证，具体证明细节此处省略。

定理 3.14　二元关系的相对蕴涵运算具有下述性质：

(1) $R\Theta 1=1=0\Theta R$；

(2) $R=I\Theta R$；

(3) $\overline{R}=R\Theta\overline{I}$；

(4) $(R \cup S)\Theta T = R\Theta T \cap S\Theta T$；

(5) $R\Theta(S \cup T) \supseteq R\Theta S \cup R\Theta T$；

(6) $(R \cap S)\Theta T \supseteq R\Theta T \cup S\Theta T$；

(7) $R\Theta(S \cap T) = R\Theta S \cap R\Theta T$；

(8) $(R\Theta S)^{-1} = \overline{S}^{-1}\Theta\overline{R}^{-1}$；

(9) $R\Theta(S\Theta T) = (R|S)\Theta T$；

(10) $R\Theta R^{-1}$ 是自返的，即 $I \subseteq R\Theta R^{-1}$；

(11) 若 R 是自返的，则 $R\Theta R \subseteq S$；

(12) $(R\Theta R^{-1})\Theta S \subseteq S$；

(13) $R \subseteq (R\Theta S)\Theta S^{-1}$；

(14) $R^{-1}|(R\Theta S) \subseteq S$；

(15) $(R\Theta S)|T \subseteq R\Theta(S|T)$；

(16) $R \subseteq R' \Rightarrow R'\Theta S \subseteq R\Theta S$；

(17) $S \subseteq S' \Rightarrow R\Theta S \subseteq R\Theta S'$；

(18) 若 R 是函数的，则 $R\Theta S = R|S$；

(19) $R^n\Theta S = R\Theta(R\Theta(\cdots(R\Theta S)))$，其中 $n \geqslant 1$。

证明　下列证明其实是在进行二元关系的计算(此证明参考(Catach，1989)[129-130])：

(1) $R\Theta 1=\overline{R|\overline{1}}=\overline{R|0}=\overline{0}=1$。类似地，$0\Theta R=\overline{0|\overline{R}}=\overline{0}=1$。

(2) $I\Theta R=\overline{I|\overline{R}}=\overline{\overline{R}}=R$。

(3) $R\Theta\overline{I}=\overline{R|I}=\overline{R}$。

(4) $(R\cup S)\Theta T=\overline{(R\cup S)|\overline{T}}=\overline{R|\overline{T}\cup S|\overline{T}}=\overline{R|\overline{T}}\cap\overline{S|\overline{T}}=R\Theta T\cap S\Theta T$。

(5) $R\Theta(S\cup T)=\overline{R|\overline{(S\cup T)}}=\overline{R|(\overline{S}\cap\overline{T})}\supseteq\overline{R|\overline{S}\cap R|\overline{T}}=\overline{R|\overline{S}}\cup\overline{R|\overline{T}}=R\Theta S\cup R\Theta T$。

(6) 与(5)证明类似。实际上，(5)和(6)可以分别由(17)和(16)推导得出。

(7) 与(4)证明类似。

(8) $(R\Theta S)^{-1}=\overline{(R|\overline{S})}^{-1}=\overline{(R|\overline{S})^{-1}}=\overline{\overline{S}^{-1}|R^{-1}}=\overline{S}^{-1}\Theta\overline{R}^{-1}$。

(9) $R\Theta(S\Theta T)=\overline{R|\overline{S\Theta T}}=\overline{R|(S|\overline{T})}=\overline{(R|S)|\overline{T}}=(R|S)\Theta T$。

(10) $R^{-1}|I=R^{-1}\subseteq R^{-1}\Rightarrow I\subseteq(R^{-1})^{-1}\Theta R^{-1}$，根据定理 3.13(1)的方程，则 $I\subseteq R\Theta R^{-1}$ 且 $R\Theta R^{-1}$ 是自返的。

(11) $I\subseteq R\Rightarrow\overline{S}\subseteq R|\overline{S}\Rightarrow R\Theta S=\overline{R|\overline{S}}\subseteq\overline{\overline{S}}=S$。

(12) 可以由(10)和(11)推导得出。

(13) 根据 $R\Theta S\subseteq R\Theta S$，同时令 $R'=R\Theta S$，$S'=R$，$T'=S$，根据定理 3.13(3) $R'\subseteq S'\Theta T'\Leftrightarrow S'\subseteq R'\Theta T'^{-1}$ 即可得证。

(14) 类似地，根据 $R\Theta S\subseteq R\Theta S$，令 $R'=R\Theta S$，$S'=R$，$T'=S$；根据定理 3.13(3) $R'\subseteq S'\Theta T'\Leftrightarrow S'^{-1}|R'\subseteq T'$ 即可得证。

(15) 根据(14)可以推出 $R^{-1}|(R\Theta S)|T\subseteq S|T$ (定理 3.12(17))，令 $R'=(R\Theta S)|T$，$S'=R$，$T'=S$ 以及定理 3.13(3) $R'\subseteq S'\Theta T'\Leftrightarrow S'^{-1}|R'\subseteq T'$ 即可证明 $(R\Theta S)|T\subseteq R\Theta(S|T)$。

(16) $R\subseteq R'\Rightarrow R|\overline{S}\subseteq R'|\overline{S}\Leftrightarrow\overline{R'|\overline{S}}\subseteq\overline{R|\overline{S}}\Leftrightarrow R'\Theta S\subseteq R\Theta S$。

(17) $S\subseteq S'\Leftrightarrow\overline{S'}\subseteq\overline{S}\Rightarrow R|\overline{S'}\subseteq R|\overline{S}\Leftrightarrow\overline{R|\overline{S}}\subseteq\overline{R|\overline{S'}}\Leftrightarrow R\Theta S\subseteq R\Theta S'$。

(18) 若 R 是函数的，$xRy \Leftrightarrow y=f(x)$，则可得 $xR\Theta Sy \Leftrightarrow (\forall z)(xRz \to zSy) \Leftrightarrow f(x)Sy$ 并且 $xR|Sy \Leftrightarrow (\exists z)(xRz \to zSy) \Leftrightarrow f(x)Sy$。因此它们是等价的。

(19) 根据 $R^{n+1}\Theta S=R\Theta(R^{n}\Theta S)$ 和(9)对 n 进行归纳即可得证。

根据前文的内容，我们可以注意到关系的运算 $(\bar{\ },|,\oplus,\Theta,0,1)$ 的性质与经典逻辑中的联结词 $(\neg,\wedge,\vee,\to,\bot,\top)$ 的性质有着惊人的相似之处。如下所示：

$\overline{R}$，	$\neg\alpha$；
$R\|S$，	$\alpha\wedge\beta$；
$R\oplus S$，	$\alpha\vee\beta$；
$R\Theta S$，	$\alpha\to\beta$；
$R\oplus S=\overline{\overline{R}\|\overline{S}}$，	$\alpha\vee\beta\simeq\neg(\neg\alpha\wedge\neg\beta)$；
$R\Theta S=\overline{R\|\overline{S}}$，	$\alpha\to\beta\simeq\neg(\alpha\wedge\neg\beta)$；
$R\|S=\overline{R\Theta\overline{S}}$，	$\alpha\wedge\beta\simeq\neg(\alpha\to\neg\beta)$；
$R\Theta(S\Theta T)=(R\|S)\Theta T$，	$\alpha\to(\beta\to\gamma)\simeq(\alpha\wedge\beta)\to\gamma$；
$R\Theta 1=1=0\Theta R$，	$(\alpha\to\top)\simeq\top\simeq(\bot\to\alpha)$；
$I\Theta R=R$，	$(\top\to\alpha)\simeq\alpha$；
$R\Theta\overline{I}=\overline{R}$，	$(\alpha\to\bot)\simeq\neg\alpha$。

二元关系的相对加、相对积、相对蕴涵类似于经典逻辑中的析取、合取、蕴涵。因此，在二元关系的运算理论中，二元关系的相对蕴涵同经典逻辑中的蕴涵一样，扮演着核心的角色。需要注意的是，二元关系的相对加和相对积之间并不具有经典逻辑中析取与合取之间的性质，即相对关系是不可交换的，因此关系的演绎逻辑是一种非经典的逻辑。

三、二元关系的性质

下面将给出二元关系的一些经典性质，并使用关系方程(relational equation)对这些性质进行表述(Tarski，1941)。

定理 3.15

(1) R 是自返的 $\Leftrightarrow (\forall x)xRx \Leftrightarrow I\subseteq R \Leftrightarrow I\subseteq R^{-1} \Leftrightarrow R^{-1}$ 是自返的。

(2) R 是持续的 $\Leftrightarrow (\forall x)(\exists y)xRy \Leftrightarrow R|1=1 \Leftrightarrow R|R^{-1}$ 是自返的 $\Leftrightarrow I\subseteq R|R^{-1}$。

(3) R 是传递的 $\Leftrightarrow (\forall x,y,z)(xRyRz \to xRz) \Leftrightarrow R^{2}\subseteq R \Leftrightarrow (R^{-1})^{2}\subseteq R^{-1} \Leftrightarrow R^{-1}$ 是传递的。

(4) R 是对称的 $\Leftrightarrow (\forall x,y)(xRy \to yRx) \Leftrightarrow R \subseteq R^{-1} \Leftrightarrow R^{-1} \subseteq R \Leftrightarrow R^{-1} = R \Leftrightarrow R^{-1}$ 是对称的。

(5) R 是欧性的 $\Leftrightarrow (\forall x,y,z)(xRy \wedge xRz \to yRz) \Leftrightarrow R^{-1}|R \subseteq R \Leftrightarrow R^{-1}|R \subseteq R^{-1}$。

(6) R 是拟函数的(quasi functional)[①] $\Leftrightarrow (\forall x,y,z)(xRy \wedge xRz \to y=z) \Leftrightarrow R^{-1}|R \subseteq I$。

(7) R 是线性前向的(linear forward) $\Leftrightarrow (\forall x,y,z)(xRy \wedge xRz \to (yRz \vee y=z \vee zRy)) \Leftrightarrow R^{-1}|R \subseteq (R \cup I \cup R^{-1})$。

(8) R 是稠密的(dense) $\Leftrightarrow (\forall x,y)(xRy \to (\exists z)xRzRy) \Leftrightarrow R \subseteq R^2$。

(9) R 是连通的(connected) $\Leftrightarrow (\forall x,y)(xRy \vee x=y \vee yRx) \Leftrightarrow (R \cup I \cup R^{-1})=1$。

(10) R 是强连通的(strongly connected)[②] $\Leftrightarrow (\forall x,y)(xRy \vee yRx) \Leftrightarrow (R \cup R^{-1})=1$。

在上述二元关系的性质的基础上，可以进一步定义二元关系的其他一些性质。

定义 3.14

(1) R 是拟序的(preorder) $\Leftrightarrow$ R 是自返且传递的。

(2) R 是拟等价(quasi-equivalence)关系 $\Leftrightarrow$ R 是对称且传递的。

(3) R 是一种等价关系 $\Leftrightarrow$ R 是自返、对称且传递的 $\Leftrightarrow$ R 是自返且欧性的 $\Leftrightarrow$ R 是持续、对称且传递的。

(4) R 是函数的 $\Leftrightarrow (\forall x)(\exists ! y)xRy \Leftrightarrow$ R 是持续的且拟函数的 $\Leftrightarrow R^{-1}|R \subseteq I \subseteq R|R^{-1}$。

(5) R 是一对一的(one to one) $\Leftrightarrow$ R 和 R^{-1} 是拟函数的。

(6) R 是线性后向的(linear backward) $\Leftrightarrow R^{-1}$ 是线性前向的。

关于二元关系的其他一些性质在部分文献中已进行了详细的研究，此处不再详细展开。二元关系的运算以及二元关系的性质是二元关系理论的重要组成部分，是研究正规多模态逻辑语义的基础。

---

① 拟函数的也被称为部分函数的(partial functional)，或简单地称为函数的(functional)(Jónsson et al.，1952)。

② 这里连通和强连通的概念在有的文献中分别对应于弱连通(weakly connected)和连通(connected)的概念(Hughes et al.，1996)。

第三节 多模态逻辑的框架及模型

在可能世界语义学及二元关系理论的基础上，本节将考察正规多模态逻辑的多关系框架和多关系模型，以此研究正规多模态逻辑的语义。

一、多关系框架

定义 3.15 多模态关系框架，简称多关系框架，是一个二元组$\langle U,\mathfrak{R}\rangle$，其中U是非空集合，被称为“可能世界”集，$\mathfrak{R}$是在U之上的二元关系的集合，被称为“可及关系”集[①]，并且$\mathfrak{R}\subseteq\wp(U^2)$。

多关系框架这一概念是传统模态逻辑中框架这一概念$F=\langle U,R\rangle$在多模态逻辑中的自然扩展。若$\mathfrak{R}=\{R\}$是一单元素集合，则$\langle U,\{R\}\rangle$和$\langle U,R\rangle$是等同的。在不产生歧义的情况下，后文会将多关系框架简称为框架。

如果$F=\langle U,\mathfrak{R}\rangle$和$F'=\langle U',\mathfrak{R}'\rangle$是多关系框架，则F和F′的并也是多关系框架，定义为$\langle U\cup U',\mathfrak{R}\cup\mathfrak{R}'\rangle$，记作$F\cup F'$。如果$U=U'$，则称多关系框架$\langle U,\mathfrak{R}\cup\mathfrak{R}'\rangle$是框架F和框架F′的联合(joint)，记作$F\times F'$。因此，在这个意义上可将多关系框架$F=\langle U,\mathfrak{R}\rangle$看作框架$\langle U,R\rangle$的联合，其中用R可以描述$\mathfrak{R}$。类似地，如果用$(\mathfrak{F}_i)_{i\in I}$表示框架类的集合，则可以将这些框架类的联合定义为多关系框架$\langle U,\mathfrak{R}\rangle$的集合，对其中对任意$i\in I$而言，$\mathfrak{R}=\{R_i\mid i\in I\}$，$\langle U,R_i\rangle\in\mathfrak{F}_i$。如果$(\mathfrak{F}_i)_{i\in I}$是有穷集合，那么将这一联合记作$\underset{i\in I}{\times}\mathfrak{F}_i$或$\mathfrak{F}_1\times\cdots\times\mathfrak{F}_n$。由此就可以考察自返框架类$\mathfrak{F}_1$和传递框架类$\mathfrak{F}_2$的联合，也就是说框架类$\mathfrak{F}_1\times\mathfrak{F}_2$是多关系框架$\langle U,\{R_1,R_2\}\rangle$的集合，其中$R_1$是自返的，$R_2$是传递的。在后文研究多模态逻辑的决定性问题时，联合的概念具有非常重要的作用。

定义 3.16 令$F=\langle U,\mathfrak{R}\rangle$是一个多关系框架，其中$\mathfrak{R}$是经典二元关系的集合，并且$\mathcal{L}=\mathcal{L}(\Sigma)$是多模态语言。如果存在$\mathfrak{R}$中$\Sigma$的函项$R: a\to R_a$，则称 F 是$\mathcal{L}$的框架。如果R是在$\langle\mathfrak{R},\cup,0,|,I\rangle$之上的$\langle\Sigma,\cup,0,;,\lambda\rangle$到同态(homomorphism)，则称F是$\mathcal{L}$的标准框架。也就是说，R满足下述性质：

(1) $R_{a\cup b}=R_a\cup R_b$。

(2) $R_0=0$(空关系)。

(3) $R_{a;b}=R_a\mid R_b$。

(4) $R_\lambda=I$(U的对角线)。

---

① 或称为“可设想关系”或“可通达关系”。

如果Σ包含共轭运算(Catach，1989)[188-189]，则R是在$\langle \mathfrak{R}, \cup, 0, |, I, ^{-1} \rangle$之上的$\langle \Sigma, \cup, 0, ;, \lambda, ^{u} \rangle$的同态，即

(5) $R_{a^u} = R_a^{-1}$。

如果Σ包含限制运算，则R满足①

(6) $R_{a \rhd b} = R_a \rhd R_b$。

因此，正规多模态逻辑系统L的多关系框架是通过将二元关系$R_a \in \mathfrak{R}$与任意模态参数a联合起来得到的。因此，我们将原子关系称为R_A，其中A是原子参数，用$\mathfrak{R}_0$表示原子关系的集合。在非同质多模态逻辑系统中，原子关系可以具有不同的性质。正规多模态逻辑系统L的多关系框架可以从原子关系，即由$\mathfrak{R}_0$中从Σ_0的函项R进行定义。如果根据(2)中给出的条件将函项R归纳扩展到$\{\cup, 0, ;, \lambda\}$-参数，那么就能够得到标准的多关系框架。此外，对于多关系框架的研究可以独立于多模态语言$\mathcal{L}$。

接下来，如果U是一个集合，X是U的子集且R是U之上的二元关系，用$R_{|X}$表示R对X的限制，即关系$R \cap X^2$，它是X之上的一个二元关系。

定义 3.17　令$F = \langle U, \mathfrak{R} \rangle$和$F' = \langle U', \mathfrak{R}' \rangle$是$\mathcal{L}$中的多关系框架，若称F是F′的子框架(subframe)，记作$F \subseteq F'$，则需满足下述条件：

(1) $U \subseteq U'$；

(2) 如果$R \in \mathfrak{R}$，则存在$S \in \mathfrak{R}'$，满足$R = S_{|U}$。

这一定义扩展了单关系框架中的等价性概念。条件(2)规定$\mathfrak{R} \subseteq \{S_{|U} | S \in \mathfrak{R}'\}$，但包含关系可以是严格的。因此，$\langle U, \mathfrak{R} \rangle \subseteq \langle U, \mathfrak{R}' \rangle$等同于$\mathfrak{R} \subseteq \mathfrak{R}'$，如果$F = \langle U, \mathfrak{R} \rangle$是一多关系框架，X是U的子集，并且$R \subseteq \mathfrak{R}$，则框架$\langle X, R_{|X} \rangle$可被看作F的子框架。特别地，根据这个定义，对于$\mathfrak{R}$中的任意关系R对应的框架$\langle U, R \rangle$都是$\langle U, \mathfrak{R} \rangle$的子框架，甚至可能是生成子框架。

定义 3.18　若称$F = \langle U, \mathfrak{R} \rangle$是$F' = \langle U', \mathfrak{R}' \rangle$的生成子框架(generated subframe)，记作$F \underset{\rightarrow}{\subseteq} F'$，则需满足下述条件：

(1) F是F′的子框架。

(2) 对于任意$S \in \mathfrak{R}'$，任意$x \in U$，$y \in U'$而言，如果xSy，那么$y \in U$。

条件(2)表明$\mathfrak{R}'$关系并不连通U和$U' - U$②。下面这一定义专门适用于多模态语言。

定义 3.19　$\mathcal{L} = \mathcal{L}(\Sigma)$和$\mathcal{L} = \mathcal{L}(\Sigma')$都是多模态语言，如果$\Sigma \subseteq \Sigma'$，则记

① 性质(6)不能由性质(1)~(5)推出。

② 如果$U = U'$则可自动满足。因此，$\langle U, \mathfrak{R} \rangle \underset{\rightarrow}{\subseteq} \langle U, \mathfrak{R}' \rangle$等价于$\mathfrak{R} \underset{\rightarrow}{\subseteq} \mathfrak{R}'$。

作 $\mathcal{L}\subseteq\mathcal{L}'$。在这种情况下，如果 F=$\langle \mathrm{U},\mathfrak{R}\rangle$ 是 $\mathcal{L}$ 中的多关系框架，F'=$\langle \mathrm{U}',\mathfrak{R}'\rangle$ 是 $\mathcal{L}'$ 的多关系框架，若 F 是 F′ 的子框架，则需满足下述条件：

(1) $\mathrm{U}\subseteq\mathrm{U}'$；

(2) $\mathrm{R}_a=\mathrm{R}'_{a|\mathrm{U}}$，其中 $a\in\Sigma$ 为任意参数。

如果 F=$\langle \mathrm{U},\mathfrak{R}\rangle$ 是多模态语言 $\mathcal{L}$ 中的多关系框架，框架 F_a 记作 $\langle \mathrm{U},\mathrm{R}_a\rangle$，它是之于参数 a 的 F 的提取框架(extracted frame)，它是(单)模态语言 $\mathcal{L}_a$ 的框架，同时 F_a 也是 F 的生成子框架。

多关系框架是非常具有普遍意义的结构，它同其他术语一起出现在许多数学理论中。一个多关系框架 F=$\langle \mathrm{U},\mathfrak{R}\rangle$ 可以用来表示一个状态集 U 之上的可能转换集 $\mathfrak{R}$，这是研究动态逻辑或转换系统时最常使用的一种典型结构。另外，多关系结构与自动机的工作机理较为类似。例如，有穷非决定性自动机的概念和有穷多关系框架的概念基本上是一样的①。模态逻辑、可能世界语义学以及自动机理论之间的联系也在许多文献中被加以讨论，如部分时态逻辑和动态逻辑的文献(Vardi et al.，1986)。

二、多关系模型

多关系模型是对多模态语言中的公式给予解释的标准结构，同时它也是可能世界语义学中一般的模型概念在多模态逻辑中的扩展。在多关系框架上进行赋值可以得到多关系模型。接下来，依旧用 $\mathcal{L}$ 表示由参数基础 Σ 生成的多模态语言，其中包含基本运算 $\{\cup,0,;,\lambda\}$(可能也包括共轭运算 ^{u})。用 Σ_0 表示所有原子参数 A 和 B 等的集合，同时使用上文给出的多关系框架概念及其相关结论。用符号 $\mathfrak{M}$ 表示模型类或多关系模型类，用符号 $\mathfrak{F}$ 表示框架类或多关系框架类。

定义 3.20 多模态关系模型，简称多关系模型，是一个结构 M=$\langle \mathrm{U},\mathfrak{R},\mathrm{V}\rangle$，其中 $\langle \mathrm{U},\mathfrak{R}\rangle$ 是多关系框架，V 是 $\mathrm{U}\times\Phi$ 在 $\{0,1\}$ 之间的一个赋值函项，也就是说：

(1) U 是非空集合，称为“可能世界”集；

(2) $\mathfrak{R}$ 是 U 之上的二元关系集，称为“可及关系”集；

---

① 非决定性的自动化结构是一个五元组 (Q,Σ,σ,q_0,F)，其中 Q 是(有穷)状态集，$q_0\in Q$ 是初始状态，$F\subseteq Q$ 是终结状态集，Σ 是有穷的字母输入集，σ 是在 $\wp(Q)$ 中的 $Q\times\Sigma$ 的转换函项，$\sigma(p,a)$ 连接任意状态 $q\in Q$ 和任意元素 $a\in\Sigma$，并构成 Q 的子集，这可以被看作通过转换 a 形成的 q 的“后继”集。另外，任意元素 $a\in\Sigma$ 通过 $p\mathrm{R}_a q\Leftrightarrow q\in\sigma(p,a)$ 决定了 Q 之上的二元关系 R_a。如果关系 R_a 是任意 a 的函项，即如果 σ 在 Q 中是 $Q\times\Sigma$ 的函项，则这一自动化结构是决定性的(Hopcroft et al.，1979)。

(3) V 是一个函项，并且对于任意世界 $x \in U$ 以及任意命题 $p \in \Phi$ 而言，其真值满足 $V(x,p) \in \{0,1\}$ 。

多关系模型的概念概括了传统模态逻辑中常用的模型概念，并且符合上文给出的模型概念的一般框架。接下来，模型这一概念仅表示(单)模态逻辑中的模型，也就是说仅包含单一的二元关系。同时多关系模型 $\langle U,\{R\},V\rangle$ 与模型 $\langle U,R,V\rangle$ 是等同的。如果 F 是多关系框架 $\langle U,\mathfrak{R}\rangle$，那么多关系模型可记作 $M=\langle F,V\rangle$。下面将给出有关多关系模型的一些基本概念。

定义 3.21　模型的并(union)及联合(joint)：如果 $M=\langle U,\mathfrak{R},V\rangle$ 和 $M'=\langle U',\mathfrak{R}',V'\rangle$ 都是多关系模型，则 M 和 M′ 的并定义为多关系模型 $\langle U\cup U',\mathfrak{R}\cup\mathfrak{R},V''\rangle$，记作 $M\cup M'$。其中，若 $x\in U$，则 $V''(x,p)=V(x,p)$；若 $x\in U'$，则 $V''(x,p)=V'(x,p)$。[①] 如果 $U=U'$，并且 $V=V'$，则称 $\langle U,\mathfrak{R}\cup\mathfrak{R}',V\rangle$ 是 M 和 M′ 的联合，记作 $M\times M'$。一个多关系模型 $M=\langle U,\mathfrak{R},V\rangle$ 是模型 $\langle U,R,V\rangle$ 的联合，其中 $R\in\mathfrak{R}$。

同样，如果 $(\mathfrak{M}_i)_{i\in I}$ 是模型类的集合，则可将这些模型类的联合定义为多关系模型 $\langle U,\mathfrak{R},V\rangle$ 的类。对于任意 $i\in I$ 而言，$\mathfrak{R}=\{R_i \mid i\in I\}$，$\langle U,R_i,V\rangle\in\mathfrak{M}_i$。如果 $(\mathfrak{M}_i)_{i\in I}$ 是有穷类，则可将这一联合记作 $\times_{i\in I}\mathfrak{M}_i$，或者 $\mathfrak{M}_1\times\cdots\times\mathfrak{M}_n$。由此可以考察自返模型类 $\mathfrak{M}_1$ 和传递模型类 $\mathfrak{M}_2$ 的联合，即模型类 $\mathfrak{M}_1\times\mathfrak{M}_2$ 是多关系模型 $\langle U,\{R_1,R_2\},V\rangle$，其中 R_1 是自返的，R_2 是传递的。

定义 3.22　如果 $\mathcal{L}=\mathcal{L}(\Sigma)$ 是一多模态语言，$\langle U,\mathfrak{R}\rangle$ 是 $\mathcal{L}$ 的一个多关系框架(参见定义 3.16)。如果存在从任意参数 a 到任意二元关系 $R_a\in\mathfrak{R}$ 的函项 $R:\ a\to R_a$，则称 M 是 $\mathcal{L}$ 的一个多关系模型。如果 R 是在 $\langle\mathfrak{R},\cup,0,|,I\rangle$ 之上的 $\langle\Sigma,\cup,0,;,\lambda\rangle$ 的同态，即如果满足下述条件，则称 M 是 $\mathcal{L}$ 的一个标准多关系模型。

(1) $R_{a\cup b}=R_a\cup R_b$。

(2) $R_0=0$ (空关系)。

(3) $R_{a;b}=R_a\,|\,R_b$。

(4) $R_\lambda=I$ (U 的对角线)。

根据这一定义，对于 $a\in\Sigma$ 而言，多模态语言 $\mathcal{L}(\Sigma)$ 中的多关系模型 M_a 也是单模态语言 $\mathcal{L}_a$ 中关于参数 a 的提取模型(extracted model)。换言之，多关系模型的结构也可以用来解释一般的(单)模态逻辑系统(T、S4、S5 等)。如果 Σ 中包含共轭运算，则标准多关系模型需要增加下述条件：

---

① 假设 V 和 V′ 在 $U\cap U'$ 上是重叠的，也就是说，如果 $x\in U\cap U'$，则 $V(x,p)=V'(x,p)$。

(5) $R_{a^u}=R_a^{-1}$。

如果Σ中包含限制运算，则需要增加下述条件：

(6) $R_{a\rhd b}=R_a\rhd R_b$。

模态公式可满足关系⊨的定义与非模态公式可满足关系的定义类似(参见定义 3.2)。模态公式的赋值是由下述定义给出：

定义 3.23 如果$M=\langle U,\mathfrak{R},V\rangle$是$\mathcal{L}$的多关系模型且$x\in U$，那么

(1) $(M,x)\vDash\langle a\rangle\alpha \Leftrightarrow (\exists y\in U)(xR_a y\wedge(M,y)\vDash\alpha)$。

(2) $(M,x)\vDash[a]\alpha \Leftrightarrow (\forall y\in U)(xR_a y\to(M,y)\vDash\alpha)$。

定理 3.16 对于任意原子参数$A\in\Sigma_0$而言，可满足关系⊨在多关系模型$M=\langle U,\mathfrak{R},V\rangle$中可定义为

(1) $(M,x)\vDash\langle A\rangle\alpha \Leftrightarrow (\exists y\in U)(xR_A y\wedge(M,y)\vDash\alpha)$；

(2) $(M,x)\vDash[A]\alpha \Leftrightarrow (\forall y\in U)(xR_A y\to(M,y)\vDash\alpha)$。

如果M是$\mathcal{L}$的标准多关系模型，则对于任意$\{\cup,0,;,\lambda\}$-参数a而言，满足(1) $(M,x)\vDash\langle a\rangle\alpha \Leftrightarrow (\exists y\in U)(xR_a y\wedge(M,y)\vDash\alpha)$；(2) $(M,x)\vDash[a]\alpha \Leftrightarrow (\forall y\in U)(xR_a y\to(M,y)\vDash\alpha)$。

证明 通过施归纳于a的复杂度，使用定义 3.22(1)~(4)即可得证。

这一定理表明，在定义原子模态算子$\langle A\rangle$和$[A]$的基础上，通过归纳计算就可以得到复合算子$\langle a\rangle$和$[a]$。

在多关系模型M中，真(或有效)概念记作$M\vDash\alpha$，在模型类$\mathfrak{M}$中记作$\mathfrak{M}\vDash\alpha$，这与定义 3.2 中是一致的。另外，这些概念可以扩展到多关系框架$F=\langle U,\mathfrak{R}\rangle$中。

定义 3.24

(1) 如果$x\in U$，称α在框架F的世界x中是真的，记作$(F,x)\vDash\alpha$；对于任意赋值V而言，如果α在模型$M=\langle U,\mathfrak{R},V\rangle$的世界x中都是真的，即$(M,x)\vDash\alpha$。

(2) 如果对于任意$x\in U$而言，$(F,x)\vDash\alpha$，也就是说对于任意模型$M=\langle F,V\rangle$而言$M\vDash\alpha$，则称α在框架F上是真的(或有效的)，记作$F\vDash\alpha$。

(3) 如果α在$\mathfrak{F}$中的所有框架F上都是真的，则α在框架类$\mathfrak{F}$上是真的(或有效的)。

类似地，公式集的概念、$Th_{mod}(F)=\{\alpha|F\vDash\alpha\}$和$CAD(\alpha)=\{F|F\vDash\alpha\}$都可以进行定义(参见定义 3.2)。接下来，用$\vDash\alpha$表示$\alpha$在多模态语言$\mathcal{L}$的任意框架下(在任意模型中)都是有效的，用$\vDash_{stand}\alpha$表示$\alpha$在多模态语言$\mathcal{L}$的

任意标准框架下(在任意标准模型中)都是有效的。

定理 3.17　对于任意参数 $a\in\Sigma$ 而言，(1)如果 α 是重言式，则 $\vDash\alpha$；(2)如果 $\vDash\alpha$ 并且 $\vDash(\alpha\to\beta)$，那么 $\vDash\beta$；(3) $\vDash(\langle a\rangle\alpha\leftrightarrow\neg[a]\neg\alpha)$；(4)对于任意 $n\geqslant 0$ 而言，如果 $\vDash(\alpha_1\wedge\cdots\wedge\alpha_n\to\alpha)$，那么 $\vDash([a]\alpha_1\wedge\cdots\wedge[a]\alpha_n\to[a]\alpha)$。

证明　参见切莱士关于单模态情况的证明(Chellas，1980)[69-71]。

推论 3.1　满足 $\vDash\alpha$ 的公式集是一个正规多模态逻辑系统。

证明　根据定义 2.13 和定理 3.17 即可得证。

定义 3.25　如果 $\mathrm{F}=\langle \mathrm{U},\mathfrak{R}\rangle$ 是一多关系框架并且 P 是二元关系的一个性质(或者一个性质集)①，则用 $\mathrm{F}\vDash\mathrm{P}$ 表示 F 满足 P 描述的条件(性质)。

类似地，如果 M 是一多关系模型，$\mathrm{M}\vDash\mathrm{P}$ 表示 M 满足 P 描述的条件(性质)。注意，如果 $\mathrm{M}=\langle\mathrm{F},\mathrm{V}\rangle$，则 $\mathrm{F}\vDash\mathrm{P}$ 能推出 $\mathrm{M}\vDash\mathrm{P}$。在第四章会特别关注 P 是一阶性质(性质集)的情况。在同样的条件下，用 $\mathfrak{F}(\mathrm{P})$ 表示 $\mathcal{L}$ 中满足 P 性质的多关系框架类。例如，$\mathfrak{F}(I\subseteq\mathrm{R}_a,\mathrm{R}_a\subseteq\mathrm{R}_b\,|\,\mathrm{R}_a)$ 表示多关系框架 $\langle\mathrm{U},\mathfrak{R}\rangle$ 的集合，其中 R_a 是自返的并且 $\mathrm{R}_a\subseteq\mathrm{R}_b\,|\,\mathrm{R}_a$。$\mathfrak{M}(\mathrm{P})$ 表示满足 P 性质的多关系模型类。符号 $\vDash_{stand}\alpha$ 等同于 $\mathfrak{M}(\mathrm{P})\vDash\alpha$，其中 P 表示标准模型刻画的性质集(参见定义 3.22)。

对于 L 的某些多关系模型类 $\mathfrak{M}(\mathrm{P})$ 给出以下充分条件 P，以验证迄今为止我们感兴趣的某些公理或者定理。另外，这些条件对于满足它们的多关系框架类 $\mathfrak{F}(\mathrm{P})$ 而言同样是有效的(因为对于任意赋值 V 而言，$\mathrm{F}\vDash\mathrm{P}\Rightarrow\langle\mathrm{F},\mathrm{V}\rangle\vDash\mathrm{P}$)。

定理 3.18

(1) $\mathfrak{M}(\mathrm{R}_c=\mathrm{R}_a\cup\mathrm{R}_b)\vDash(\langle c\rangle\alpha\leftrightarrow(\langle a\rangle\alpha\vee\langle b\rangle\alpha))$。

(2) $\mathfrak{M}(\mathrm{R}_a=0)\vDash\neg\langle a\rangle\alpha$。

(3) $\mathfrak{M}(\mathrm{R}_c=\mathrm{R}_a\,|\,\mathrm{R}_b)\vDash(\langle c\rangle\alpha\leftrightarrow\langle a\rangle\langle b\rangle\alpha)$。

(4) $\mathfrak{M}(\mathrm{R}_a=I)\vDash(\langle a\rangle\alpha\leftrightarrow\alpha)$。

(5) $\mathfrak{M}(\mathrm{R}_a=\mathrm{R}_b^{-1})\vDash(a\to[a]\langle b\rangle\alpha)\wedge(\alpha\to[b]\langle a\rangle\alpha)$。

(6) $\mathfrak{M}(\mathrm{R}_c=\mathrm{R}_a\rhd\mathrm{R}_b^{-1})\vDash(\langle c\rangle\alpha\leftrightarrow(\langle a\rangle\alpha\wedge\langle b\rangle\top))$。

(7) $\mathfrak{M}(\mathrm{R}_a\subseteq\mathrm{R}_b)\vDash(\langle a\rangle\alpha\to\langle b\rangle\alpha)$。

证明　令 $\mathrm{M}=\langle\mathrm{U},\mathfrak{R},\mathrm{V}\rangle$ 是 $\mathcal{L}$ 的多关系模型，并且 $\mathrm{x}\in\mathrm{U}$。另外，

---

① 一般来讲，P 可以表示与可能世界集 U 相关的属性，或者表示既与 U 又与二元关系 $\mathfrak{R}$ 相关的属性。

$(\mathrm{M,x})\vDash(\alpha\to\beta)$ 等同于等式 $(\mathrm{M,x})\vDash\alpha\Leftrightarrow(\mathrm{M,x})\vDash\beta$。(1)~(5)是经典逻辑中的内容，很容易证明。

(6) 如果 $\mathrm{R}_c=\mathrm{R}_a\rhd\mathrm{R}_b^{-1}$，则

$$\begin{aligned}(\mathrm{M,x})\vDash\langle c\rangle\alpha &\Leftrightarrow (\exists \mathrm{y})(\mathrm{xR}_c\mathrm{y}\wedge(\mathrm{M,y})\vDash\alpha)\\ &\Leftrightarrow (\exists \mathrm{y})(\mathrm{xR}_a\rhd\mathrm{R}_b^{-1}\mathrm{y}\wedge(\mathrm{M,y})\vDash\alpha)\\ &\Leftrightarrow (\exists \mathrm{y})(\exists \mathrm{z})(\mathrm{xR}_b\mathrm{y}\wedge\mathrm{xR}_a\mathrm{y}\wedge(\mathrm{M,y})\vDash\alpha)\\ &\Leftrightarrow (\exists \mathrm{y})(\mathrm{xR}_a\mathrm{y}\wedge(\mathrm{M,y})\vDash\alpha)\wedge(\exists \mathrm{z})\mathrm{xR}_b\mathrm{y}\\ &\Leftrightarrow (\mathrm{M,x})\vDash\langle a\rangle\alpha\wedge(\mathrm{M,x})\vDash\langle b\rangle\top\text{。}\end{aligned}$$

(7) 如果 $\mathrm{R}_a\subseteq\mathrm{R}_b$，则

$$\begin{aligned}(\mathrm{M,x})\vDash\langle a\rangle\alpha &\Leftrightarrow (\exists \mathrm{y})(\mathrm{xR}_a\mathrm{y}\wedge(\mathrm{M,y})\vDash\alpha)\\ &\Rightarrow (\exists \mathrm{y})(\mathrm{xR}_b\mathrm{y}\wedge(\mathrm{M,y})\vDash\alpha)\\ &\Leftrightarrow (\mathrm{M,x})\vDash\langle b\rangle\alpha\text{。}\end{aligned}$$

这些模型类对应的性质也满足对偶性。另外，这些条件也可以用二元关系理论中的关系方程进行表述，在多关系框架或模型上的这些条件是具有一阶性质的。对于满足这些公理的多关系框架类而言，它们必然满足(具有)这些条件(性质)，而对于多关系模型类则不必然。

推论 3.2　对于任意参数 $a,b\in\Sigma$ 而言：

(1)$\vDash_{stand}(\langle a\cup b\rangle\alpha\leftrightarrow(\langle a\rangle\alpha\vee\langle b\rangle\alpha))$。

(2)$\vDash_{stand}\neg\langle 0\rangle\alpha$。

(3)$\vDash_{stand}(\langle a;b\rangle\alpha\leftrightarrow\langle a\rangle\langle b\rangle\alpha)$。

(4)$\vDash_{stand}(\langle\lambda\rangle\alpha\to\alpha)$。

(5)$\vDash_{stand}(\alpha\to[a]\langle a^u\rangle\alpha)$，如果 a^u 是被定义的。

(6)$\vDash_{stand}\langle a\rhd b\rangle\alpha\leftrightarrow(\langle a\rangle\alpha\wedge\langle b^u\rangle\alpha)$，如果 b^u 是被定义的。

证明　根据标准多关系模型的定义(定义 3.22)以及定理 3.18 即可得证。

标准多关系模型的这些结论表明了正规多模态逻辑系统的可靠性。第五章会详细讨论这一问题，并将有关结论扩展到 $G(a,b,\varphi)$ 和 $G(a,b,c,d)$ 等更为一般的公理模式上。接下来，将会给出多关系子模型和生成子模型的概念，这与子框架及生成子框架概念的定义类似 (参见定义 3.16 和定义 3.17)。

定义 3.26　一个模型 $\mathrm{M}=\langle\mathrm{U},\mathfrak{R},\mathrm{V}\rangle$ 是模型 $\mathrm{M}'=\langle\mathrm{U}',\mathfrak{R}',\mathrm{V}'\rangle$ 的子模型，记作 $\mathrm{M}\subseteq\mathrm{M}'$，则需满足①$\langle\mathrm{U},\mathfrak{R}\rangle$ 是 $\langle\mathrm{U}',\mathfrak{R}'\rangle$ 的子框架，②对于任意 $x\in\mathrm{U}$ 而言，$\mathrm{V}(\mathrm{x},p)=\mathrm{V}'(\mathrm{x},p)$。如果 $\langle\mathrm{U},\mathfrak{R}\rangle$ 是 $\langle\mathrm{U}',\mathfrak{R}'\rangle$ 的生成子框架，则 M 是 M′ 的生成子模型，记作 $\mathrm{M}\underset{\to}{\subset}\mathrm{M}'$。

如果$M=\langle U,\mathfrak{R},V\rangle$是多模态语言$\mathcal{L}(\Sigma)$的多关系模型并且如果$a\in\Sigma$，则用$M_a$表示模型$\langle U,R_a,V\rangle$，模型$M_a$是之于$a$的模型M的提取模型。和提取框架$F_a$一样，很容易表明$M_a$是M的生成子模型，即$M_a\underset{\rightarrow}{\subset}M$。另外，生成模型可以保持公式的有效性。

定理 3.19　如果$M\underset{\rightarrow}{\subset}M'$，那么，对于任意公式$\alpha$和任意世界$x\in U$而言：$(M,x)\vDash\alpha\Leftrightarrow(M',x)\vDash\alpha$。

证明　通过施归纳于公式α复杂度。为了简化只考虑(包含)模态算子的情况：对于$\langle a\rangle$，则需要表明下述等式(其中$x\in U$)：$(\exists y\in U)(xR_a y\wedge(M,y)\vDash\alpha)\Leftrightarrow(\exists y\in U')(xR'_a y\wedge(M',y)\vDash\alpha)$。

$\Rightarrow$)方向是不足道的，因为$U\subseteq U'$，R_a是U之上的R'_a限制，并且可以在世界y内施归纳于α。对于$\Leftarrow$)方向而言，如果$xR'_a y$并且$x\in U$，那么$y\in U$(因为$M\underset{\rightarrow}{\subset}M'$，参见定义3.18)，并且$xR_a y$。同时，$(M',y)\vDash\alpha\Rightarrow(M,y)\vDash\alpha$也可以通过施归纳于$\alpha$的复杂度得到(因为$y\in U$)，由此$\Leftarrow$)得证(Catach，1989)[216]。

推论 3.3　对于任意公式α而言，(1)如果$M\underset{\rightarrow}{\subset}M'$，则$M'\vDash\alpha\Rightarrow M\vDash\alpha$；(2)如果$F\underset{\rightarrow}{\subset}F'$，那么对于任意$x\in U$而言，$(F,x)\vDash\alpha\Leftrightarrow(F',x)\vDash\alpha$，$F'\vDash\alpha\Rightarrow F\vDash\alpha$。

性质(2)表明模态公式的有效性是可以通过生成子框架进行保持的。

定理 3.20　已知$F=\langle U,\mathfrak{R}\rangle$是多模态语言$\mathcal{L}$的多关系框架，$M=\langle F,V\rangle$是$\mathcal{L}$的多关系模型，$a\in\Sigma$是任意参数，并且$F_a=\langle U,R_a\rangle$(或$M_a=\langle U,R_a,V\rangle$)是之于$a$的提取框架(或模型)。则对于任意子语言$\mathcal{L}_a$的公式$\alpha$而言，下述等式成立：

(1) 对于任意$x\in U$而言，$(M,x)\vDash\alpha\Leftrightarrow(M_a,x)\vDash\alpha$。

(2) $M\vDash\alpha\Leftrightarrow M_a\vDash\alpha$。

(3) 对于任意$x\in U$而言，$(F,x)\vDash\alpha\Leftrightarrow(F_a,x)\vDash\alpha$。

(4) $F\vDash\alpha\Leftrightarrow F_a\vDash\alpha$。

证明　根据$F_a\underset{\rightarrow}{\subset}F$和$M_a\underset{\rightarrow}{\subset}M$，$\Rightarrow$)以及推论3.3，则(1)、(3)、(2)的$\Rightarrow$)和(4)的$\Rightarrow$)即可得证。等式(2)和(4)可以由(1)和(3)推出，因为M和M_a(F和F_a)都有相同的可能世界集。

这一结论在研究多模态逻辑系统的可靠性及多模态逻辑系统公理化的可分离标准方面具有重要作用。

第四章　正规多模态逻辑的对应性

在模态逻辑中，对应理论旨在研究模态公式与可能世界语义学中框架和模型的性质之间的关系。更确切地说，对于已知的公式α或公式集Γ而言，确定使其有效的结构的充分条件和必要条件是什么，这是对应理论主要关注的问题。本章将在多模态逻辑的框架下研究这一问题。

首先，在对模态逻辑的对应问题进行一般性阐述的基础之上，说明对应问题在模态逻辑研究中的地位和作用，同时介绍(多)模态公式在一阶语言和二阶语言中的表达方式，特别是从多模态公式到二阶语言的转换，为研究多模态逻辑的对应问题奠定基础。其次，如何从正规多模态逻辑系统交互作用公理模式的视角出发，分别考察$G(a,b,c,d)$、$G(a,b,\varphi)$、$G(a,b,\wedge)^n$以及 Sahlqvist 公理模式的对应性结论，即上述公理模式分别对应何种多模态逻辑一阶公式。最后，根据二元关系理论的内容，使用关系方程的表述方式对上述公理模式的对应性结论进行了表述，同时表明模态算子的交互作用与二元关系运算之间的对应关系。

第一节　对应问题概述

在可能世界语义学背景下，模态逻辑的对应问题和可定义性问题构成了模态逻辑对应理论研究的主题。20 世纪 70 年代至 80 年代，模态逻辑的许多研究都与这一主题相关。范本特姆对这一问题的研究奠定了这一研究领域的基础(van Benthem，1985；van Benthem，1984a)，此外，萨尔奎斯特也对模态逻辑中较为广泛的一类模态公式的对应问题进行了研究并给出了相关结论(Sahlqvist，1975)。卡塔奇是较早的研究多模态逻辑对应问题的学者之一，其试图将萨尔奎斯特得到的对应性结论推广到多模态逻辑中(Catach，1989)。

一、何谓模态逻辑的对应问题

模态逻辑的对应问题是指，在可能世界语义学背景下，模态公式与使其有效的框架和模型的性质之间的关系问题。对应理论的研究动机十分简单，即根据可能世界语义学，在关系框架$\langle U,R\rangle$上，特别是在R关系上，模态公式和性质之间有什么联系。这一理论的出发点是基于对一些有效对应的观察，例如：

(1) $\langle U,R\rangle \vDash (\Box\alpha \to \alpha) \Leftrightarrow$ R具有自返性；

(2) $\langle U,R\rangle \vDash (\Box\alpha \to \Box\Box\alpha) \Leftrightarrow$ R具有传递性。

(1) 表明T公理$\Box\alpha \to \alpha$不仅在任意自返框架$\langle U,R\rangle$上有效，相反地，如果T公理在任意框架$\langle U,R\rangle$上有效，那么R具有自返性。因此，我们说T公理“对应”于自返性，反之，自返性可以通过公理T进行“模态公理化”。(2)与此类似。

在模态逻辑中，许多这种类型的对应性已经被确定，由此产生了下述一对问题：

(Q1) 模态公式都会“对应”框架之上的某种性质吗？更一般地，如果α是已知的模态公式，可以用框架类$\mathfrak{F} = \mathrm{CAD}(\alpha)$表示使$\alpha$有效的框架F(的性质)吗？

(Q2) 框架之上的某种性质是可模态公理化的吗？更一般地，如果$\mathfrak{F}$是满足特定性质的框架类，是否存在一个模态公式集Γ使得$\mathfrak{F} = \mathrm{CAD}(\Gamma)$，即$F \in \mathfrak{F} \Leftrightarrow F \vDash \Gamma$？

(Q1) 是对应性问题，(Q2)是可定义性问题。除这两个问题之外，模态逻辑元理论研究的另外一个非常重要的问题是完全性问题，这三者之间的关系非常紧密，我们将在第五章对此进行研究。

关于(Q1)，我们可以证明，在多模态逻辑的情况下，任意模态公式都有效对应于框架上的二阶关系性质，这很容易通过将模态语言转化为适当的二阶语言来获得。此外，在某些情况下，这些二阶条件(性质)可以简化成一阶条件(性质)(即可以用一阶语言L表示)，例如，自返性和传递性。但是，在什么情况下这种简化是可能的呢？因此，对应理论的真正目的是研究对应框架上一阶关系性质的模态公式。通常将这类公式记作M_1，在多模态逻辑中也使用这一符号。因此，研究的重点在于研究哪些模态公式在M_1中，如果可能的话，是否可以给出M_1某些子集一个有效的(即句法)刻画。

在模态逻辑对应理论的研究中，一方面，萨尔奎斯特给出了关于这一问题较为普遍的结论(Sahlqvist，1975)，本章在研究过程中将直接使用这一结论。范本特姆等人也就M_1的研究给出了许多有价值的结论(van Benthem，1985)。另一方面，如果在某些情况下能够表明模态公式(或公理)

的对应性，那么(某些公式或公理的)非对应性则更难以证明。关于这一问题，比较有名例子就是麦金西公理$\Box\Diamond\alpha\rightarrow\Diamond\Box\alpha$。范本特姆证明这一公式不在$M_1$中(van Benthem，1975)，即这一公式不对应于任何一阶关系性质，同时也确定了其他一些不具有一阶对应性质的模态公式(van Benthem，1985)。

需要注意的是，模态逻辑中的这些反例也是多模态逻辑中的反例。麦金西公理仍是多模态逻辑对应理论的一个典型反例。由此可见，在模态逻辑研究中相关反例各个方面的一些结论在多模态逻辑的研究中依旧有效，可重复使用。另外，虽然可以在特定类型的模态公理和框架的某些性质之间建立一些对应性结论，但是很少能在特定类型的模态公理和模型的某些性质之间建立对应关系。尽管在实际的研究中，由于与完全性相混淆，有时使用的恰恰是后一种类型的对应性关系。例如，公理 T 不对应于模型$M=\langle U,R,V\rangle$中可及关系 R 的自返性，因为存在着非自返模型，而 T 在其中也是有效的。这种情况在多模态逻辑中仍然存在。

由于模态逻辑的对应理论和可定义性理论的完整研究相对较多，鉴于本章的研究目的，在此只陈述一些与多模态逻辑的对应问题研究直接相关的一些结论，其中主要参考了范本特姆的工作。本章的主要研究目的是在正规多模态逻辑的框架内给出一些对应性结论，更确切地说，要证明萨尔奎斯特得到的对应性结论可以扩展到正规多模态逻辑中，即 Sahlqvist 公理模式(参见定义 2.18)对应于多关系框架上的一阶性质。

此外，用 Sahlqvist 方法获得的框架性质是用一阶语言L表述的，而在模态逻辑中，从模态公式得到其对应性质的标准方法是“替换”(substitution)。这一方法的实际使用过程较为复杂。本书将使用二元关系理论中的关系方程(参见定理 3.15)表述模态公式在关系框架上对应的性质，也就是说，在计算二元关系性质时可以用一个方程来表示。关系方程的表述方法可以看作“替换”方法的另一种选择。模态公式与关系方程之间的对应是一种更“强”的对应，因为这是纯粹句法的对应性。

(多)模态逻辑对应性问题的研究属于(多)模态逻辑基础理论的研究范畴，它对(多)模态逻辑的完全性、可判定性等问题的研究具有重要作用(第五章将对此进行详细阐述)。

二、模态公式的一阶语言或二阶语言转述

L表示包含个体变元x和y等的一阶语言，它不包含函项符号，但包

含作用在变元之上的二元谓词的符号集 R 、S 、R_1 、R_2 、R_a 、R_b 等和等式 $=$ 。[①] L_1 表示在 L 的基础上添加一元谓词符号 P 和 Q 等得到的语言，$P(x)$ 记作 Px 或 $x \in P$ 。L_2 是在 L_1 的基础上，通过在一元谓词 P、Q 等上进行量化得到的二阶语言。此外，假设符号 $\top$ 和 $\bot$ 在 L 、L_1 和 L_2 中。

多模态语言 $\mathcal{L}$ 基于参数集 Σ ，集合 Σ_0 是 Σ 的所有原子参数构成的集合。此处使用多关系语义以及之前章节中介绍的多关系框架和多关系模型的概念和结论，特别是模态算子运算的结论。另外，所有多关系模型 $\mathrm{M} = \langle \mathrm{U}, \mathfrak{R}, \mathrm{V} \rangle$ 都可以看作一阶语言 L_1 的模型，将其称为 L_1 -结构。因为可能世界集 U 为个体变元 x 和 y 等提供了解释，换言之，U 在一阶结构中扮演着个体域的角色。集合 $\mathfrak{R}$ 通过将 U 之上的二元谓词 R，确切地说是 U 之上的二元关系 R 关联到 L 的任意谓词 R，来解释二元谓词 R 和 S 等。赋值 V 通过将 U (即 U 的子集)上的一元谓词关联到 L 的符号 P 来对一元谓词 P 和 Q 等进行解释，U 的子集是 x 的集合，并且满足 $\mathrm{V}(\mathrm{x}, p) = 1$ 。这对应于命题和可能世界集之间的类比(参见定义 3.3)[②]。

接下来，符号 M 表示多模态语言 $\mathcal{L}$ 中的模型或 L_1 中的模型。用语言 L_1 中的个体变元 x 和 y 来表示 U 中的可能世界 x 和 y。类似地，用 L_1 中的二元谓词 R、S 以及 L_1 的一元谓词 P、Q 和 U 的子集来表示 U 之上的二元关系 R 和 S。

定义 4.1　在多关系模型中解释的多模态公式等价于 L_1 的一阶公式。更确切地说，如果 α 是一公式，$\mathrm{M} = \langle \mathrm{U}, \mathfrak{R}, \mathrm{V} \rangle$ 是多模态语言 $\mathcal{L}$ 的多关系模型，并且 $\mathrm{x} \in \mathrm{U}$ 是任一可能世界，则可以按照下述规则归纳构造 L_1 中的公式 $\mathrm{ST}^{\mathrm{x}}(\alpha)$：

(1) $\mathrm{ST}^{\mathrm{x}}(p) = P\mathrm{x}$ (或者 $\mathrm{x} \in P$)。

(2) $\mathrm{ST}^{\mathrm{x}}(\top) = \top$ 并且 $\mathrm{ST}^{\mathrm{x}}(\bot) = \bot$ 。

(3) $\mathrm{ST}^{\mathrm{x}}(\neg\alpha) = \neg\mathrm{ST}^{\mathrm{x}}(\alpha)$ 。

(4) $\mathrm{ST}^{\mathrm{x}}(\alpha \star \beta) = \mathrm{ST}^{\mathrm{x}}(\alpha) \star \mathrm{ST}^{\mathrm{x}}(\beta)$，其中 $\star$ 是 $\wedge$、$\vee$、$\rightarrow$ 或 $\leftrightarrow$ 。

(5) $\mathrm{ST}^{\mathrm{x}}(\langle a \rangle \alpha) = (\exists \mathrm{y})(\mathrm{xR}_a\mathrm{y} \wedge \mathrm{ST}^{\mathrm{y}}(\alpha))$ 。

(6) $\mathrm{ST}^{\mathrm{x}}([a]\alpha) = (\forall \mathrm{y})(\mathrm{xR}_a\mathrm{y} \rightarrow \mathrm{ST}^{\mathrm{y}}(\alpha))$ 。

根据(3)和定理 3.17(3)可知，规则(5)和(6)中的一条是多余的，$\mathrm{ST}^{\mathrm{x}}(\alpha)$ 是具有自由变元 x 的 L_1 中的公式。如果将多关系模型看作 L_1 -结构，很显

① 语言 L 有时也被记作 L_0 。

② 因此在 L_1 中，一元谓词符号 P 和 Q 等对应命题变元符号 p 和 q 等。

然 M 中的 α 的真值概念与 M 中 $ST^x(\alpha)$ 的真值概念是一致(符合)的，即 $(M,x)\vDash\alpha \Leftrightarrow M\vDash ST^x(\alpha)$，$M\vDash\alpha \Leftrightarrow M\vDash(\forall x)ST^x(\alpha)$。这种等价关系等表明所有关于 L_1 的结论，包括骆文海姆-斯科伦定理(Löwenheim-Skolem theorem)和紧致性定理(compactness theorem)都适用于模态公式。

在多关系框架中解释模态公式时，模态公式就变成 L_2 的二阶公式。实际上，多关系框架 F 的真值可以通过多关系模型 $\langle F,V\rangle$ 的真值进行定义。

定义 4.2 对于赋值 V 的量化对应于对 ST 中的一元谓词 P、Q 等进行量化，更确切地说，如果 α 是任一公式并且 $p_1\cdots p_n$ 是 α 中的命题出现，那么

(1) $(F,x)\vDash\alpha \Leftrightarrow F\vDash(\forall P_1\cdots P_n)ST^x(\alpha)$；

(2) $F\vDash\alpha \Leftrightarrow F\vDash(\forall P_1\cdots P_n)(\forall x)ST^x(\alpha)$。

公式 $(\forall P_1\cdots P_n)(\forall x)ST^x(\alpha)$ 是 L_2 中 $ST^x(\alpha)$ 的普遍闭包，记作 $\forall\hat{\alpha}$。需要注意的是，此处已经隐含地假设任意多关系框架都可以被看作一个二阶结构。因此，任意模态公式 α 可以表示为多关系框架上的一个二阶条件 $\forall\hat{\alpha}$，因为从可能世界语义学的意义上，框架 F 满足 α 当且仅当 F 满足 $\forall\hat{\alpha}$ (在这个意义上，F 作为一个二阶结构满足 $\forall\hat{\alpha}$ 描述的条件)。例如：对于 $\alpha=(\Box p\to p)$ 而言，框架 F 应具有的条件 $\forall\hat{\alpha}=(\forall P)(\forall x)(\forall y(xRy\to Py)\to Px)$；对于 $\alpha=\Box_1 p\to\Diamond_2 p$ 而言，框架 F 应具有的条件 $\forall\hat{\alpha}=(\forall P)(\forall x)(\forall y(xR_1y\to Py)\to\exists z(xR_2z\wedge Pz))$。

定义 4.3 已知 α 是一公式，$\mathfrak{F}$ 是多关系框架类，如果 $\mathfrak{F}=CAD(\alpha)$，即对于任意多关系框架 F 而言，$F\vDash\alpha \Leftrightarrow F\in\mathfrak{F}$，则称 α 对应 $\mathfrak{F}$ (反之亦然)。如果 α 对应于满足 A 性质的多关系框架类，则称 α 对应(L_1 或 L_2 的)性质 A。相反地，如果存在与满足 A 性质的框架类对应的公式 α，则称框架之上的性质 A 是可模态公理化的。

上述这种对应概念被范本特姆被记作 $\bar{E}(\alpha,A)$[①]。因此，由上文可知，任意模态公式 α 对应 $\forall\hat{\alpha}$，即 $\bar{E}(\alpha,\forall\hat{\alpha})$。正如前文提到的，对应理论的研究动机基于这样一个事实，即在某些情况下，这个二阶公式 $\forall\hat{\alpha}$ 与 L 的一阶公式是等价的(也就是说不包含一元谓词 P、Q 等)。集合 M_1 是满足这一性质的(多)模态公式集。例如，上文中的公式 α 是在 M_1 中，因为公式 $\forall\hat{\alpha}$ 分别等价于 $\forall xxRx$ (自返性)和 $\forall x\exists y(xR_1y\wedge xR_2y)$ (持续性)。获得这些等价性的方法是“替换”方法，其基本原理是将 $\forall\hat{\alpha}$ 中的一元谓词 P (对应于赋

① 注意，相对于可能世界语义学的可能世界集而言，对应的这一概念 $\bar{E}(\alpha,A)$ 可以被描述为“全局的”。除此之外，还可以定义“局部的”对应概念 $E(\alpha,A)$。

值)“最小化”，使其满足$\forall\hat{\alpha}$。[①]“替换”方法实际使用起来十分复杂，并且它不能直接提供一阶条件。范本特姆给出了这一方法的细节，此处不详细说明。

综上所述，多关系模型可以被看作L_1-结构，在定义 4.1 中构造的$\mathrm{ST}^{\mathrm{x}}(\alpha)$在一般的多关系框架中是相同的，模态公式可以被解释为L_1或L_2公式。

第二节 正规多模态逻辑系统的对应性

多模态逻辑研究的主要任务之一是处理模态的联合问题，交互作用公理是模态联合(或发生交互作用)的重要保证。前文已经从不同层面考察了正规多模态逻辑中不同类型的模态交互作用公理，下面将从一般的多模态交互作用公理模式视角出发，考察正规多模态逻辑系统的对应性问题。

本节将表明萨尔奎斯特得到的对应性结论能够由单模态逻辑推广到多模态逻辑中。在证明中主要参考萨尔奎斯特的方法，从 Sahlqvist 公理模式的特例$G(a,b,\varphi)$公理模式出发，逐步将该对应性结论扩展到多模态逻辑中。下文仍用$\mathrm{F}=\langle \mathrm{U},\mathfrak{R}\rangle$表示$\mathcal{L}$中的多关系框架，如果$P$是$L_1$的一元谓词，则将$P\mathrm{x}$记作$\mathrm{x}\in P$。

一、$G(a,b,\varphi)$与$G(a,b,c,d)$公理模式的对应性

F是$\mathcal{L}$的多关系框架，我们可将U之上的二元关系R_a与任意参数a ($a\in\Sigma$)联系在一起，从而得到算子$\langle \mathrm{R}_a\rangle$(及其对偶$[\mathrm{R}_a]$)。[②]此处，主要参考萨尔奎斯特(Sahlqvist，1975)定义的运算$R(\phi)$。

定义 4.4 如果ϕ是n元命题函项(Sahlqvist，1975)，$R(\phi)$是作用在U的子集的集合$\wp(\mathrm{U})$之上的n元运算，$R(\phi)$由下列规则定义：

(1) $R(\top)=\mathrm{U}$并且$R(\bot)=\varnothing$(恒常算子)。

(2) 如果$\mathbb{P}_i^n$是一个投影函项(参见定义 2.2)，那么$R(\mathbb{P}_i^n)(\mathrm{X}_1,\cdots,\mathrm{X}_n)=\mathrm{X}_i$。

---

① 例如，上述等式可由下述方式获得：

(1) 如果 R 是自返的，在$\forall\hat{\alpha}$中令$\mathrm{y}=\mathrm{x}$即可使该框架具有$\forall\hat{\alpha}$性质。相反地，如果该框架满足$\forall\hat{\alpha}$性质，那么对于 x 而言，通过$P\mathrm{y}=\mathrm{xRy}$定义一元谓词P，即可获得 R 具有自返性。

(2) 如果 R 满足$\forall\mathrm{x}\exists\mathrm{y}(\mathrm{xR_1y}\wedge\mathrm{xR_2y})$，在$\forall\hat{\alpha}$中给 y 添加限制(x 是确定的)使得该框架具有$\forall\hat{\alpha}$性质。相反地，如果该框架满足$\forall\hat{\alpha}$性质，仍需要在$\forall\hat{\alpha}$中令$P\mathrm{y}=\mathrm{xRy}$ (x 是确定的)，由此获得$\exists\mathrm{y}(\mathrm{xR_1y}\wedge\mathrm{xR_2y})$。

② 同态$a\to\langle \mathrm{R}_a\rangle$ (Catach，1989)[208]。

(3) $R(\neg\phi)(X_1,\cdots,X_n)=\overline{R(\phi)(X_1,\cdots,X_n)}$。

(4) $R(\phi_1\wedge\phi_2)(X_1,\cdots,X_n)=R(\phi_1)(X_1,\cdots,X_n)\cap R(\phi_2)(X_1,\cdots,X_n)$。

(5) $R(\phi_1\vee\phi_2)(X_1,\cdots,X_n)=R(\phi_1)(X_1,\cdots,X_n)\cup R(\phi_2)(X_1,\cdots,X_n)$。

(6) $R(\langle a\rangle\phi)(X_1,\cdots,X_n)=\langle R_a\rangle R(\phi)(X_1,\cdots,X_n)$。

(7) $R([a]\phi)(X_1,\cdots,X_n)=[R_a]R(\phi)(X_1,\cdots,X_n)$。

接下来，将$R(\phi)$记作R^{ϕ}①，如果ϕ是一元的，则$R^{\phi}(X)$记作$R^{\phi}X$。

引理4.1 如果ϕ在i位是肯定的，则R^{ϕ}在i位是单调算子，即：$X_i\subseteq X_i'$ $\Rightarrow R^{\phi}(X_1,\cdots,X_i,\cdots,X_n)\subseteq R^{\phi}(X_1,\cdots,X_i',\cdots,X_n)$；类似地，如果$\phi$在$i$位是否定的，则$R^{\phi}$在$i$位是反单调算子。

证明 施归纳于ϕ的复杂度(其中包含$\leftrightarrow$和$\rightarrow$)，同时使用$\langle R_a\rangle$和$[R_a]$是单调算子的有关结论(Catach，1989)[204-205]。

引理4.2 如果ϕ是$\mathcal{L}$的n元命题函项，那么对于任意$x\in U$而言，以下L_1公式是等价的：$ST^x(\phi(p_1,\cdots,p_n))\Leftrightarrow x\in R^{\phi}(P_1,\cdots,P_n)$。

证明 施归纳于ϕ的复杂度，同时使用定义4.1和定义4.4。此处只证明$\langle a\rangle\phi$的情况：$ST^x(\langle a\rangle\phi(p_1,\cdots,p_n))=(\exists y)(xR_a y\wedge ST^y(\phi(p_1,\cdots,p_n)))=(\exists y)(xR_a y\wedge y\in R^{\phi}(P_1,\cdots,P_n))=x\in\langle R_a\rangle R^{\phi}(P_1,\cdots,P_n)=x\in R^{\langle a\rangle\phi}(P_1,\cdots,P_n)$。

上述结论表明了可能世界集与命题之间的类比关系，由此即可表明公式模式$G(a,b,\varphi)$的对应性结论。

定理4.1 任意$G(a,b,\varphi)$公式：$\langle a\rangle[b]p\rightarrow\varphi$，其中$a$和$b$是参数，$\varphi$是肯定公式，在多关系框架上对应一阶公式$g(a,b,\varphi)$：$(\forall x)(\forall y)(xR_a y\rightarrow x\in R^{\phi}\langle R_b^{-1}\rangle\{y\})$。

证明 此证明参考卡塔奇的工作(Catach，1989)[236-237]，同时与萨尔奎斯特相关内容的证明类似。如果用α表示公式$G(a,b,\varphi)$，则α对应L_2公式$\forall\hat{\alpha}=(\forall P)(\forall x)ST^x(\alpha)$，即$(\forall P)(\forall x)(ST^x(\langle a\rangle[b]p)\rightarrow ST^x(\varphi(p))$ (Catach，1989)[206]。根据定义4.1和引理4.2，$\forall\hat{\alpha}$可以写作$(\forall P)(\forall x)(x\in R^{\langle a\rangle[b]p}P\rightarrow x\in R^{\varphi}P)\Leftrightarrow(\forall P)(\forall x)(x\in\langle R_a\rangle[R_b]P\rightarrow x\in R^{\varphi}P)\Leftrightarrow(\forall P)(\forall x)(\forall y)(x\in R_a y\wedge y\in[R_b]P\rightarrow x\in R^{\varphi}P)$。如果$F=\langle U,\mathfrak{R}\rangle$是使其有效的多关系框架，那么F具有$\forall\hat{\alpha}$描述的性质。在$\forall\hat{\alpha}$中令$P=\langle R_b^{-1}\rangle\{x\}$，则F满足性质$(\forall x)(\forall y)(xR_a y\wedge y\in[R_b]\langle R_b^{-1}\rangle\{y\}\rightarrow x\in R^{\varphi}\langle R_b^{-1}\rangle\{y\})$。已知$X\subseteq[R]\langle R^{-1}\rangle X\alpha$ (Catach，1989)[206]，上式可以简化为$g(a,b,\varphi)$。

① 这是萨尔奎斯特使用的符号。

相反地，假设 $g(a,b,\varphi)$ 在多关系框架 F 上是真的，并表明 F 满足 $\forall \hat{\alpha}$。假设 P，x,y 满足 xR_ay 并且 $y \in [R_b]P$，根据 $\langle R \rangle X \subseteq Y \Leftrightarrow X \subseteq [R^{-1}]Y$ (Catach，1989)[206]，可得 $\{y\} \subseteq [R_b]P$ 并且 $\langle R_b^{-1} \rangle \{y\} \subseteq P$。其中 $R^\varphi \langle R_b^{-1} \rangle \{y\} \subseteq R^\varphi P$，因为根据 φ 是肯定的可以推出 R^φ 是单调的。由于 xR_ay 和 $g(a,b,\varphi)$ 可以推出 $x \in R^\varphi \langle R_b^{-1} \rangle \{y\}$，进而推出 $x \in R^\varphi P$，这表明 $\forall \hat{\alpha}$ 是成立的，因此 α 在 F 上是有效的。

根据定理 4.1 可以得到如下推论：

推论 4.1 在标准多关系框架上，公式 $[a'](\langle a \rangle [b]p \to \varphi)$ 对应性质：$(\forall x)(\forall y)(\forall z)(zR_{a'}x \wedge xR_ay \to x \in R^\varphi \langle R_b^{-1} \rangle \{y\})$。公式 $\langle a' \rangle \top \to (\langle a \rangle [b]p \to \varphi(p))$ 对应性质：$(\forall x)(\forall y)(\forall z)(xR_{a'}z \wedge xR_ay \to x \in R^\varphi \langle R_b^{-1} \rangle \{y\})$。

具体证明细节此处省略，可参看卡塔奇的相关著作(Catach，1989)[238]。

$G(a,b,c,d)$ 公理模式及其扩展(参见定义 2.15)作为 $G(a,b,\varphi)$ 公理模式的特例，可以得到如下推论：

推论 4.2 在标准多关系框架上，

(1) 公式 $G(a,b,c,d)$：$\langle a \rangle [b] p \to [c] \langle d \rangle p$ 对应一阶性质：$g(a,b,c,d)$ $(\forall x)(\forall y)(xR_ay \to \forall z(xR_cz \to \exists t(zR_dt \wedge yR_bt)))$。

(2) 公式 $[a'](\langle a \rangle [b] p \to \langle c \rangle \langle d \rangle p)$ 对应性质：$(\forall x)(\forall y)(\forall z)(zR_{a'}x \wedge xR_ay \to \forall z(xR_cz \to \exists t(zR_dt \wedge yR_bt)))$。

(3) 公式 $\langle a' \rangle \top \to (\langle a \rangle [b]p \to [c]\langle d \rangle p)$ 对应性质：$(\forall x)(\forall y)(\forall z)(xR_{a'}z \wedge xR_ay \to \forall z(xR_cz \to \exists t(zR_dt \wedge yR_bt)))$。

证明 对于(1)而言，根据定理 4.1，$G(a,b,c,d)$ 对应性质 $g(a,b,\varphi)$，其中 $\varphi = [c]\langle d \rangle p$。由此可得 $R^\varphi P = [R_c]\langle R_d \rangle P$，其中 $x \in R^\varphi \langle R_b^{-1} \rangle \{y\} \Leftrightarrow x \in [R_c]\langle R_d \rangle \langle R_b^{-1} \rangle \{y\} \Leftrightarrow x \in [R_c]\langle R_d | R_b^{-1} \rangle \{y\} \Leftrightarrow \forall z(xR_cz \to z \in \langle R_d | R_b^{-1} \rangle \{y\}) \Leftrightarrow \forall z(xR_cz \to zR_d | R_b^{-1}y) \Leftrightarrow \forall z(xR_cz \to \exists t(zR_dt \wedge yR_bt))$。由此就可以得到 $g(a,b,c,d)$ 性质。情况(2)和(3)根据定理 4.1 并使用相同方法即可得证。

$g(a,b,c,d)$ 性质被称为 a,b,c,d-收敛，它是模态逻辑中 $G^{k,l,m,n}$ 公理对应的 k,l,m,n-收敛在多模态逻辑中的扩展。这一性质可以由图 4-1 表述 (Catach，1988)。

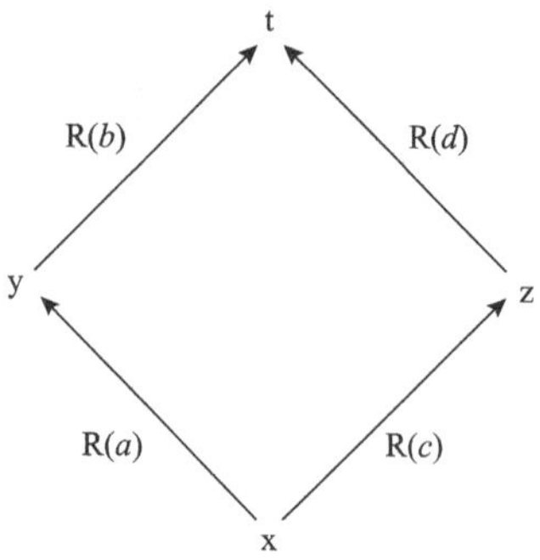

图 4-1

推论 4.3 公式$\langle a\rangle[b]p\to\langle c\rangle[d]p$①在多关系框架上对应一阶性质：$(\forall x)(\forall y)(xR_a y\to\exists z\ (xR_c z\wedge\forall t(zR_d t\wedge yR_b t)))$。

证明 根据定理 4.1 得$\varphi=\langle c\rangle[d]p$： $x\in R^{\varphi}\langle R_b^{-1}\rangle\{y\}\Leftrightarrow x\in\langle R_c\rangle[R_d]\langle R_b^{-1}\rangle\{y\}\Leftrightarrow\exists z(xR_c z\wedge z\in[R_d]\langle R_b^{-1}\rangle\{y\})\Leftrightarrow\exists z(xR_c z\wedge\forall t(zR_d t\to t\in\langle R_b^{-1}\rangle\{y\}))\Leftrightarrow\exists z(xR_c z\wedge\forall t(zR_d t\wedge\ yR_b t\ ))$。

根据上述结论，可以得到一些具体的模态交互作用公理所对应的一阶性质。如莱曼著作(Lehmann et al.，1982)中的公理(A21)：$B_i\bigcirc p\to(\bigcirc B_i p\vee\bigcirc K_i\neg p)$，这一公理是$G(a,b,\varphi)$类型的公理，因为它可以写成$\langle A;C\rangle p\to(\langle C;A\rangle p\vee[A;B]p)$，其中$\bigcirc=[A]$，$K_i=[B]$，并且$B_i=[C]$。根据定理 4.1，这一公理对应性质$g(a,b,\varphi)$，其中$a=A;C$，$b=\lambda$，并且$\varphi=\langle C;A\rangle p\vee[A;B]p$，则可得到$R^{\varphi}\langle R_b^{-1}\rangle\{y\}=R^{\varphi}\{y\}=\langle R_C|R_A\rangle\{y\}\cup[R_A|R_B]\ \{y\}$，由此可得到该公理对应性质：$(\forall x)(\forall y)(xR_A|R_C y\to x\in\langle R_C|R_A\rangle\{y\}\vee x\in[R_A|R_B]\{y\})$，即$(\forall x)(\forall y)\ (xR_A|R_C y\to xR_C|R_A y\vee\forall z(xR_A|R_B z\to z=y))$，其中$R_A$、$R_B$和$R_C$分别对应与算子$\bigcirc$，$K_i$和$B_i$相关联的二元关系。

另外，如果$a=\lambda$，$b=0$，则公理$G(a,b,\varphi)$就是公理φ，或者等价于公理φ'，其中φ'是将φ中的所有命题变元用$\perp$替换所得到的公理。在这种情况下，其对应的性质$g(a,b,\varphi)$可以简化为$(\forall x)x\in R^{\varphi}\varnothing$。例如，认知逻辑中的公理$K_i\neg K_j p\to K_i p$，其形式为$\varphi=\langle A_i\rangle[A_j]p\vee[A_i]p$并且$K_i=[A_i]$，$K_j=[A_j]$，它等价于$\varphi'=\langle A_i\rangle[A_j]\perp\vee[A_i]\perp$，因此对应于性质：$(\forall x)\{x\in\langle R_i\rangle[R_j]\varnothing\vee x\in[R_i]\varnothing\}$。由于$x\in[R_i]\varnothing\Leftrightarrow\neg(\exists y)xR_i y$，则可以得

① 这种类型的公理模式是$\Diamond^k\Box^l\alpha\to\Diamond^m\Box^n\alpha$公理的一般化(Gabbay，1975)。

到性质：$(\forall x)\{\exists y(xR_i y \wedge \neg(\exists z)yR_j z) \vee \neg(\exists y)xR_i y\}$。这就是公理 $K_i\neg K_j p \to K_i p$ 在多关系框架上对应的一阶性质，其中 R_i 和 R_j 分别是与算子 K_i 和 K_j 相关联的二元关系。

二、$G(a,b,\wedge)^n$ 与 Sahlqvist 公理模式的对应性

将定理 4.1 中得到的对应性结论扩展到 Sahlqvist 公理模式，可得到以下结论。

定理 4.2(多模态 Sahlqvist 公式对应性定理) 任意 Sahlqvist 公式 $[a](\phi \to \varphi)$ (参见定义 2.18)都对应一个一阶公式，并且该一阶公式可以由其获得。

证明 (此证明参考卡塔奇的工作(Catach，1989)[239-240])在多模态逻辑的背景下证明 Sahlqvist 对应性定理，首先可以简化到公式 ϕ 和 φ 具有相同命题变元 $p_1 \cdots p_n$ 的情况，其次根据推论 3.1，一个有效的多模态公式集是一个正规的多模态逻辑系统。令 $\alpha=[a](\phi \to \varphi)$，根据定义 4.2 和引理 4.2 可知，$\alpha$ 对应于公式 $\forall\hat{\alpha}$：$(\forall P_1 \cdots P_n)(\forall x)\ x \in R^{[a](\phi\to\varphi)}(P_1,\cdots,P_n)$。

已知 $R^{[a](\phi\to\varphi)}=[R_a](R^\phi \to R^\varphi)$：$(\forall P_1 \cdots P_n)(\forall x)(\forall y)(xR_a y \wedge y \in R^\phi(P_1,\cdots,P_n) \to y \in R^\varphi(P_1,\cdots,P_n))$，这一公式改写为 $(\forall\cdots)(A \wedge u \in R^\phi(P_1,\cdots,P_n) \to B)$，通过施归纳于公式 ϕ 的复杂度(参见定义 2.18)，依次使用以下变形规则：

(1) 如果 $\phi=\top$，则 $u \in R^\phi(P_1,\cdots,P_n) \equiv \top$，因此在公式中消失。如果 $\phi=\bot$，则 $u \in R^\phi(P_1,\cdots,P_n) \equiv \bot$，那么公式是一个重言式。

(2) 如果 ϕ 是一投影函项 $\mathbb{P}_i^n$，则 $u \in R^\phi(P_1,\cdots,P_n) \equiv \bot$ 可简写为 $u \in P_i$，记作 $u \in [I]P_i$（I 表示同一关系)。

(3) $(\forall\cdots)(A \wedge u \in R^{\phi_1\wedge\phi_2}(P_1,\cdots,P_n) \to B)$

$\Leftrightarrow (\forall\cdots)(A \wedge u \in R^{\phi_1}(P_1,\cdots,P_n) \wedge u \in R^{\phi_2}(P_1,\cdots,P_n) \to B)$。

(4) $(\forall\cdots)(A \wedge u \in R^{\phi_1\vee\phi_2}(P_1,\cdots,P_n) \to B)$

$\Leftrightarrow (\forall\cdots)(A \wedge u \in R^{\phi_1}(P_1,\cdots,P_n) \to B) \wedge (\forall\cdots)(A \wedge u \in R^{\phi_2}(P_1,\cdots,P_n) \to B)$。

(5) $(\forall\cdots)(A \wedge u \in R^{\langle b\rangle\phi}(P_1,\cdots,P_n) \to B)$

$\Leftrightarrow (\forall\cdots v)(A \wedge uR_b v \wedge v \in R^\phi(P_1,\cdots,P_n) \to B)$，其中 v 是一个新的变元。

(6) $(\forall\cdots)(A \wedge u \in R^{[b]\phi}(P_1,\cdots,P_n) \to B)$。

根据定义 2.18(4)的假设，ϕ 的[ ]-子公式主要有下列几种情况：

①$[b]p$，其中 p 是命题，即 $p=p_i$：在这种情况下，$R^{[b]P_i}(P_1,\cdots,P_n)=[\mathrm{R}_b]P_i$。

②$[b]\top$：在这种情况下，$R^{[b]\top}(P_1,\cdots,P_n)=\mathrm{U}$，同时它在公式中会消去[①]。

③$[b]\bot$：此时 $R^{[b]\bot}(P_1,\cdots,P_n)=[\mathrm{R}_b]\varnothing$，同时以下等式成立：$(\forall\cdots)(\mathrm{A}\wedge \mathrm{u}\in[\mathrm{R}_b]\varnothing\to \mathrm{B})\Leftrightarrow(\forall\cdots)(\mathrm{A}\to \mathrm{u}\in\langle \mathrm{R}_b\rangle \mathrm{U}\wedge \mathrm{B})$。

④$[b]\neg\phi$，其中 ϕ 是肯定的，即 $[b]\neg\phi=\neg\langle b\rangle\phi$：在这种情况下，$\mathrm{u}\in R^{[b]\neg\phi}(P_1,\cdots,P_n)\Leftrightarrow \mathrm{u}\notin R^{\langle b\rangle\phi}(P_1,\cdots,P_n)$，同时等式 $(\forall\cdots)(\mathrm{A}\wedge \mathrm{u}\in R^{[b]\neg\phi}(P_1,\cdots,P_n)\to \mathrm{B})\Leftrightarrow(\forall\cdots)(\mathrm{A}\to \mathrm{u}\in R^{\langle b\rangle\phi}(P_1,\cdots,P_n)\vee \mathrm{B})$ 成立。

通过依次使用变形规则，能够得到一个公式(总是等价于 $\forall\hat{\alpha}$)，它是下述类型公式的合取：

(*1) $(\forall\cdots)(\mathrm{A}\wedge \mathrm{A}'\to \mathrm{B}(P_1,\cdots,P_n))$。

其中 A 是 $\mathrm{uR}_a\mathrm{v}$ 型公式的合取，A' 是 $\mathrm{u}\in[\mathrm{R}_b]P_i$ 型公式的合取，B 是 $\mathrm{u}\in R^{\varphi}(P_1,\cdots P_n)$ 型公式的析取，其中 φ 是肯定的。因此 B 在每种情况下都是一个单调函数。然后，与 $G(a,b,\varphi)$ 的证明类似，我们使用等式 $\mathrm{u}\in[\mathrm{R}_b]P_i\Leftrightarrow\langle \mathrm{R}_b^{-1}\rangle\{\mathrm{u}\}\subseteq P_i$，更确切地说，通过对 P_i 进行分类，A' 可以写为 $\mathrm{A}'=\bigwedge_{i=1}^{n}\bigwedge_{j}(\mathrm{u}_{ij}\in[\mathrm{R}_{b_{ij}}]P_i)$，因此 $\mathrm{A}'\Leftrightarrow\bigwedge_{i=1}^{n}\bigwedge_{j}(\langle \mathrm{R}_{b_{ij}}^{-1}\rangle\{\mathrm{u}_{ij}\}\subseteq P_i)$，即 $\mathrm{A}'\Leftrightarrow\bigwedge_{i=1}^{n}((\bigcup_{j}\langle \mathrm{R}_{b_{ij}}^{-1}\rangle\{\mathrm{u}_{ij}\})\subseteq P_i)$。令 $Q_i=(\bigcup\langle \mathrm{R}_{b_{ij}}^{-1}\rangle\{\mathrm{u}_{ij}\})$，其中 $1\leqslant i\leqslant n$，则 $\mathrm{A}'\Leftrightarrow\bigwedge_{i=1}^{n}(Q_i\subseteq P_i)$。因为在 P_i 上有一个普遍的量化，以 $P_i=Q_i$ 为特例，A' 就变成重言式，从(*1)可以推出：(*2) $(\forall\cdots)(\mathrm{A}\to \mathrm{B}(Q_1,\cdots,Q_n))$。

相反地，由 B 的单调性则可由(*2)推出(*1)：如果 $P_1\cdots P_n$ 是集合变元，并且 A 和 A' 符合(*1)的条件，一方面，根据(*2)，由 A 得到 $\mathrm{B}(Q_1,\cdots,Q_n)$；另一方面，对任意 i，由 A' 得到 $(Q_i\subseteq P_i)$。又因为 B 是单调的，所以 $\mathrm{B}(Q_1,\cdots,Q_n)\to \mathrm{B}(P_1,\cdots,P_n)$。因此，由(*1)可推出 $\mathrm{B}(P_1,\cdots,P_n)$。

最终，公式 $\forall\hat{\alpha}$ 等价于公式(*2)经过这种变换后的合取。这是因为集合 $P_1\cdots P_n$ 中的变元以(*2)的形式消去了，所以我们得到一个一阶公式。

上述证明为如何获得(多)模态公式对应的一阶性质提供了一个严格的方法。根据 Sahlqvist 对应性定理，还可以得到如下定理：

定理 4.3　$G(a,b,\wedge)^n$ 公理模式(参见定义 2.17)作为 Sahlqvist 公理模式

① 因为 $[b]\top\simeq\top$。

的特例，可得到如下结论：

公式$G(a,b,\wedge)^n$：$\langle a_1\rangle[b_1]\alpha_1\wedge\cdots\wedge\langle a_n\rangle[b_n]\alpha_n\to\varphi$在多关系框架上对应于一阶性质：$(\forall x)(\forall y)(xR_{a_1}y\wedge\cdots xR_{a_n}y\to x\in R^{\varphi}(\langle R_{b_1}^{-1}\rangle\{y\},\cdots,\langle R_{b_n}^{-1}\rangle\{y\}))$。

上述定理的证明可参见定理 4.1 的证明。

根据上述多模态逻辑一般模态交互作用公理模式的对应性结论，可以考察一些具体的模态交互作用公理的对应问题。例如，认知逻辑中的模态交互作用原则$(B_ip\wedge\neg p)\to\bigcirc(\neg K_i\neg p\to B_ip)$是Sahlqvist公理模式的特例，令$\bigcirc=[A]$，$K_i=[B]$，$B_i=[C]$，则它可以改写为$([C]p\wedge\langle A;B\rangle p)\to(p\vee[A;C]p)$。通过使用证明定理 4.2 的方法，这一公理对应一阶公式：$(\forall x)(\forall P)(x\in[R_C]P\wedge x\in\langle R_A\mid R_B\rangle P\to x\in P\vee x\in[R_A|R_C]P)$，即$(\forall x)(\forall y)(\forall P)(x\in[R_C]P\wedge xR_A\mid R_By\wedge y\in P\to x\in P\vee x\in[R_A|R_C]P)$。因为$x\in[R_C]P$可写成$\langle R_C^{-1}\rangle\{x\}\subseteq P$，则$(\forall x)(\forall y)(\forall P)(xR_A|R_By\wedge(\langle R_C^{-1}\rangle\{x\}\cup\{y\})\subseteq P\to x\in P\vee x\in[R_A|R_C]P)$。与定理4.2的证明类似，根据$P=\langle R_C^{-1}\rangle\{x\}\cup\{y\}$，可得$(\forall x)(\forall y)(xR_A|R_By\to x\in(\langle R_C^{-1}\rangle\{x\}\cup\{y\})\vee x\in[R_A|R_C](\langle R_C^{-1}\rangle\{x\}\cup\{y\}))$，或者$(\forall x)(\forall y)(xR_A|R_By\to xR_Cx\vee x=y\vee(\forall z)(xR_A|R_Cz\to(xR_Cz\vee z=y)))$。

需要注意的是，这一对应性的结论并不适用于一阶语义，也就是说在多关系模型或多关系框架上并不成立。在上述证明的过程中使用了一个基本的方法，即对$P_1,\cdots,P_n$(即赋值)的普遍量化。从定理 4.2 不能直接得到Sahlqvist 公理模式的完全性结论。然而，对于特定的模型类，或更确切地说，对基于具有特定性质的特定的框架类的模型们而言，对应性的结论是有效的。第五章会继续讨论特定的模型或框架，如典范模型和典范框架，并且表明 Sahlqvist 公理模式是由具有特定性质的模型类决定的，而特定的性质正是此处研究的一阶性质。

第三节 关系方程表述的对应性

上一节已经表明 Sahlqvist 公理模式及其特例$G(a,b,c,d)$、$G(a,b,\varphi)$、$G(a,b,\wedge)^n$公理模式在多关系框架上对应一阶性质，这些性质可以用一阶语言L表述。特别地，这些性质涉及可能世界 x 、y 等以及对这些世界的量化。然而，正如我们在考察公理模式$G(a,b,c,d)$对应的一阶性质时看到的那样，这一性质似乎可以用二元关系理论中的关系方程，即二元关系的形式运算方程进行表述。该方程涉及与模态算子$\langle a\rangle$、$\langle b\rangle$等相关联的二元关系R_a、R_b等，不再涉及个体变元x、y等。在这一节将要系统证明Sahlqvist公理模式及其特例$G(a,b,c,d)$、$G(a,b,\varphi)$、$G(a,b,\wedge)^n$公理模式在多关系框架上对应一阶性质，该性质可用关系方程进行表述。

一、表述工具——基于二元关系的函项F^{ϕ}

定义 4.5 已知$\mathrm{F}=\langle \mathrm{U},\mathfrak{R}\rangle$是多关系框架。对于任意$n$元命题函项$\phi$，我们将作用在二元关系之上的$n$元运算$F(\phi)$与之关联，即$\wp(\mathrm{U}^2)$中的函项$\wp(\mathrm{U}^2)^n$，归纳定义如下：

(1) $F(\top)(\mathrm{R}_1,\cdots,\mathrm{R}_n)=1$，$F(\bot)(\mathrm{R}_1,\cdots,\mathrm{R}_n)=0$（$1=\mathrm{U}^2$并且$0=\varnothing$）。

(2) $F(\mathbb{P}_i^n)(\mathrm{R}_1,\cdots,\mathrm{R}_n)=\mathrm{R}_i$，其中$\mathbb{P}_i^n$是一个投影函项。

(3) $F(\neg\phi)(\mathrm{R}_1,\cdots,\mathrm{R}_n)=\overline{F(\phi)(\mathrm{R}_1,\cdots,\mathrm{R}_n)}$。

(4) $F(\phi_1\wedge\phi_2)(\mathrm{R}_1,\cdots,\mathrm{R}_n)=F(\phi)(\mathrm{R}_1,\cdots,\mathrm{R}_n)\cap F(\phi_2)(\mathrm{R}_1,\cdots,\mathrm{R}_n)$。

(5) $F(\phi_1\vee\phi_2)(\mathrm{R}_1,\cdots,\mathrm{R}_n)=F(\phi_1)(\mathrm{R}_1,\cdots,\mathrm{R}_n)\cup F(\phi_2)(\mathrm{R}_1,\cdots,\mathrm{R}_n)$。

(6) $F(\langle a\rangle\phi)(\mathrm{R}_1,\cdots,\mathrm{R}_n)=\mathrm{R}_a|F(\phi)(\mathrm{R}_1,\cdots,\mathrm{R}_n)$。

(7) $F([a]\phi)(\mathrm{R}_1,\cdots,\mathrm{R}_n)=\mathrm{R}_a\Theta F(\phi)(\mathrm{R}_1,\cdots,\mathrm{R}_n)$。

$F(\phi)$与$R(\phi)$(参见定义4.4)的结构十分相似，不同的是它只适用于U^2的部分(即U之上的二元关系)，而不适用于U的部分(即可能世界本身)。从句法上看，对$R(\phi)$中的ϕ进行一系列的替换就可以得到$F(\phi)$，如用1替换$\top$，用0替换$\bot$，用关系R_i替换命题p_i，用$\cap$替换$\wedge$，用$\cup$替换$\vee$，用相对积$\mathrm{R}_a|\cdots$替换算子$\langle a\rangle$，用相对蕴含$\mathrm{R}_a\Theta\vdots$替换算子$[a]$等。

引理 4.3

(1) $F(\langle a\cup b\rangle\phi)=(\mathrm{R}_a\cup\mathrm{R}_b)|F(\phi)$，　$F([a\cup b]\phi)=(\mathrm{R}_a\cup\mathrm{R}_b)\Theta F(\phi)$。

(2) $F(\langle 0\rangle\phi)=0$，　$F([0]\phi)=1$。

(3) $F(\langle a;b\rangle\phi)=(\mathrm{R}_a|\mathrm{R}_b)|F(\phi)$，　$F([a;b]\phi)=(\mathrm{R}_a|\mathrm{R}_b)\ominus F(\phi)$。

(4) $F(\langle\lambda\rangle\phi)=F(\phi)$，　$F([\lambda]\phi)=F(\phi)$。

(5) $F(\langle a^n\rangle\phi)=\mathrm{R}_a^n|F(\phi)$，　$F([a^n]\phi)=\mathrm{R}_a^n\Theta F(\phi)$。

证明 使用第三章中相对积$|$的性质(参见定理3.12)和相对蕴涵Θ的性质(参见定理3.13)。

(1) 可根据相对积$|$的性质(参见定理3.12(11))和相对蕴涵Θ的性质$(\mathrm{R}\cup\mathrm{S})\Theta\mathrm{T}=\mathrm{R}\Theta\mathrm{T}\cap\mathrm{S}\Theta\mathrm{T}$(参见定理3.14(4))得证。

(2) 可根据相对积$|$的性质(参见定理3.12(16))和相对蕴涵Θ的性质

$0\Theta R=1$ (参见定理 3.14(1))得证。

(3) 可根据相对积 $|$ 的联合(参见定理 3.12(15))和相对蕴涵 Θ 的性质 $(R|S)\Theta T = R\Theta(S\Theta T)$ (参见定理 3.14(9))得证。

(4) 根据 $I|R=R$ (参见定理 3.12(14))和 $I\Theta R = R$ (参见定理 3.14(2))得证。

(5) 根据(3)且在 n 之上进行归纳，即可得证。

引理 4.4　$F(\phi)$ 记作 F^{ϕ}。F^{ϕ} 和 R^{ϕ} 之间的关系可以明确为：如果 ϕ 是肯定的 n 元命题函项，那么 $R^{\phi}(\langle R_1\rangle X,\cdots,\langle R_n\rangle X) \supseteq \langle F^{\phi}(R_1,\cdots,R_n)\rangle X$；如果 X 是单元素集，那么等式成立。

证明　(参考卡塔奇的工作(Catach，1989)[244-245])施归纳于 ϕ 的复杂度(假设 ϕ 不包含 $\neg$ 和 $\rightarrow$)。

(1) 如果 $\phi=\top$：根据定义 4.4(1)可得 $R^{\phi}(\langle R_1\rangle X,\cdots,\langle R_n\rangle X)=U$ 和 $\langle F^{\phi}(R_1,\cdots,R_n)\rangle X=\langle 1\rangle X$。正如若 $X\neq\varnothing$，$\langle 1\rangle\varnothing\neq\varnothing$①，则 $\langle 1\rangle X = U$ 一样，若 $X\neq\varnothing$ (特别是当 X 是单元素集时)，则可得到等式；若 $X=\varnothing$，则可得到包含。

(2) 如果 $\phi=\bot$：根据定义 4.4(1)可得 $R^{\phi}(\langle R_1\rangle X,\cdots,\langle R_n\rangle X)=\varnothing$ 和 $\langle F^{\phi}(R_1,\cdots,R_n)\rangle X=\langle 0\rangle X=\varnothing$ (参见脚注①-(1))，因此可以得到上述等式。

(3) 如果 ϕ 是一个投影函项 $\mathbb{P}_i^n$：$R^{\phi}(\langle R_1\rangle X,\cdots,\langle R_n\rangle X)=\langle R_i\rangle X=\langle F^{\phi}(R_1,\cdots,R_n)\rangle X$。

(4) 如果 $\phi=\phi_1\wedge\phi_2$，

$$R^{\phi_1\wedge\phi_2}(\langle R_1\rangle X,\cdots,\langle R_n\rangle X)$$
$$=R^{\phi_1}(\langle R_1\rangle X,\cdots,\langle R_n\rangle X)\cap R^{\phi_2}(\langle R_1\rangle X,\cdots,\langle R_n\rangle X) \quad \text{定义 4.4(4)}$$
$$\supseteq\langle F^{\phi_1}(R_1,\cdots,R_n)\rangle X\cap\langle F^{\phi_2}(R_1,\cdots,R_n)\rangle X \quad \text{施归纳于 } \phi_1 \text{ 和 } \phi_2\text{，若 X 是单元素集}$$

① 令 $F=\langle U,\mathfrak{R}\rangle$ 是多关系框架，U 是可能世界集合，$\mathfrak{R}=\wp(U^2)$ 是 U 之上二元关系的集合。U 之上的二元关系的运算满足下述等式(Catach，1989)[205-206]：

(1) $\langle 0\rangle X=\varnothing$；$[0]X=U$。

(2) $\langle 1\rangle\varnothing=\varnothing$ 并且如果 $X\neq\varnothing$，则 $\langle 0\rangle X=U$；$[1]U=U$ 并且如果 $X\neq\varnothing$，则 $[1]X\neq\varnothing$。

(3) $\langle I\rangle X=X$；$[I]X=X$。

(4) $\langle R|S\rangle X=\langle R\rangle\langle S\rangle X$；$[R|S]X=[R][S]X$。

(5) $\langle R\cup S\rangle X=\langle R\rangle X\cup\langle S\rangle X$；$[R\cup S]X=[R]X\cap[S]X$。

(6) $R\subseteq S\Rightarrow\langle R\rangle X\subseteq\langle S\rangle X$；$R\subseteq S\Rightarrow[R]X\subseteq[S]X$。

(7) $\langle R^n\rangle X=\langle R\rangle^n X$；$[R^n]X=[R]^n X$。

(8) $\langle R\cap S\rangle X\subseteq\langle R\rangle X\cap\langle S\rangle X$；$[R\cap S]X\supseteq[R]X\cup[S]X$。

则等式成立

$\supseteq\left\langle F^{\phi_1}(\mathrm{R}_1,\cdots,\mathrm{R}_n)\cap F^{\phi_2}(\mathrm{R}_1,\cdots,\mathrm{R}_n)\right\rangle\mathrm{X}$ 若 x 是单元素集则等式成立(参见上页脚注①-(8))

$=\left\langle F^{\phi_1\wedge\phi_2}(\mathrm{R}_1,\cdots,\mathrm{R}_n)\right\rangle\mathrm{X}$ 定义 4.5(4)

$=\left\langle F^{\phi}(\mathrm{R}_1,\cdots,\mathrm{R}_n)\right\rangle\mathrm{X}$。

(5)如果 $\phi=\phi_1\vee\phi_2$，

$R^{\phi_1\vee\phi_2}(\langle\mathrm{R}_1\rangle\mathrm{X},\cdots,\langle\mathrm{R}_n\rangle\mathrm{X})$

$=R^{\phi_1}(\langle\mathrm{R}_1\rangle\mathrm{X},\cdots,\langle\mathrm{R}_n\rangle\mathrm{X})\cup R^{\phi_2}(\langle\mathrm{R}_1\rangle\mathrm{X},\cdots,\langle\mathrm{R}_n\rangle\mathrm{X})$ 定义 4.4(5)

$\supseteq\left\langle F^{\phi_1}(\mathrm{R}_1,\cdots,\mathrm{R}_n)\right\rangle\mathrm{X}\cup\left\langle F^{\phi_2}(\mathrm{R}_1,\cdots,\mathrm{R}_n)\right\rangle\mathrm{X}$ 施归纳于 ϕ_1 和 ϕ_2，若 X 是单元素集则等式成立

$=\left\langle F^{\phi_1}(\mathrm{R}_1,\cdots,\mathrm{R}_n)\cup F^{\phi_2}(\mathrm{R}_1,\cdots,\mathrm{R}_n)\right\rangle\mathrm{X}$ 参见上页脚注①-(5)

$=\left\langle F^{\phi_1\vee\phi_2}(\mathrm{R}_1,\cdots,\mathrm{R}_n)\right\rangle\mathrm{X}$ 定义 4.5(5)

$=\left\langle F^{\phi}(\mathrm{R}_1,\cdots,\mathrm{R}_n)\right\rangle\mathrm{X}$。

(6)如果 $\phi=\langle a\rangle\varphi$，

$R^{\langle a\rangle\varphi}(\langle\mathrm{R}_1\rangle\mathrm{X},\cdots,\langle\mathrm{R}_n\rangle\mathrm{X})$

$=\langle\mathrm{R}_a\rangle R^{\varphi}(\langle\mathrm{R}_1\rangle\mathrm{X},\cdots,\langle\mathrm{R}_n\rangle\mathrm{X})$ 定义 4.4(6)

$\supseteq\langle\mathrm{R}_a\rangle\left\langle F^{\varphi}(\mathrm{R}_1,\cdots,\mathrm{R}_n)\right\rangle\mathrm{X}$ 施归纳于 φ 且 $\langle\mathrm{R}_a\rangle$ 是单调的，若 X 是单元素集则等式成立

$=\left\langle\mathrm{R}_a\mid F^{\varphi}(\mathrm{R}_1,\cdots,\mathrm{R}_n)\right\rangle\mathrm{X}$ 参见上页脚注①-(4)

$=\left\langle F^{\langle a\rangle\varphi}(\mathrm{R}_1,\cdots,\mathrm{R}_n)\right\rangle\mathrm{X}$ 定义 4.5(6)

$=\left\langle F^{\varphi}(\mathrm{R}_1,\cdots,\mathrm{R}_n)\right\rangle\mathrm{X}$。

(7)如果 $\phi=[a]\varphi$：

$R^{[a]\varphi}(\langle\mathrm{R}_1\rangle\mathrm{X},\cdots,\langle\mathrm{R}_n\rangle\mathrm{X})$

$=[\mathrm{R}_a]R^{\phi}(\langle\mathrm{R}_1\rangle\mathrm{X},\cdots,\langle\mathrm{R}_n\rangle\mathrm{X})$ 定义 4.4(7)

$\supseteq[\mathrm{R}_a]\left\langle F^{\varphi}(\mathrm{R}_1,\cdots,\mathrm{R}_n)\right\rangle\mathrm{X}$ 施归纳于 φ 且 $\langle\mathrm{R}_a\rangle$ 是单调的，若 X 是单元素集则等式成立

$\supseteq\left\langle\mathrm{R}_a\Theta F^{\varphi}(\mathrm{R}_1,\cdots,\mathrm{R}_n)\right\rangle\mathrm{X}$ 若 X 是单元素集则等式成立(Catach，1989)[209-210]

$=\left\langle F^{[a]\varphi}(\mathrm{R}_1,\cdots,\mathrm{R}_n)\right\rangle\mathrm{X}$ 定义 4.5(7)

$=\left\langle F^{\phi}(\mathrm{R}_1,\cdots,\mathrm{R}_n)\right\rangle\mathrm{X}$。

在所有情况下，如果 X 是单元素集则等式成立。

引理 4.5 如果ϕ是否定的n元命题函项，如果$X \neq \varnothing$，那么$R^{\phi}(\langle R_1 \rangle X, \cdots, \langle R_n \rangle X) \subseteq \langle F^{\phi}(R_1, \cdots, R_n) \rangle X$；如果X是单元素集，那么等式成立。

证明 如果ϕ是否定的，则$\phi = \neg\varphi$，其中φ是肯定的(Catach，1989)[71]。由此可得(为了书写方便，用$\neg$表示补，即如果A是U或者U^2的子集，则$\neg A = \overline{A}$)：

$$R^{\phi}(\langle R_1 \rangle X, \cdots, \langle R_n \rangle X)$$

$$= \neg R^{\varphi}(\langle R_1 \rangle X, \cdots, \langle R_n \rangle X) \qquad \text{定义 4.4(3)}$$

$$\subseteq \neg \langle F^{\varphi}(R_1, \cdots, R_n) \rangle X \qquad \text{根据之前 } \varphi \text{ 是肯定的引理，若 X 是单元素集则等式成立}$$

$$\subseteq \langle \neg F^{\varphi}(R_1, \cdots, R_n) \rangle X \qquad \text{如果 } X \neq \varnothing \text{，若 X 是单元素集则等式成立}$$

$$= \langle F^{\neg\varphi}(R_1, \cdots, R_n) \rangle X \qquad \text{定义 4.5(3)}$$

$$= \langle F^{\phi}(R_1, \cdots, R_n) \rangle X 。$$

我们将得到上述不等式；若X是单元素集，则等式成立。

引理 4.6 对于任意n元命题函项ϕ而言，如果X是单元素集，则$R^{\phi}(\langle R_1 \rangle X, \cdots, \langle R_n \rangle X) = \langle F^{\phi}(R_1, \cdots, R_n) \rangle X$。

证明 施归纳于ϕ的复杂度，通过使用引理4.4的证明以及引理4.5的证明中$\phi = \neg\varphi$的情况(并且假设ϕ不包含$\neg$和$\rightarrow$)即可得证。

二、$G(a,b,\wedge)^n$公理模式及其特例的对应性

通过使用定义4.5中定义的二元关系之上的函项F^{ϕ}，以及前文得到的$G(a,b,\wedge)^n$公理模式及其特例$G(a,b,\varphi)$、$G(a,b,c,d)$等公理模式在多关系框架上的对应性结论，可以分别得到上述公理模式在多关系框架上所对应一阶性质的关系方程。

定理 4.4 任意$G(a,b,\varphi)$公式$\langle a \rangle [b] p \rightarrow \varphi$，其中$a$和$b$是参数，$\varphi$是肯定公式，它在多关系框架上对应关系方程$g(a,b,\varphi)$：$R_a \subseteq F^{\phi}(R_b^{-1})$，其中$F^{\phi}$是定义4.5中定义的二元关系之上的函项。

证明 根据定理4.1，$G(a,b,\varphi)$公理模式在多关系框架上对应性质$g(a,b,\varphi)$：$(\forall x)(\forall y)(xR_a y \rightarrow x \in R^{\varphi} \langle R_b^{-1} \rangle \{y\})$。根据引理4.6，因为$\{y\}$是单元素集，所以$R^{\varphi} \langle R_b^{-1} \rangle \{y\} = \langle F^{\varphi}(R_b^{-1}) \rangle \{y\}$。或者$x \in \langle F^{\varphi}(R_b^{-1}) \rangle \{y\}$等价于$xF^{\varphi}(R_b^{-1})y$，因此$g(a,b,\varphi)$可以写成$(\forall x)(\forall y)(xR_a y \rightarrow xF^{\varphi}(R_b^{-1})y)$，即$R_a \subseteq F^{\varphi}(R_b^{-1})$。

定理 4.5 任意$G(a,b,c,d)$公式$\langle a \rangle [b] p \rightarrow [c] \langle d \rangle p$在多关系框架上对

应关系方程：$R_a \subseteq F^{[c]\langle d\rangle p}(R_b^{-1}) = R_c\Theta(R_d | R_b^{-1})$。上述公式中 a、b、c、d 是任意参数，R_a、R_b、R_c、R_d 是分别与之相关的二元关系。

根据推论 4.2 以及定理 3.13(3)上述关系方程可改写为 $R_a^{-1}|R_c \subseteq R_b|R_d^{-1}$ 或 $R_c^{-1}|R_a \subseteq R_d|R_b^{-1}$。通过使用推论 4.2 以及引理 4.6 上述定理即可得证。

接下来考察一些具体的模态交互作用公理，并用关系方程表述其在多关系框架上对应的一阶性质。

传统模态逻辑中的 $G^{k,l,m,n}$ 公理 $\Diamond^k\Box^l\alpha \to \Box^m\Diamond^n\alpha$ 对应于 $R^k \subseteq R^m\Theta(R^n|R^{-l})$。我们在第二章中已经考察过，下述公理都是 $G(a,b,c,d)$ 公理模式的特例，它们在多关系框架上对应的一阶性质可以用关系方程进行表述：

$K_{1,2}$ $\Box_2\alpha \to \Box_1\alpha$，$R_1 \subseteq R_2$，$(\forall x,y)(xR_1y \to xR_2y)$；

$D_{1,2}$ $\Box_2\alpha \to \Diamond_1\alpha$，$I \subseteq R_1|R_2^{-1}$，$(\forall x)(\exists y)(xR_1y \wedge xR_2y)$；

$B_{1,2}$ $\alpha \to \Box_1\Diamond_2\alpha$，$R_1 \subseteq R_2^{-1}$，$(\forall x,y)(xR_1y \to yR_2x)$；

$4_{1,2}$ $\Box_1\alpha \to \Box_2\Box_1\alpha$，$R_2|R_1 \subseteq R_1$，$(\forall x,y,z)(xR_2z \wedge zR_1y \to xR_1y)$；

$5_{1,2}$ $\Diamond_1\alpha \to \Box_2\Diamond_1\alpha$，$R_1 \subseteq R_2\Theta R_1$，$(\forall x,y)(xR_1y \to (\forall z)(xR_2z \to zR_1y))$；

$SC_{1,2}$ $\Box_2\Box_1\alpha \to \Box_1\Box_2\alpha$，$R_1|R_2 \subseteq R_2|R_1$，$(\forall x,y,z)(xR_1z \wedge zR_2y \to (\exists t)(xR_2t \wedge tR_1y))$。

$D_{1,2}$ 的性质是二元关系持续性的一般化(参见定理 3.15)，并且可以称 R_1 和 R_2 之间具有公共持续性[①]。$B_{1,2}$ 的 $R_1 \subseteq R_2^{-1}$ 性质描述了半对称性，这种对称性可以通过联合 $B_{1,2}$ 和 $B_{2,1}$ 获得。关系方程 $R_1 \subseteq R_2\Theta R_1$ 描述了性质的因式分解(factorization)[②]，它可以写成 $R_2^{-1}|R_1 \subseteq R_1$，即 $(\forall x,y,z)(xR_1y \wedge xR_2z \to zR_1y)$。$SC_{1,2}$ 对应的性质描述了关系 R_1 和 R_2 的半交换性。

认知逻辑中的模态交互作用原则 $\neg K_iIp \to B_iPp$ 也是 $G(a,b,c,d)$ 公理模式的特例，它可以写成 $G(A;B,\lambda,C,B)$，其中 $K_i=[A]$，$O=[B]$，$B_i=[C]$，它对应于关系方程 $R_A|R_B \subseteq R_C\Theta R_B$。模态交互作用原则 $K_i\Box p \to B_i\neg\Diamond Ip$ 可以写成 $G(\lambda,A;B,C;B,D)$，其中 $K_i=[A]$，$\Box=[B]$，$B_i=[C]$ 并且 $O=[D]$，

① 我们也可以说 R_1 和 R_2 是过滤。这也意味着 R_1 和 R_2 都具有持续性(参见定理 2.11)。例如，在认知逻辑中，这表示两个理性人总是至少有一个“可设想的”世界是共同的。类似地，在道义逻辑中，公共的持续性表示两个规范系统可以设想至少一种对它们都是“允许”的情况，或者是以“公共地”的方式。

② 还可以用更一般的公理表述这一性质，如 $\Diamond_1\alpha \to \Box_2\Diamond_3\alpha$ 公理，它对应关系方程 $R_1 \subseteq R_2\Theta R_3$，其在多关系框架上对应的一阶性质是 $(\forall x,y,z)(xR_1y \wedge xR_2z \to zR_3y)$。

它对应于关系方程$I \subseteq (\mathrm{R}_C|\mathrm{R}_B)\Theta(\mathrm{R}_D|\mathrm{R}_B^{-1}|\mathrm{R}_A^{-1})$。

公理$\langle a\rangle[b]p \to ([c_1]\langle d_1\rangle p \vee \cdots \vee [c_n]\langle d_n\rangle p)$是$G(a,b,\varphi)$公理模式的特例，其对应于关系方程$\mathrm{R}_a \subseteq \mathrm{R}_{c_1}\Theta(\mathrm{R}_{d_1}|\mathrm{R}_b^{-1}) \cup \cdots \cup \mathrm{R}_{c_n}\Theta(\mathrm{R}_{d_n}|\mathrm{R}_b^{-1})$。定理4.10会进一步扩展并证明这一结论。公理$\langle a\rangle[b]p \to \langle c\rangle[d]p$是$G(a,b,\varphi)$公理模式的特例，其对应于关系方程$\mathrm{R}_a \subseteq F^{\langle c\rangle[d]p}(\mathrm{R}_b^{-1}) = \mathrm{R}_c|(\mathrm{R}_d\Theta\mathrm{R}_b^{-1})$，这一方程符合推论4.3。同时这一公理也是加贝提到的$\Diamond^k\Box^l\alpha \to \Diamond^m\Box^n\alpha$的一般化，$\Diamond^k\Box^l\alpha \to \Diamond^m\Box^n\alpha$对应关系方程$\mathrm{R}^k \subseteq \mathrm{R}^m|(\mathrm{R}^n\Theta\mathrm{R}^{-1})$。公理$B_i\bigcirc p \to (\bigcirc B_i p \vee \bigcirc K_i\neg p)$也是$G(a,b,\varphi)$公理模式的特例，其可改写为$\langle A;C\rangle p \to (\langle C;A\rangle p \vee [A;B]p)$，其对应于关系方程$\mathrm{R}_A|\mathrm{R}_C \subseteq \mathrm{R}_C|\mathrm{R}_A \cup (\mathrm{R}_A|\mathrm{R}_B)\Theta I$，其中$\mathrm{R}_A$、$\mathrm{R}_B$和$\mathrm{R}_C$分别对应于算子$\bigcirc$、$K_i$和$B_i$。

如果$b=\lambda$，则可得到$\langle a\rangle p \to \varphi$类型的公理，因为$I^{-1}=I$，则这一公理对应于关系方程$\mathrm{R}_a \subseteq F^{\varphi}(I)$。因为$I$对于合成(运算)而言是中性元素，则上式可进一步简化。例如，模态逻辑中的公理5：$\Diamond p \to \Box\Diamond p$对应于关系方程$\mathrm{R} \subseteq \mathrm{R}\Theta(\mathrm{R}|I)\mathrm{=}\mathrm{R}\Theta\mathrm{R}$[①]。如果$a=\lambda$且$b=0$，则可得到$\varphi$类型的公理，其中$\varphi$是肯定公式。因为$0^{-1}=0$，所以它对应于关系方程$I \subseteq F^{\varphi}(0)$，也就是说关系$F^{\varphi}(0)$具有自返性。通过使用$\mathrm{R}|0=0=0|\mathrm{R}$这一关系方程可以进一步简化。例如，认知逻辑中的公理$K_i\neg K_j p \to K_i p$对应于关系方程$I \subseteq \mathrm{R}_i|(\mathrm{R}_j\Theta 0) \cup \mathrm{R}_i\Theta 0$。

在定理4.4的证明中只使用了引理4.6在一元情况下的性质，因此该定理可进一步扩展。

定理4.6　如果a，b是参数，φ是肯定公式，则公式$\langle a\rangle([b_1]p_1 \wedge \cdots \wedge [b_n]p_n) \to \varphi$和关系方程$\mathrm{R}_a \subseteq F^{\varphi}(\mathrm{R}_{b_1}^{-1},\cdots,\mathrm{R}_{b_n}^{-1})$在多关系框架上是对应的。

证明　如果φ表示公式$\langle a\rangle([b_1]p_1 \wedge \cdots \wedge [b_n]p_n)$，$\alpha$表示公式$\phi \to \varphi$，则$\alpha$对应公式$\forall\hat{\alpha}$：$(\forall P_1 \cdots P_n)(\forall \mathrm{x})(\mathrm{x} \in R^{\phi}(P_1,\cdots,P_n) \to \mathrm{x} \in R^{\varphi}(P_1,\cdots,P_n))$。因为$\mathrm{x} \in R^{\phi}(P_1,\cdots,P_n) \Leftrightarrow \exists \mathrm{y}(\mathrm{xR}_a\mathrm{y} \wedge \mathrm{y} \in \mathrm{R}^{[b_1]p_1\wedge\cdots\wedge[b_n]p_n}(P_1,\cdots,P_n)) \Leftrightarrow \exists \mathrm{y}(\mathrm{xR}_a\mathrm{y} \wedge \mathrm{y} \in [\mathrm{R}_{b_1}]P_1 \wedge \cdots \wedge \mathrm{y} \in [\mathrm{R}_{b_n}]P_n)$，则公式$\forall\hat{\alpha}$可以写成$(\forall P_1 \cdots P_n)(\forall \mathrm{x})(\forall \mathrm{y})(\mathrm{xR}_a\mathrm{y} \wedge \mathrm{y} \in [\mathrm{R}_{b_1}]P_1 \wedge \cdots \wedge \mathrm{y} \in [\mathrm{R}_{b_n}]P_n \to \mathrm{x} \in R^{\varphi}(P_1,\cdots,P_n))$。

使用定理4.2证明中的方法，令$P_i = \langle \mathrm{R}_{b_i}^{-1}\rangle\{\mathrm{y}\}$，并且$1 \leqslant i \leqslant n$，则上述

---

① 根据定理3.13(3)的等式，$\mathrm{R} \subseteq \mathrm{R}\Theta\mathrm{R}$等同于欧性$\mathrm{R}^{-1}|\mathrm{R} \subseteq \mathrm{R}$(参见定理3.15)。

公式等价于公式$(\forall x)(\forall y)(xR_a y \to x \in R^{\varphi}(\langle R_{b_1}^{-1}\rangle\{y\},\cdots,\langle R_{b_n}^{-1}\rangle\{y\}))$。

根据引理 4.6，可知$R^{\varphi}(\langle R_{b_1}^{-1}\rangle\{y\},\cdots,\langle R_{b_n}^{-1}\rangle\{y\}) = \langle F^{\varphi}(R_{b_1}^{-1}),\cdots,R_{b_n}^{-1}\rangle\{y\}$，并且$x \in R^{\varphi}(\langle R_{b_1}^{-1}\rangle\{y\},\cdots,\langle R_{b_n}^{-1}\rangle\{y\}) \Leftrightarrow xF^{\varphi}(R_{b_1}^{-1},\cdots,R_{b_n}^{-1})y$，则$(\forall x)(\forall y)(xR_a y \to xF^{\varphi}(R_{b_1}^{-1},\cdots,R_{b_n}^{-1})y)$，也就是说，$R_a \subseteq F^{\varphi}(R_{b_1}^{-1},\cdots,R_{b_n}^{-1})$。

根据上述定理，则公理$\langle a\rangle([b_1]p_1 \wedge\cdots\wedge[b_n]p_n) \to ([c_1]\langle d_1\rangle p_1 \vee\cdots\vee [c_n]\langle d_n\rangle p_n)$对应于关系方程$R_a \subseteq R_{c_1}\Theta(R_{d_1}|R_{b_1}^{-1}) \cup\cdots\cup R_{c_n}\ominus(R_{d_n}|R_{b_n}^{-1})$。对上述定理进一步扩展，可得公理模式$G(a,b,\wedge)^n$在多关系框架上对应的关系方程。

定理 4.7 任意$G(a,b,\wedge)^n$公式$\langle a_1\rangle[b_1]\alpha_1 \wedge\cdots\wedge\langle a_n\rangle[b_n]\alpha_n \to \varphi$在多关系框架上对应关系方程$R_{a_1} \cap\cdots\cap R_{a_n} \subseteq F^{\varphi}(R_{b_1}^{-1},\cdots,R_{b_n}^{-1})$，其中$a$和$b$是参数，$\varphi$是肯定公式，$F^{\phi}$是定义 4.5 中定义的二元关系之上的函项。

证明 令ϕ表示公式$\langle a_1\rangle[b_1]p_1 \wedge\cdots\wedge\langle a_n\rangle[b_n]p_n$，$\varphi$是肯定公式，令$\alpha$表示公式$\phi \to \varphi$，则公式$\forall\hat{\alpha}$：$(\forall P_1\cdots P_n)(\forall x)(x \in R^{\phi}(P_1\cdots P_n) \to x \in R^{\varphi}(P_1\cdots P_n))$相对应。因为$x \in R^{\phi}(P_1\cdots P_n) \Leftrightarrow \exists y(xR_{a_1}y \wedge\cdots xR_{a_n}y \wedge y \in [R_{b_1}]P_1\cdots \wedge y \in [R_{b_n}]P_n)$，则公式$\forall\hat{\alpha}$改写成$(\forall P_1\cdots P_n)(\forall x)(\forall y)(xR_{a_1}y \wedge\cdots xR_{a_n}y \wedge y \in [R_{b_1}]P_1\cdots \wedge y \in [R_{b_n}]P_n \to x \in R^{\varphi}(P_1\cdots P_n))$。根据定理 4.5，令$P_i = \langle R_{b_i}^{-1}\rangle\{y\}$，并且$1 \leqslant i \leqslant n$，则$(\forall x)(\forall y)(xR_{a_1}y \wedge\cdots xR_{a_n}y \to x \in R^{\varphi}(\langle R_{b_1}^{-1}\rangle\{y\},\cdots,\langle R_{b_n}^{-1}\rangle\{y\}))$。根据引理 4.6，$R^{\varphi}(\langle R_{b_1}^{-1}\rangle\{y\},\cdots,\langle R_{b_n}^{-1}\rangle\{y\}) = \langle F^{\varphi}(R_{b_1}^{-1},\cdots,R_{b_n}^{-1})\rangle\{y\}$，则$x \in R^{\varphi}(\langle R_{b_1}^{-1}\rangle\{y\},\cdots,\langle R_{b_n}^{-1}\rangle\{y\}) \Leftrightarrow x\langle F^{\varphi}(R_{b_1}^{-1},\cdots,R_{b_n}^{-1})\rangle y$。因此$(\forall x)(\forall y)(xR_{a_1}y \wedge\cdots xR_{a_n}y \to x\langle F^{\varphi}(R_{b_1}^{-1},\cdots,R_{b_n}^{-1})\rangle y)$，即$R_{a_1} \cap\cdots\cap R_{a_n} \subseteq F^{\varphi}(R_{b_1}^{-1},\cdots,R_{b_n}^{-1})$。

以上研究表明$G(a,b,\wedge)^n$公理模式及其特例$G(a,b,\varphi)$、$G(a,b,c,d)$等公理模式在多关系框架上对应的一阶性质可以用关系方程进行表述。此外，关系方程的表述方法也适用于单模态逻辑。定理 4.2 已经表明多模态 Sahlqvist 公理模式在多关系框架上对应一阶性质，但是到目前为止还未能找到一个统一的关系方程去描述 Sahlqvist 公理模式对应的一阶性质，这可能是由于 Sahlqvist 公理模式的高度抽象性造成的。分别研究 Sahlqvist 公理模式的特例$G(a,b,\wedge)^n$公理模式及其特例$G(a,b,\varphi)$、$G(a,b,c,d)$等公理模式的动因和意义也在于此：用关系方程最大范围地表述 Sahlqvist 公理模式特例对应的一阶性质。这样的尝试有利于更加精确地分析 Sahlqvist 公理模式在多关系框架上对应的一阶性质。

第五章　正规多模态逻辑的决定性

正规多模态逻辑的决定性问题也称正规多模态逻辑系统的刻画问题，主要研究正规多模态逻辑系统相对于多关系语义的可靠性和完全性问题，即多关系语义的哪些模型可以精确地验证系统的定理。换言之，决定性问题涉及多模态逻辑公理化系统与多关系语义之间的适配性，因此是正规多模态逻辑研究的一个基本问题。

本章在对(多)模态逻辑决定性问题进行概述的基础上，以 Sahlqvist 系统(参见定义 2.19)为例考察正规多模态逻辑的决定性问题；通过多模态 Sahlqvist 公式对应性定理(参见定理 4.2)证明该类系统的可靠性，使用典范模型的方法证明该类系统的完全性，由此得到该类系统的决定性定理；与此同时，在正规多模态逻辑系统一般决定性结论的基础之上考察正规多模态逻辑系统公理化的分离标准。

第一节　决定性问题概述

在具体考察正规多模态逻辑系统的决定性问题之间，首先介绍一些预备知识。主要包括决定性问题的形式定义，模态逻辑系统的可靠性、完全性、对应性与决定性之间的关系，以及几种不同的完全性概念等。

根据定义 3.6 中给出的基本概念，可以对逻辑系统的决定性问题进行形式定义。

定义 5.1　对于逻辑系统 L 而言，其相对于语义 S 的决定性问题就是表明 L 的定理在 S 的模型类 $\mathfrak{M}$ 上有效，即系统 L 相对于 S 的模型类 $\mathfrak{M}$ 既是可靠的又是完全的，也就是说，等式：$\vdash_{L} \alpha \Leftrightarrow \mathfrak{M} \vDash \alpha$ 成立，其中 α 为任意公式。

在这种情况下，系统 L 的定理的概念和在 $\mathfrak{M}$ 上是有效公式的概念联系在一起，而这就表明能够使用语义的方法去判定(或证明)一个给定公式是否为系统 L 的定理。此外，如果 $\mathfrak{M}$ 是一个有穷模型类，则称系统 L 具有有穷模型性(PMF)。

尽管决定性问题在某些方面与第四章中讨论的对应性问题联系十分

紧密，但二者却有很大的不同。实际上，对应性理论不涉及定理的概念，它是在模型理论的一般框架内研究使某些公式有效的框架或模型具备的必要和充分条件是什么。而研究决定性问题时，涉及的完全性理论则主要考察使系统 L 的定理有效的框架或模型所具有的必要和充分条件。

逻辑系统的对应理论和决定理论(可靠性和完全性)之间的确切联系是什么，这是需要澄清的问题，也是研究(多)模态逻辑决定性问题的一个前提。在第四章研究正规多模态逻辑的对应性问题时已经表明，如果 α 是一公式，则 α 在多关系框架 F 有效当且仅当 F 满足条件 $\forall\hat{\alpha}$ ，$\forall\hat{\alpha}$ 可能被化简成为一个一阶(公式)条件。因此，我们需要考虑的是，若 L 是一个正规 LMM 系统，其由公理模式 α_i 的集合构成(即 $\mathrm{L}=\mathrm{NMML}(\{\alpha_i\})$)，该公理模式满足条件 $\forall\hat{\alpha}_i$ 并且 $\forall\hat{\alpha}_i$ 是 L 的一阶公式①，其中包含正规多模态逻辑中的 Sahlqvist 系统；多关系模型类 $\mathfrak{M}$ 满足条件 $\forall\hat{\alpha}_i$ (即 $\mathfrak{M}=(\{\forall\hat{\alpha}_i\})$，参见定义 3.25)。问题是如何(是否)能够证明 L 是由模型类 $\mathfrak{M}$ 决定的。

一方面，公理模式 α_i 与满足一阶公式 $\forall\hat{\alpha}$ 条件(性质)的多关系框架对应，使得证明 L 相对于模型类 $\mathfrak{M}$ 的可靠性成为可能。为了证明 L 由模型类 $\mathfrak{M}$ 决定，还必须证明 L 相对于模型类 $\mathfrak{M}$ 的完全性，即 L 的定理在 $\mathfrak{M}$ 中的所有模型 M 上有效，而这只需要表明 M 使得公理模式 α_i 有效即可。如果 $\mathrm{M}=\langle\mathrm{F},\mathrm{V}\rangle$，能够得到下述蕴涵链：

$$\mathrm{M}\vDash\forall\hat{\alpha}_i\overset{(1)}{\Leftrightarrow}\mathrm{F}\vDash\forall\hat{\alpha}_i\overset{(2)}{\Leftrightarrow}\mathrm{F}\vDash\alpha_i\overset{(3)}{\Rightarrow}\mathrm{M}\vDash\alpha_i\text{。}$$

等式(1)源自条件 $\forall\hat{\alpha}$ 仅涉及 F 或 M 的二元关系，等式(2)源自对应性，蕴涵(3)是不足道的。因此，从定理 4.2 可以推出 L 相对于模型类 $\mathfrak{M}$ 的可靠性，对此下文还将进一步说明。

另一方面，根据上述蕴涵关系能够发现，即使使用典范模型也不能由对应性推导出完全性。定义 3.7 中已经提到，为了表明 L 相对于 $\mathfrak{M}$ 的完全性，只需给出 L 的一个属于 $\mathfrak{M}$ 的典范模型 M^{L} 即可，也就是说 M^{L} 满足条件 $\forall\hat{\alpha}$ 。如果 $\mathrm{M}^{\mathrm{L}}=\langle\mathrm{F}^{\mathrm{L}},\mathrm{V}^{\mathrm{L}}\rangle$ 是 L 的任意典范模型，则可使用下述蕴涵链：

$$\vdash_{\mathrm{L}}\alpha_i\overset{(1)}{\Leftrightarrow}\mathrm{M}^{\mathrm{L}}\vDash\alpha_i\overset{(2)}{\not\Rightarrow}\mathrm{F}^{\mathrm{L}}\vDash\alpha_i\overset{(3)}{\Leftrightarrow}\mathrm{F}^{\mathrm{L}}\vDash\forall\hat{\alpha}_i\overset{(4)}{\Leftrightarrow}\mathrm{M}^{\mathrm{L}}\vDash\forall\hat{\alpha}_i\text{。}$$

等式(1)源自典范模型的基本性质(参见定义 3.7)，而且一般很容易证明。等式(3)表示对应关系，等式(4)如前所述，源自假设条件 $\forall\hat{\alpha}_i$ 只涉及二元关系。这一蕴含链中的蕴涵(2)是无效的，因为一般而言，模型上的有效

① 也就是说不涉及赋值，这一条件既适用于框架也适用于模型。尤其适用于关系条件，特别是关系方程。

性并不意味着框架上的有效性(其假定可通过 F 获得所有 $\langle F, V' \rangle$ 的有效性)。因此，蕴涵(2)阻止了从对应性结论直接推导出完全性结论。

接下来，我们会很自然地考虑这样一个问题：在什么情况下蕴涵(2)是有效的呢？也就是说，在什么情况下，一个公式 α 在模型 $M = \langle F, V \rangle$ 上的有效性可以推出(或等价)公式 α 在框架 F 上的有效性[①]？这实际上取决于 M 和 α。在模态逻辑中，有一个非常重要的标准是由托马森(Thomason，1972)提出的精化(refined)模型的标准，然后戈德布莱特(Goldblatt，1993)提出的描述性(descriptive)模型的概念中使用了精化模型的标准[②]。之后，萨尔奎斯特通过引入简单(simple)模型的概念[③]扩展了精化的概念，并且证明如果 M 是简单模型，并且 α 是一个简单公理，则该性质就是真的。与此同时，他进一步证明了 L 的专有典范模型 M^L 就是一个简单模型，并且根据上述推理由对应性结论推导出完全性结论：如果 L 是由简单公理集 α_i 构成的系统，那么 L 相对于满足一阶条件 $\forall \hat{\alpha}_i$ 的模型类 $\mathfrak{M}$ 而言是完全的。[④]

Sahlqvist 方法可以在多模态逻辑背景下证明系统的完全性，然而考虑到 $G(a,b,\varphi)$ 公理模式及其在定理 4.4 中对应的关系方程，本节倾向于采取一个更为直接的方式，即使用典范模型的方法证明该公理模式构建的正规多模态逻辑系统的完全性。下文会对这一问题进行研究，并给出 $G(a,b,\varphi)$ 公理模式的完全性定理、决定性定理等。

在模态逻辑中，随着可能世界语义学的发展，出现了多个完全性的概念。在具体考察正规多模态系统的决定性问题之前，首先对这些完全性概念进行简要介绍，这是研究多模态逻辑的典范多关系模型、完全性定理的基础。

首先回顾一些常用的定义和符号。如果 Γ 是公式集，α 是任意公式，如果对于任意框架 F 而言，$F \vDash \Gamma \Rightarrow F \vDash \alpha$，则称 $\Gamma \vDash_f \alpha$。如果 P 是框架之上的性质集，若 F 满足 P，则记作 $F \vDash P$。框架类 $\mathfrak{F}(P)$ 表示该框架类满足 P。此处还会使用第三章中的定义的符号 $Th_{mod}(F)$、$Th_{mod}(\mathfrak{F})$ 和 $CAD(\Gamma)$ (参见定义 3.24)。NMML(Γ) 表示包含 Γ 公式集作为定理的极小正规 LMM 系统。

① 应该指出的是，这些问题以及对应问题在 20 世纪 70 年代引起了人们对模态逻辑的极大兴趣。

② 实际上，此处讨论的这一问题不是用模型研究的，而是用一般框架研究的（Catach，1989）[218]。一般描述性框架在克里普克框架和模态代数的对偶理论中起着至关重要的作用（Bell et al.，2013）。

③ 与他的公理相对应，萨尔奎斯特将其称为简单公理，而此处我们将其为 Sahlqvist 公理（Sahlqvist，1975）。

④ 这种证明完全性的方法也被称为 Sahlqvist 方法。

对于任意系统 L 而言，符号 $\alpha \in \mathrm{L}$ 和 $\vdash_{\mathrm{L}} \alpha$ 是等价的。用 L 表示第四章中提到的一阶语言，R、S 等表示二元谓词。接下来，我们介绍一些完全性概念。

定义 5.2 已知 Γ 是一公式集，

(1) 对任意公式 α 而言，如果 $\alpha \in \mathrm{NMML}(\Gamma) \Leftrightarrow \Gamma \vDash_f \alpha$，那么称 Γ 是完全的($\Gamma \in C$)。

(2) 对任意公式 α 而言，如果 $\alpha \in \mathrm{NMML}(\Gamma) \Leftrightarrow \mathfrak{F} \vDash \alpha$，即 $\mathrm{NMML}(\Gamma)=\mathrm{Th}_{\mathrm{mod}}(\mathfrak{F})$，那么称 Γ 相对于框架类 $\mathfrak{F}$ 是完全的。

(3) 对任意框架 F 而言，如果存在 L 的一阶公式集 P 满足 $\mathrm{F} \vDash \Gamma \Rightarrow \mathrm{F} \vDash \mathrm{P}$，即 $\mathrm{CAD}(\Gamma)=\mathfrak{F}(\mathrm{P})$，那么称 Γ 是一阶可定义的($\Gamma \in M_1$)。

(4) 对任意公式 α 而言，如果存在 L 的一阶公式集 P 满足 $\alpha \in \mathrm{NMML}(\Gamma) \Leftrightarrow \mathfrak{F}(\mathrm{P}) \vDash \alpha$，即 $\mathrm{NMML}(\Gamma)=\mathrm{Th}_{\mathrm{mod}}(\mathfrak{F}(\mathrm{P}))$，那么称 Γ 是一阶完全的($\Gamma \in C_1$)。

(5) 对任意一般描述性框架 $\mathcal{F}=\langle \mathrm{F},\Pi \rangle$ 而言，如果 $\mathcal{F} \vDash \Gamma \Rightarrow \mathrm{F} \vDash \Gamma$，那么称 Γ 是典范的($\Gamma \in \mathrm{CAN}$)。

上述概念也适用于公式 α (令 $\Gamma = \{\alpha\}$)或逻辑系统 $\mathrm{L} = \Gamma$。其中(1)定义的是弱完全性，(2)是通常所定义的完全性，(3)是第四章中给出的对应性概念。除此之外，在一些文献中还可以找到与上述概念不同的完全性概念(van Benthem，1983)。

因此，根据 C、M_1、C_1 和 CAN 所具备的不同类型的完全性，在模态逻辑中可以得到各种类型的逻辑系统。这些系统类之间的关系有些已经确定，但还有一部分仍在研究之中。法恩(K. Fine)有一个很重要的结论，即存在包含关系 $C_1 \subseteq \mathrm{CAN}$，这表明任何一阶完全的模态逻辑都是典范的。但同时需要注意的是，许多正规模态逻辑系统在(1)层面上并不是完全的(Thomason，1974)。此外，戈兰科(Goranko，1990)在对某些多模态逻辑系统的研究中也使用了多种完全性概念。

第二节　典范多关系模型

在第三章我们已经给出了多关系语义中典范模型的定义(参见定义 3.7)，接下来主要考察正规多模态逻辑系统的典范多关系模型的性质。正规多模态逻辑系统简写成正规 LMM 系统 L，其多模态语言为 $\mathcal{L} = \mathcal{L}(\Sigma)$，其中 Σ 是标准的模态参数集。

定义 5.3 $\mathcal{L}$ 的多关系模型 $\mathrm{M}=\langle \mathrm{U},\mathfrak{R},\mathrm{V} \rangle$ 是典范的，如果满足下述条件：

(1) $U = U^L$ 是 L 极大一致集 $\nabla\nabla'\cdots$ 的集合(参见定理 3.3~定理 3.10);

(2) $V = V^L$ 是根据 $V^L(\nabla, p) = 1 \Leftrightarrow p \in \nabla$ 得到的赋值，其中 $p \in \Phi$ 并且 $\nabla \in U^L$；

(3) 对于任意 $a \in \Sigma$，$\nabla \in U^L$，$\alpha \in \mathcal{L}$ 而言，$\langle a \rangle \alpha \in \nabla \Leftrightarrow (\exists \nabla' \in U^L)(\nabla R_a \nabla' \wedge \alpha \in \nabla')$。

根据上述定义可知，在典范多关系模型中唯一可能的选择是二元关系集 $\mathfrak{R}$。另外，可以用等式 $[a]\alpha \in \nabla \Leftrightarrow (\forall \nabla' \in U^L)(\nabla R_a \nabla' \to \alpha \in \nabla')$ 代替条件(3)。根据极大一致集的性质，这一条件也可以通过使用 U^L 之上的算子 $\langle R \rangle$ 和 $[R]$ 进行改写，即 $\langle a \rangle \alpha \in \nabla \Leftrightarrow \alpha \in \langle R_a \rangle \nabla$，$[a]\alpha \in \nabla \Leftrightarrow \alpha \in [R_a]\nabla$。通过使用证明集 $|\alpha|_L = \{\nabla \in U^L | \alpha \in \nabla\}$ (参见定义 3.5)，这些性质最终可以写成 (*) $|\langle a \rangle \alpha|_L = \langle R_a \rangle |\alpha|_L$ 和 $|[a]\alpha|_L = [R_a]|\alpha|_L$。

定理 5.1　如果 M 是 L 的典范多关系模型，那么对于任意公式 α 而言，$\|\alpha\|^M = |\alpha|_L$。

证明　通过施归纳于 α 的复杂度，非模态情况下的证明可参考定理 3.2 和定理 3.8，其他情况下的证明使用上述 (*) 性质等进行证明(Catach，1989)[217-218]。

上述定理表明了典范模型的基础性质，同时也表明真值集和证明集是重合的。也就是说，对于任意世界 $\nabla \in U^L$ 和任意公式 α 而言，$(M,\nabla) \vDash \alpha \Leftrightarrow \alpha \in \nabla$。根据定理 3.7(2)，可以推出下述定理。

定理 5.2　如果 M 是 L 的典范多关系模型，那么 $\vdash_L \alpha \Leftrightarrow M \vDash \alpha$。

这一结论表明，L 可以由它的典范多关系模型类决定。

引理 5.1　如果 ∇ 和 ∇' 是 L 极大一致集并且 $a \in \Sigma$，那么条件 $\{\alpha | [a]\alpha \in \nabla\} \subseteq \nabla'$ 和 $\{\langle a \rangle \alpha | \alpha \in \nabla'\} \subseteq \nabla$ 是等价的。

证明　传统模态逻辑部分的证明可参见切莱士的工作(Chellas，1980)[158]。另外，这一证明只需使用对偶公理 $\vdash (\langle a \rangle \alpha \leftrightarrow \neg[a]\neg\alpha)$，其在简单的、传统的多模态逻辑系统中仍然有效。

引理 5.2　如果 $M = \langle U^L, \mathfrak{R}, V^L \rangle$ 是 L 的典范多关系模型，$a \in \Sigma$ 并且 $\nabla, \nabla' \in U^L$，那么 $\nabla R_a \nabla' \Rightarrow \{\langle a \rangle \alpha | \alpha \in \nabla'\} \subseteq \nabla$ 并且 $\{\alpha | [a]\alpha \in \nabla\} \subseteq \nabla'$。

证明　根据定义 5.3(3)和引理 5.1 即可得证。

引理 5.3　已知 ∇ 是包含 $\langle a \rangle \alpha$ 类型公式的 L 极大一致集，那么

(1) 集合 $\Gamma = \{\alpha\} \cup \{\beta | [a]\beta \in \nabla\}$ 是 L 一致集；

(2) 存在一个 L 极大一致集 ∇^+ 满足：$\alpha\in\nabla^+$，$\{\beta|[a]\beta\in\nabla\}\subseteq\nabla^+$ 并且 $\{\langle a\rangle\beta|\beta\in\nabla^+\}\subseteq\nabla$。

证明 这是模态逻辑中的一个经典证明(Makinson，1966；Chellas，1980)，为了书写简单，使用公式之上的比较关系$\leqslant$和等价关系$\simeq$①。另外，因为L是正规的，所以任意参数a是正规的，由其决定的算子$\langle a\rangle$和$[a]$也是正规的。具体地说，$\langle a\rangle$是单调的，$[a]$在合取之上是可分配的，即$\langle a\rangle\bot\simeq\bot$ 并且$(\langle a\rangle\alpha\wedge[a]\beta)\leqslant\langle a\rangle(\alpha\wedge\beta)$②。

(1) 假设Γ是不一致的，则存在$\beta_1,\cdots,\beta_n$满足$[a]\beta_i\in\nabla$并且$\alpha\wedge\beta_1\wedge\cdots\wedge\beta_n\leqslant\bot$(参见定义 3.4)。令$\beta=\beta_1\wedge\cdots\wedge\beta_n$，则$\alpha\wedge\beta\leqslant\bot$，因此$(\langle a\rangle\alpha\wedge[a]\beta)\leqslant\langle a\rangle(\alpha\wedge\beta)\leqslant\langle a\rangle\bot\simeq\bot$，因此$(\langle a\rangle\alpha\wedge[a]\beta)\simeq\bot$(因为$\alpha\leqslant\bot$等价于$\alpha\simeq\bot$)。另外，因为$\nabla$通过合取及等式(参见定理 3.4(2)、(5)、(8))是稳定的，所以$[a]\beta\simeq([a]\beta_1\wedge\cdots\wedge[a]\beta_n)$并且$[a]\beta\in\nabla$。根据假设$\langle a\rangle\alpha\in\nabla$，可以推出$\bot\simeq(\langle a\rangle\alpha\wedge[a]\beta)\in\nabla$，而这与$\nabla$的一致性相矛盾。

(2) 如果Γ是 L 一致的，根据林登鲍姆引理(参见定理 3.5)，则其可以扩展成极大一致集∇^+。然后根据定义可以得到$\langle a\rangle\alpha\in\Gamma\subseteq\nabla^+$并且$\{\beta|[a]\beta\in\nabla\}\subseteq\Gamma\subseteq\nabla^+$。根据引理 5.1 可以得到$\{\langle a\rangle\beta|\beta\in\nabla^+\}\subseteq\nabla$。

到目前为止，还没有证据表明典范模型确实存在，为此我们引入常用的专有典范模型(propre canonical model)的概念。

定义 5.4 L的专有典范多关系模型是典范多关系模型$M^L=\langle U^L,\mathfrak{R}^L,V^L\rangle$，其中$\mathfrak{R}^L$是关系$R_a^L$的集合，$R_a^L$定义如下：

$\nabla R_a^L\nabla'\Leftrightarrow\{\alpha|[a]\alpha\in\nabla\}\subseteq\nabla'\Leftrightarrow\{\langle a\rangle\alpha|\alpha\in\nabla'\}\subseteq\nabla$。

这一等式是根据引理 5.1 得来的。

定理 5.3 (1) M^L是 L 的典范多关系模型；(2)如果$M=\langle U^L,\mathfrak{R},V^L\rangle$是 L 的另一个典范多关系模型，那么对于任意$a\in\Sigma$而言，$R_a\subseteq R_a^L$。

证明 对于(1)，看其是否满足定义 5.3(3)：$\langle a\rangle\alpha\in\nabla\Leftrightarrow(\exists\nabla'\in U^L)(\nabla R_a^L\nabla'\wedge\alpha\in\nabla')$。$\Leftarrow$) 蕴涵是不足道的，$\Rightarrow$) 蕴涵可以根据引理 5.3 得到。(2)可以由引理 5.2 推出。

由此可知，专有典范模型中的R_a^L关系是满足定义 5.3(3)条件的最大

① $\alpha\leqslant\beta\Leftrightarrow\vdash_L(\alpha\to\beta)$ 并且 $\alpha\simeq\beta\Leftrightarrow\vdash_L(\alpha\leftrightarrow\beta)$。

② 参见模态逻辑中的定理$(\Diamond p\wedge\Box q)\to\Diamond(p\wedge q)$以及卡塔奇的相关著作（Catach，1989）[64-65]。

R_a关系。这也表明专有典范模型M^L是由引理5.2的逆命题刻画的，即对任意参数a而言，$\{\alpha \mid [a]\alpha \in \nabla\} \subseteq \nabla' \Rightarrow \nabla R_a \nabla'$（或者$\{\langle a\rangle\alpha \mid \alpha \in \nabla'\} \subseteq \nabla \Rightarrow \nabla R_a \nabla'$）。

与此同时，我们可以用定义典范多关系模型的方法定义典范多关系框架$F=\langle U^L, \mathfrak{R}\rangle$，其中$U^L$和$\mathfrak{R}$满足定义5.3中的条件(1)和(3)。L的专有典范多关系框架是$F^L=\langle U^L, \mathfrak{R}^L\rangle$，其中$\mathfrak{R}^L$是上述$R_a^L$关系的集合。需要注意的是，如果L由典范多关系模型类决定，则它不一定由典范多关系框架类所决定。也就是说，等式$\vdash_L \alpha \Leftrightarrow F \vDash \alpha$不成立，其中F是典范多关系框架。[①]法恩将满足这一性质的逻辑称为典范逻辑(Fine，1975)。与之对应的，L是由它的一般典范多关系框架类决定的。[②]

接下来，我们将考察与参数$a\,(a \in \Sigma)$相关联的L的子系统L_a的典范多关系模型，即典范子模型(参见定义3.8)。如果Γ是公式集，用Γ_a表示Γ的子集，该公式集属于子语言$\mathcal{L}_a$。如果U^L是L极大一致集的集合，则L_a极大一致集的集合记作$\{\nabla_a \mid \nabla \in U^L\}$。在定理3.11中已经提到了这一点，并且它源自定理3.10。由此我们可以给出下述定义：

定义5.5 如果$M=\langle U^L, \mathfrak{R}, V^L\rangle$是L的典范多关系模型并且$a$是$\Sigma$的元素，那么称$M_a=\langle U_a^L, \mathfrak{R}_a, V_a^L\rangle$是M之于$a$的提取模型，其满足下述条件：

(1) U_a^L是L_a极大一致集的集合，即$\{\nabla_a \mid \nabla \in U^L\}$；

(2) $V_a^L(\nabla_a, p) = V^L(\nabla, p)$；

(3) 如果$\nabla_1, \nabla_2 \in U_a^L$，$\nabla_1 R_a \nabla_2$当且仅当存在$\nabla, \nabla' \in U^L$，并且满足$\nabla_1 = \nabla_a$，$\nabla_2 = \nabla'_a$，$\nabla R_a \nabla'$。

另外，根据定义3.26可知M_a不是M的子模型，因为U_a^L不是U^L的子集。M既不是提取模型M_a的联合也不是它的并。

定理5.4 如果M是L的典范多关系模型，那么M_a是子系统L_a的典范模型。

证明 在定理3.11的证明中已经看到U_a^L和V_a^L符合定义5.3中的条件(1)和(2)。现在只需要证明R_a之于L_a满足定义5.3中的条件(3)，即如果$\nabla_1 \in U_a^L$并且$\alpha \in \mathcal{L}_a$，那么$\langle a\rangle\alpha \in \nabla_1 \Leftrightarrow (\exists \nabla_2 \in U_a^L)(\nabla_1 R_a \nabla_2 \wedge \alpha \in \nabla_2)$。

---

① 实际上，$F \vDash \alpha$意味着对于任意赋值V，$\langle F, V\rangle \vDash \alpha$并不必然等价于赋值$V^L$。因此，如果F是典范多关系框架，$F \vDash \alpha$推出$\vdash_L \alpha$成立，反之则不成立。

② 萨尔奎斯特给出了单模态的情况，如果F是L的一般典范多关系框架，那么$\vdash_L \alpha \Leftrightarrow F \vDash_L \alpha$。（Sahlqvist，1975）。

$\Rightarrow$) 方向：根据$\nabla_1 \in U_a^L$，存在$\nabla \in U^L$满足$\nabla_1 = \nabla_a$。根据定义 5.3(3)，对于M而言，可得$\langle a\rangle\alpha \in \nabla_1 \Rightarrow \langle a\rangle\alpha \in \nabla_a$(因为$\langle a\rangle\alpha \in \mathcal{L}_a$)$\Rightarrow (\exists\nabla' \in U^L)(\nabla R_a \nabla' \wedge \alpha \in \nabla')$。令$\nabla_2 = \nabla'_a$，可得$\nabla_2 \in U_a^L$，$\nabla_1 R_a \nabla_2$(因为$\nabla R_a \nabla'$)并且$\alpha \in \nabla_2$(因为$\alpha \in \nabla'$并且$\alpha \in \mathcal{L}_a$)。

$\Leftarrow$) 方向：根据$\nabla_1 R_a \nabla_2$，存在$\nabla, \nabla' \in U^L$满足$\nabla_1 = \nabla_a$，$\nabla_2 = \nabla'_a$且$\nabla R_a \nabla'$。根据定义 5.3(3)，则$\nabla R_a \nabla'$并且$\alpha \in \nabla'$(因为$\alpha \in \nabla_2 \subseteq \nabla'$)，同时可得$\langle a\rangle\alpha \in \nabla$。又因为$\alpha \in \mathcal{L}_a$，可得$\langle a\rangle\alpha \in \nabla_a = \nabla_1$。

第三节　Sahlqvist 系统及其特例的决定性

在这一部分中，我们将以 Sahlqvist 系统为例考察正规多模态逻辑系统的决定性问题，这需要分别给出Sahlqvist系统的可靠性定理和完全性定理。在此基础上，还会对 Sahlqvist 公理模式的特例$G(a,b,\varphi)$公理模式、$G(a,b,\wedge)^n$公理模式等作为特征公理构建的正规多模态逻辑系统的决定性问题进行考察。

Sahlqvist对应性定理(参见定理 4.2)表明该公理模式在多关系框架上对应一阶性质，同时对于 Sahlqvist 公理模式及其特例$G(a,b,\varphi)$公理模式等而言，其在多关系框架上对应的性质均可以由二元关系运算中的关系方程直接进行表述。基于此，下文会给出相应的决定性结论，即如果L是由这些公理(模式)构建的正规系统，则L由满足特定关系方程(表述的性质)的多关系模型类决定。

下文中，用 L 表示由 Sahlqvist 公理模式(参见定义 2.18)及其特例$G(a,b,c,d)$公理模式(参见定义 2.15)、$G(a,b,\varphi)$公理模式(参见定义 2.16)、$G(a,b,\wedge)^n$公理模式(参见定义 2.17)构建的正规 LMM 系统。用K^{Σ_0}表示包含原子参数集Σ_0的最小正规 LMM 系统，并且，如果$S_1,\cdots,S_n$是公理模式，则用$K^{\Sigma_0}S_1\cdots S_n$表示包含定理$S_1,\cdots,S_n$的极小正规系统(参见定义 2.14)。

如果$\mathfrak{M}_1,\cdots,\mathfrak{M}_n$分别表示由性质$P_1,\cdots,P_n$刻画的多关系模型类，则用$\mathfrak{M} = \mathfrak{M}_1 \cap\cdots\cap \mathfrak{M}_n$表示满足性质$P_1\cdots P_n$的多关系模型类(如果$P_i$用一阶或二阶语言表示，则性质$P_1 \wedge\cdots\wedge P_n$也是)。若使用定义 3.25 中的符号，则可记作$\mathfrak{M} = \mathfrak{M}(P_1,\cdots,P_n)$。此外，这一部分涉及的都是标准多关系模型(参见定义 3.22)。

对于正规多模态逻辑系统 L 而言，若其公理集和一个性质集相对应，则可以得到下述结论。

定理 5.5　如果公理模式$S_1,\cdots,S_n$分别在多关系模型类$\mathfrak{M}_1,\cdots,\mathfrak{M}_n$上有效，那么系统$L=K^{\Sigma_0}S_1\cdots S_n$相对于模型类$\mathfrak{M}=\mathfrak{M}_1\cap\cdots\cap\mathfrak{M}_n$是可靠的。

证明　如果公理S_i在$\mathfrak{M}_i$上有效，则在$\mathfrak{M}$上也是有效的。[①]另外，根据定理 3.17 和定理 3.18，$\mathfrak{M}$使得正规系统(参见定义 2.13)的公理化基础有效。

这一结论表明，可以将独立获得的可靠性结论“联合”。另外，如果考察的多模态语言缺少一些(甚至所有)参数集Σ之上的运算，那么通过削弱其多关系模型上相应的条件，这一结论依旧有效。因此，如果只简单地考察原子模态算子集时就没有必要考察标准多关系模型。

此外，在多模态逻辑的研究中也可以使用(单)模态逻辑中的一些经典的可靠性结论。使用定义 3.21 中给出的联合的概念，可以更加简洁地表述，即如果$\mathfrak{M}_1,\cdots,\mathfrak{M}_n$是(单)关系模型类的集合，则用$\mathfrak{M}=\mathfrak{M}_1\times\cdots\times\mathfrak{M}_n$表示这些模型类的联合。另外，对于任意$1\leqslant i\leqslant n$，多关系模型$M=\langle U,\{R_1,\cdots,R_n\},V\rangle$的类满足$\langle U,R_i,V\rangle\in\mathfrak{M}_i$(参见定义 3.21)。

定理 5.6　若$L_1,\cdots,L_n$是(单)模态逻辑系统，其分别相对于(单)模型类$\mathfrak{M}_1,\cdots,\mathfrak{M}_n$是可靠的，则多模态逻辑系统$L=L_1\times\cdots\times L_n$相对于多关系模型类$\mathfrak{M}=\mathfrak{M}_1\times\cdots\times\mathfrak{M}_n$是可靠的。

证明　根据定理 3.20 可得：如果$M=\langle U,\{R_1,\cdots,R_n\},V\rangle$是$\mathfrak{M}$中的一个多关系模型，并且如果$\mathcal{L}_i$是$L_i$的子语言，那么$\mathcal{L}_i$中的公式在M上的有效性和在提取模型$M_i=\langle U,R_i,V\rangle$上的有效性是一样的。如果S是刻画$L_i$的公理模式并且$S\in\mathcal{L}_i$，根据假设$M_i\vDash S$，即可推出$M\vDash S$，从而表明S在$\mathfrak{M}$上是有效的。

上述结论也可应用于原子算子。例如，系统$T\times K4$相对于多关系模型$\langle U,\{R_1,R_2\},V\rangle$的类是可靠的，其中$R_1$具有自返性，$R_2$具有传递性。注意，L相对于任何比$\mathfrak{M}$更具体的模型类$\mathfrak{M}'$都是可靠的。

需要注意的是，在之前的定理中，系统$L=L_1\times\cdots\times L_n$是不包含交互作用的多模态逻辑系统。另外，上述结论是具有普遍性的，它并不预先判定刻画系统L的公理的形式。更一般地说，这一结论表明在从单模态逻辑系统向多模态逻辑系统的扩展中可靠性是可保持的。而这意味着，当考察的多模态逻辑系统是由多个单模态逻辑系统叠加而成时，只有其中的模态交

① 一般来讲，如果一个系统 L 相对于模型类$\mathfrak{M}$是可靠的，那么 L 相对比模型类$\mathfrak{M}$更为具体（特殊）的模型类$\mathfrak{M}'$而言也是可靠的，因为$\mathfrak{M}'\subseteq\mathfrak{M}$。

互作用公理才会对该多模态逻辑系统的可靠性产生关键影响。这也表明，在考察正规多模态逻辑系统的可靠性问题时，我们可以仅研究其中包含的模态交互作用公理的可靠性问题。模态交互作用公理的可靠性问题是研究相关正规多模态逻辑系统可靠性问题的关键所在。

上述结论表明，通过使用提取模型，在单模态逻辑系统中获得的可靠性结论可以应用在多模态逻辑系统中。但是这一方法并不适用于完全性的证明，也就是说，以下结论不成立：

(*)如果 $L_1,\cdots,L_n$ 是(单)模态逻辑系统，它们分别相对于模型类 $\mathfrak{M}_1,\cdots,\mathfrak{M}_n$ 是完全的，则多模态逻辑系统 $L=L_1\times\cdots\times L_n$ 相对于多关系模型类 $\mathfrak{M}=\mathfrak{M}_1\times\cdots\times\mathfrak{M}_n$ 是完全的。

我们可以尝试使用典范模型方法证明这一性质，即假设系统 $L_1,\cdots,L_n$ 的完全性是通过表明它们的专有典范模型 $M^{L_1},\cdots,M^{L_n}$ 分别满足特定的条件 $P_1,\cdots,P_n$ 得到的。如果 M^{L_i} 是 M^L 的提取模型，则可能推出 M^L 满足条件 $P_1,\cdots,P_n$。从直觉出发，对于不包含交互作用的多模态逻辑系统而言，系统 $L=L_1\times\cdots\times L_n$ 的完全性证明就是每个系统 $L_1,\cdots,L_n$ 完全性证明的“叠加”①。然而，对于叠加的有效性或非有效性的一般性证明依旧需要建立。

接下来，我们将要考察由 Sahlqvist 公理模式及其特例构建的正规多模态逻辑系统的可靠性问题，根据定理 4.2 中给出的对应性结论能够直接得到多模态 Sahlqvist 公理模式的可靠性结论。

定理 5.7(多模态 Sahlqvist 公理模式可靠性定理)　如果 L 是由 Sahlqvist 公理模式 $[a](\phi\to\varphi)$ 构建的正规 LMM 系统，那么 L 相对于满足定理 4.2 中所给性质的多关系模型类而言是可靠的。

证明　根据上文给出的蕴含链 $M\vDash\forall\hat{\alpha}_i \Leftrightarrow F\vDash\forall\hat{\alpha}_i \Leftrightarrow F\vDash\alpha_i \Rightarrow M\vDash\alpha_i$，同时使用定理 5.5 即可得证。

对于 Sahlqvist 公理模式的特例 $G(a,b,\varphi)$ 和 $G(a,b,\wedge)^n$ 公理模式而言，它们在多关系框架上对应的一阶性质可以用关系方程进行表述(参见定理 4.4 和定理 4.7)，由此可得下述结论：

推论 5.1　如果 L 是由 $G(a,b,\varphi)$ 公理模式 $\langle a\rangle[b]p\to\varphi$ 构建的正规 LMM 系统，那么 L 相对于满足关系方程 $R_a\subseteq F(R_b^{-1})$ 的多关系模型类而言是可靠的。

---

① 例如，为了证明 $T\times K4$ 相对于多关系模型 $\langle U,\{R_1,R_2\},V\rangle$ 是完全的，其中 R_1 具有自返性，R_2 具有传递性，则需要证明典范模型 M^L 满足这些条件并且它们是独立的。我们很容易能够发现这一证明是用相同方式证明 T 的完全性和证明 K4 完全性的“叠加”。

推论 5.2　如果 L 是由 $G(a,b,\wedge)^n$ 公理模式 $\langle a_1\rangle[b_1]\alpha_1\wedge\cdots\wedge\langle a_n\rangle[b_n]\alpha_n\to\varphi$ 构建的正规 LMM 系统，那么 L 相对于满足关系方程 $R_{a_1}\cap\cdots\cap R_{a_n}\subseteq F^{\varphi}(R_{b_1}^{-1},\cdots,R_{b_n}^{-1})$ 的多关系模型类而言是可靠的。

对于 Sahlqvist 公理模式的其他特例(参见定理 4.5)而言，也能够得到与上述定理相似的可靠性结论。具体细节此处省略。

与正规多模态逻辑系统的可靠性相关的一个重要问题是多模态逻辑系统之间的区别。一般来讲，为了表明两个系统 L_1 和 L_2 是不同的，则需要构建 L_1 的模型同时该模型不是 L_2 的模型，反之亦然。这一方法也能够表明或者 $L_1\subseteq L_2$ 或者 $L_2\subseteq L_1$。然而，对于此处考察的这些多模态逻辑系统而言，很难给出一个一般性的结论去区分它们。因为由 Sahlqvist 公理(或其特例 $G(a,b,\varphi)$ 公理、$G(a,b,\wedge)^n$ 公理等)构建的多模态逻辑系统非常广泛，因此，仅在特定的情况下考虑对这些多模态系统进行比较会更加合理①。

为了给出多模态 Sahlqvist 系统的决定性结论还需要给出多模态 Sahlqvist 系统的完全性结论。在模态逻辑中，证明完全性主要有两种方法(实际上它们是等价的)。一种是直接证明，即如果 α 是 Sahlqvist 公理，则 L 的专有典范多关系模型满足定理 4.2 的证明中所指示的性质 $\forall\hat{\alpha}$ (它是二元关系的一阶性质)。另一种是使用 Sahlqvist 方法，即证明典范多关系模型 M^L 和 Sahlqvist 公理 α 满足性质 $M^L\vDash\alpha\Rightarrow F^L\vDash\alpha$，其中 F^L 是 L 的专有多关系框架，由此可以推出其完全性结论。在经典逻辑的证明中经常使用第一种方法(Makinson，1966；Segerberg，1971；Lemmon et al.，1977；Chellas，1980)。萨尔奎斯特使用的是第二种方法，即表明 L 是典范逻辑(参见定义 5.2)，并将其推广到多模态逻辑中。由此可以得到下述结论。

定理 5.8(多模态 Sahlqvist 公理模式完全性定理)　如果 L 是由 Sahlqvist 公理 $[a](\phi\to\varphi)$ 构建的正规 LMM 系统，那么 L 相对于满足定理 4.2 中给出性质的多关系模型类而言是完全的。(证明略。)

推论 5.3　如果 L 是由 $G(a,b,\wedge)^n$ 公理模式 $\langle a_1\rangle[b_1]\alpha_1\wedge\cdots\wedge\langle a_n\rangle[b_n]\alpha_n\to\varphi$ 构建的正规 LMM 系统，那么 L 相对于满足关系方程 $R_{a_1}\cap\cdots\cap R_{a_n}\subseteq F^{\varphi}(R_{b_1}^{-1},\cdots,R_{b_n}^{-1})$ 的多关系模型类而言是完全的。

将定理 5.7 与定理 5.8 结合，可得到多模态 Sahlqvist 公理模式决定性定理。

① 多模态系统的比较可以通过考察多模态系统公理化的分离性问题进行。例如，系统 $T_1\times K4_2+K_{1,2}$ 和系统 $T_1\times S4_2+K_{1,2}$ 是相同的。

定理 5.9(多模态 Sahlqvist 公理模式决定性定理) 如果 L 是 Sahlqvist 系统(参见定义 2.19)，那么 L 由满足定理 4.2 中给出性质的多关系模型类所决定。

证明 具体证明过程由决定性的定义(参见定义 5.1)、定理 5.7 和定理 5.8 共同组成。

推论 5.2 和推论 5.3 相结合，能够得到以下结论。

定理5.10 如果L是由 $G(a,b,\wedge)^n$ 公理模式 $\langle a_1\rangle[b_1]\alpha_1\wedge\cdots\wedge\langle a_n\rangle[b_n]\alpha_n\to\varphi$ 构建的正规 LMM 系统，那么 L 由满足关系方程 $\mathrm{R}_{a_1}\cap\cdots\cap\mathrm{R}_{a_n}\subseteq F^{\varphi}(\mathrm{R}_{b_1}^{-1},\cdots,\mathrm{R}_{b_n}^{-1})$ 的多关系模型类决定。

由多模态 Sahlqvist 决定性定理能够得到 $G(a,b,\varphi)$ 公理模式构建的多模态逻辑系统的决定性结论，因为 $G(a,b,\varphi)$ 公理模式是 Sahlqvist 公理模式的特例。类似地能够得到Sahlqvist公理模式其他特例所对应的决定性结论。但是，为了更清晰地表明典范模型在证明完全性中的作用，本书将采用典范模型方法证明 $G(a,b,\varphi)$ 公理模式的完全性结论，即如果 $\langle a\rangle[b]p\to\varphi$ 是 L 的公理，则 L 的专有典范多关系模型 M^{L} 满足关系方程 $\mathrm{R}_a\subseteq F^{\varphi}(\mathrm{R}_b^{-1})$ 所表述的性质。这一证明实际上也表明了典范模型 M^{L} 的性质，同时也是之前 Sahlqvist 完全性定理证明的一个特例。在此基础之上，我们将给出 $G(a,b,\varphi)$ 公理模式的决定性结论。

接下来，继续用 F^{φ} 表示定义在二元关系之上的函项(参见定义 4.5)，用 R_a (替换 $\mathrm{R}_a^{\mathrm{L}}$)表示 L 的典范模型 M^{L} 上的二元关系(参见定义 5.4 和定理 5.3)，用 x 和 y 等(替换 ∇ 和 ∇' 等)表示 U^{L} 的元素。

引理 5.4 如果 ϕ 是一元命题函项， x 和 y 等是 L 极大一致集并且 $a\in\Sigma$，那么等式 $\{\phi(\alpha)\|[a]\alpha\in\mathrm{x}\}\subseteq\mathrm{y}\Leftrightarrow\{\langle a\rangle\alpha|\phi^{\sigma}(\alpha)\in\mathrm{y}\}\subseteq\mathrm{x}$ 成立。①

证明 根据对换即可得证。这是引理 5.1 的扩展。

定理 5.11 如果 ϕ 是肯定的一元命题函项，x 、y 是 L 的极大一致集并且 $a\in\Sigma$，则 $(\mathrm{x},\mathrm{y})\in F^{\phi}(\mathrm{R}_a^{-1})\Leftrightarrow\{\phi(\alpha)\|[a]\alpha\in\mathrm{y}\}\subseteq\mathrm{x}\Leftrightarrow\{\langle a\rangle\alpha|\phi^{\sigma}(\alpha)\in\mathrm{x}\}\subseteq\mathrm{y}$。

证明(此证明参考了卡塔奇的工作(Catach，1989)[265-266]) 第二个等式可以根据引理 5.4 得到，第一个等式通过施归纳于 ϕ 的复杂度进行证明(因为 ϕ 是肯定的，所以假设不包含 $\neg$ 和 $\to$)。

① ϕ^{σ} 是 ϕ 的对偶，即 $\phi^{\sigma}(\alpha)=\neg\phi(\neg\alpha)$。

(1) 若 $\phi=\top$：$(x,y)\in F^{\phi}(R_a^{-1})\Leftrightarrow(x,y)\in 1$，因为 $\top\in x$，所以 $\{\phi(\alpha)|[a]\alpha\in y\}=\{\top\}\subseteq x$。等式的两边同时是真的。

(2) 若 $\phi=\bot$：$(x,y)\in F^{\phi}(R_a^{-1})\Leftrightarrow(x,y)\in 0$，因为 $\bot\notin x$，所以 $\{\phi(\alpha)|[a]\alpha\in y\}=\{\bot\}\nsubseteq x$。等式的两边同时是假的。

(3) 若 ϕ 是一个投影函项 $\mathbb{P}_i^n$：ϕ 是一元的，ϕ 实际上是恒等式；由此可得 $\phi(\alpha)=\alpha$ 并且 $F^{\phi}(R_a^{-1})=R_a^{-1}$，这一等式就是关系 R_a 在专有典范多关系模型上的定义(参见定义 5.4 和定理 5.3)。

(4) 若 $\phi=\phi_1\wedge\phi_2$：假设等式对 ϕ_1 和 ϕ_2 成立，即 $F^{\phi}(R_a^{-1})=F^{\phi_1}(R_a^{-1})\cap F^{\phi_2}(R_a^{-1})$，则需证明：$\{\phi_1(\alpha)\|[a]\alpha\in y\}\subseteq x$ 和 $\{\phi_2(\alpha)\|[a]\alpha\in y\}\subseteq x\Leftrightarrow\{\phi_1(\alpha)\wedge\phi_2(\alpha)\|[a]\alpha\in y\}\subseteq x$。此式成立，因为如果 $[a]\alpha\in y$，则 $(\phi_1(\alpha)\in x$ 和 $\phi_2(\alpha)\in x)\Leftrightarrow\phi_1(\alpha)\wedge\phi_2(\alpha)\in x$。

(5) 若 $\phi=\phi_1\vee\phi_2$：类似地，假设等式对 ϕ_1 和 ϕ_1 成立，即 $F^{\phi}(R_a^{-1})=F^{\phi_1}(R_a^{-1})\cup F^{\phi_2}(R_a^{-1})$，则需证明：$\{\phi_1(\alpha)\|[a]\alpha\in y\}\subseteq x$ 或 $\{\phi_2(\alpha)\|[a]\alpha\in y\}\subseteq x\Leftrightarrow\{\phi_1(\alpha)\vee\phi_2(\alpha)\|[a]\alpha\in y\}\subseteq x$。$\Rightarrow)$ 方向成立。因为如果 $[a]\alpha\in y$，则 $\phi_1(\alpha)\in x$ 或 $\phi_2(\alpha)\in x$，因此 $\phi_1(\alpha)\vee\phi_2(\alpha)\in x$。$\Leftarrow)$ 方向使用归谬法。假设存在 α 和 β，满足 $[a]\alpha\in y$，$[a]\beta\in y$，并且 $\phi_1(\alpha)\notin x$，$\phi_2(\beta)\notin x$。令 $\gamma=\alpha\wedge\beta$。一方面，得 $[a]\gamma\simeq([a]\alpha\wedge[a]\beta)$ 并且 $[a]\gamma\in y$。另一方面，$\gamma\leqslant\alpha$ 并且 $\gamma\leqslant\beta$，因此 $\phi_1(\gamma)\leqslant\phi_1(\alpha)$ 并且 $\phi_2(\gamma)\leqslant\phi_2(\beta)$，因为 ϕ_1 和 ϕ_2 是单调的。因为 $\phi_1(\alpha)\notin x$ 并且 $\phi_2(\beta)\notin x$，由此可得 $\phi_1(\gamma)\notin x$，$\phi_2(\gamma)\notin x$ (因为 $u\leqslant v$ 并且 $u\in x$ 蕴涵 $v\in x$，参见定理 3.4(7))，因此 $\phi_1(\gamma)\vee\phi_2(\gamma)\notin x$。而这与假设 $\{\phi_1(\gamma)\vee\phi_2(\gamma)/[a]\gamma\in y\}\subseteq x$ 相矛盾。

(6) 若 $\phi=\langle b\rangle\varphi$：$(x,y)\in F^{\phi}(R_a^{-1})\Leftrightarrow(x,y)\in R_b|F^{\varphi}(R_a^{-1})\Leftrightarrow(\exists z)(xR_bz\wedge(z,y)\in F^{\varphi}(R_a^{-1}))$。对 φ 归纳假设，则需证明：$(\exists z)(xR_bz\wedge\{\varphi(\alpha)\|[a]\alpha\in y\}\subseteq z)\Leftrightarrow\{\langle b\rangle\varphi(\alpha)\|[a]\alpha\in y\}\subseteq x$。$\Rightarrow)$ 方向成立。因为 $[a]\alpha\in y\Rightarrow\varphi(\alpha)\in z\Rightarrow\langle b\rangle\varphi(\alpha)\in x$，$(\exists z)(xR_bz\wedge\varphi(\alpha)\in z)$。$\Leftarrow)$ 方向：令 $\Gamma=\{\alpha\|[b]\alpha\in x\}\cup\{\varphi(\alpha)\|[a]\alpha\in y\}$。为了证明 Γ 是 L 一致的，可采用归谬法。假设 Γ 是不一致的，即存在 $\alpha_1,\cdots,\alpha_n$ 满足 $[b]\alpha_i\in x$，其中 $1\leqslant i\leqslant n$，存在 $\beta_1,\cdots,\beta_p$ 满足 $[a]\beta_j\in y$，其中 $1\leqslant j\leqslant p$，并且 $\alpha_1\wedge\cdots\wedge\alpha_n\wedge\varphi(\beta_1)\wedge\cdots\wedge\varphi(\beta_p)\leqslant\bot$。令 $\alpha=\alpha_1\wedge\cdots\wedge\alpha_n$，$\beta=\beta_1\wedge\cdots\wedge\beta_p$。如果 $1\leqslant j\leqslant p$，则 $\beta\leqslant\beta_j$，因此 $\varphi(\beta)\leqslant\varphi(\beta_j)$，因为 φ 是单调的。由此推出 $\varphi(\beta)\leqslant(\varphi(\beta_1)\wedge\cdots\wedge\varphi(\beta_p))$，因此 $[b]\alpha\wedge$

$\langle b\rangle\varphi(\beta)\leqslant\langle b\rangle(\alpha\wedge\varphi(\beta))\leqslant\langle b\rangle(\alpha\wedge\varphi(\beta_1)\wedge\cdots\wedge\varphi(\beta_p))\leqslant\langle b\rangle\bot\simeq\bot$[①]，$[b]\alpha\wedge\langle b\rangle\varphi(\beta)\leqslant\bot$。或者$[b]\alpha\simeq([b]\alpha_1\wedge\cdots\wedge[b]\alpha_n)\in \mathrm{x}$，并且$[a]\beta\simeq([a]\beta_1\wedge\cdots\wedge[a]\beta_p)\in \mathrm{y}$，根据假设则$\langle b\rangle\varphi(\beta)\in \mathrm{x}$。这与x的一致性是矛盾的，因此得到了一个矛盾，上文假设不成立。所以，Γ是L一致的。根据林登鲍姆引理(参见定理 3.5)，存在一个极大一致集z包含Γ。因此$\mathrm{xR}_b\mathrm{z}$(因为$\{\alpha|[b]\alpha\in \mathrm{x}\}\subseteq\Gamma\subseteq \mathrm{z}$)并且$\{\varphi(\alpha)\|[a]\alpha\in \mathrm{y}\}\subseteq\Gamma\subseteq \mathrm{z}$。

(7)若$\phi=[b]\varphi$：$(\mathrm{x,y})\in F^{\phi}(\mathrm{R}_a^{-1})\Leftrightarrow(\mathrm{x,y})\in \mathrm{R}_b\Theta F^{\varphi}(\mathrm{R}_a^{-1})\Leftrightarrow(\forall \mathrm{z})(\mathrm{xR}_b\mathrm{z}\wedge(\mathrm{z,y})\in F^{\varphi}(\mathrm{R}_a^{-1}))$。对$\varphi$归纳假设，需证明：$(\forall \mathrm{z})(\mathrm{xR}_b\mathrm{z}\rightarrow\{\varphi(\alpha)\|[a]\alpha\in \mathrm{y}\}\subseteq \mathrm{z})\Leftrightarrow\{[b]\varphi(\alpha)\|[a]\alpha\in \mathrm{y}\}\subseteq \mathrm{x}$。⇒)方向：令$[a]\alpha\in \mathrm{y}$。需要证明$[b]\varphi(\alpha)\in \mathrm{x}$，也就是说$(\forall \mathrm{z})(\mathrm{xR}_b\mathrm{z}\rightarrow\varphi(\alpha)\in \mathrm{z})$；这是成立的，因为$[a]\alpha\in \mathrm{y}$，如果$\mathrm{xR}_b\mathrm{z}$，则$\varphi(\alpha)\in \mathrm{z}$。⇐)方向：如果$\mathrm{xR}_b\mathrm{z}$且$[a]\alpha\in \mathrm{y}$，则$[b]\varphi(\alpha)\in \mathrm{x}$并且$\varphi(\alpha)\in \mathrm{z}$，因为$\mathrm{xR}_b\mathrm{z}$。

注意，这一证明的大部分在L的任意典范多关系模型上都是有效的，特别是蕴涵关系$(\mathrm{x,y})\in F^{\phi}(\mathrm{R}_a^{-1})\Rightarrow\{\phi(\alpha)\|[a]\alpha\in \mathrm{y}\}\subseteq \mathrm{x}$。因此这可以看作引理 5.2 的扩展。另外，如果$\phi$不是肯定的，则上述结论不再有效。实际上，如果考虑到上述证明缺失的部分，即$\phi=\neg\varphi$，已知$(\mathrm{x,y})\in F^{\phi}(\mathrm{R}_a^{-1})\Leftrightarrow(\mathrm{x,y})\notin F^{\varphi}(\mathrm{R}_a^{-1})$，则必须证明等式：$\{\varphi(\alpha)\|[a]\alpha\in \mathrm{y}\}\not\subseteq \mathrm{x}\Leftrightarrow\{\neg\varphi(\alpha)|[a]\alpha\in \mathrm{y}\}\subseteq \mathrm{x}$，即$(\exists\alpha)([a]\alpha\in \mathrm{y}\wedge\neg\varphi(\alpha)\in \mathrm{x})\Leftrightarrow(\forall\alpha)([a]\alpha\in \mathrm{y}\rightarrow\neg\varphi(\alpha)\in \mathrm{x})$，很明显⇒)和⇐)两个方向都不成立。此外，将上述结论扩展到任意元的函项，可以得到以下结论：

定理 5.12 如果ϕ是肯定的n元命题函项，x、y…是L极大一致集，并且$a_1,\cdots,a_n$是参数，那么下述条件是等价的[②]：

(1) $(\mathrm{x,y})\in F^{\phi}(\mathrm{R}_{a_1}^{-1},\cdots,\mathrm{R}_{a_n}^{-1})$。

(2) $\{\phi(a_1,\cdots,a_n)\|[a_1]\alpha_1,\cdots,[a_n]\alpha_n\in \mathrm{y}\}\subseteq \mathrm{x}$。

(3) $\{\langle a_1\rangle\alpha_1\vee\cdots\vee\langle a_n\rangle\alpha_n|\phi^{\sigma}(\alpha_1,\cdots,\alpha_n)\in \mathrm{x}\}\subseteq \mathrm{y}$。

证明 根据$[a_1]\alpha_1,\cdots,[a_n]\alpha_n\in \mathrm{y}$等价于$[a_1]\alpha_1\wedge\cdots\wedge[a_n]\alpha_n\in \mathrm{y}$，公式(2)和(3)之间的等价关系通过换质位即可证明。公式(1)和(2)之间等价关系

① 第一个$\leqslant$是根据模态逻辑中的定理$(\Box p\wedge\Diamond q)\leqslant\Diamond(p\wedge q)$得来的，第二个$\leqslant$是根据$\langle b\rangle$的单调性得来的，最后一个$\leqslant$是由$\langle b\rangle$的正规性$\langle b\rangle\bot\simeq\bot$得来的。

② ϕ^{σ}是ϕ的对偶，即$\phi^{\sigma}(\alpha_1,\cdots,\alpha_n)=\neg\phi(\neg\alpha_1,\cdots,\neg\alpha_n)$。

的证明与定理 5.11 的证明类似，施归纳于ϕ的复杂度。

为了书写简单，用$\vec{\alpha}=(\alpha_1,\cdots,\alpha_n)$表示$n$元公式，如果对于$\vec{\alpha}=(\alpha_1,\cdots,\alpha_n)$并且$\vec{\beta}=(\beta_1,\cdots,\beta_n)$，则用$\vec{\alpha}\wedge\vec{\beta}$表示 n 元组$(\alpha_1\wedge\beta_1,\cdots,\alpha_n\wedge\beta_n)$。如果$\alpha_i\leqslant\beta_i$并且$1\leqslant i\leqslant n$，则记作$\vec{\alpha}\wedge\vec{\beta}$。另外，$\vec{\alpha}\wedge\vec{\beta}\leqslant\vec{\alpha}$并且$\vec{\alpha}\wedge\vec{\beta}\leqslant\vec{\beta}$，如果$\phi$是$n$元肯定的，则由$\vec{\alpha}\wedge\vec{\beta}$可推出$\phi(\vec{\alpha})\leqslant\phi(\vec{\beta})$，因为$\phi$是单调的(Catach，1989)[66-67]。

• $\phi=\top$，$\phi=\bot$，$\phi=\mathbb{P}_i^n$，$\phi=\phi_1\wedge\phi_2$的情况与定理 5.11 的证明相同。

• $\phi=\phi_1\vee\phi_2$：$\Leftarrow$) 方向的证明与定理 5.11 的证明相同，除了用$\vec{\alpha}=(\alpha_1,\cdots,\alpha_n)$和$\vec{\beta}=(\beta_1,\cdots,\beta_n)$分别替换$\alpha$和$\beta$之外。然后令$\vec{\gamma}=\vec{\alpha}\wedge\vec{\beta}$，证明的结论不变。

• $\phi=\langle b\rangle\varphi$：对于$\Leftarrow$) 方向的证明，通过使用归谬法证明集合$\Gamma=\{\alpha\,|\,[b]\alpha\in \mathrm{x}\}\cup\{\varphi(\vec{\alpha})\,|\,[a_1]\alpha_1,\cdots,[a_n]\alpha_n\in \mathrm{y}\}$是 L 一致的：与定理 5.11 的证明相同，通过在p元组$\vec{\beta}^1,\cdots,\vec{\beta}^p$(而不是$\beta_1,\cdots,\beta_p$)之上进行推理，满足$[a_i]\beta_i^j\in \mathrm{y}$并且$1\leqslant i\leqslant n$，$1\leqslant j\leqslant p$，同时令$\vec{\beta}=\vec{\beta}^1\wedge\cdots\wedge\vec{\beta}^p$，证明的结论不变。

• $\phi=[b]\varphi$的情况和定理 5.15 的证明是一样的。

从上述定理可以直接推出下述结论：

推论 5.4 如果$G(a,b,\varphi)$：$\langle a\rangle[b]\alpha\to\varphi$是 L 的定理($a,b$是参数，$\varphi$是肯定的)，那么该系统的专有典范多关系模型满足$\mathrm{R}_a\subseteq F^{\varphi}(\mathrm{R}_b^{-1})$。

证明 如果$\mathrm{xR}_a\mathrm{y}$，则需要证明$(\mathrm{x,y})\in F^{\varphi}(\mathrm{R}_b^{-1})$。根据定理 5.11，由$[b]\alpha\in \mathrm{y}\Rightarrow\langle a\rangle[b]\alpha\in \mathrm{x}$ (因为$\mathrm{xR}_a\mathrm{y}$)$\Rightarrow\varphi(\alpha)\in \mathrm{x}$ (因为$\langle a\rangle[b]\alpha\to\varphi(\alpha)$是 L 的定理，因此它属于$\mathrm{x}$)可以直接得到$\{\varphi(\alpha)\,|\,[b]\alpha\in \mathrm{y}\}\subseteq \mathrm{x}$。需要注意的是，L 的其他典范模型并不具有这一性质。

根据上述结论可以得到$G(a,b,\varphi)$公理模式的完全性定理。

定理 5.13 如果 L 是由$G(a,b,\varphi)$公理模式$\langle a\rangle[b]\alpha\to\varphi$构建的正规 LMM 系统，则 L 相对于满足关系方程$\mathrm{R}_a\subseteq F(\mathrm{R}_b^{-1})$的多关系模型类而言是完全的。(证明略)

这一定理可以看作推论 5.4 的一个变体。因此，根据推论 5.1 以及定理 5.13 即可得到$G(a,b,\varphi)$公理模式的决定性定理。

定理 5.14 如果 L 是由$G(a,b,\varphi)$公理模式$\langle a\rangle[b]\alpha\to\varphi$构建的正规 LMM 系统，那么 L 由满足关系方程$\mathrm{R}_a\subseteq F^{\varphi}(\mathrm{R}_b^{-1})$的多关系模型类决定。

证明 具体证明由决定性的定义(参见定义 5.1)、推论 5.1 以及定理 5.13

的证明共同组成。

值得注意的是，上述系统的专有典范多关系框架 F^L 也满足性质 $R_a \subseteq F^{\varphi}(R_b^{-1})$，因此 L 是一阶完全的，并且是典范的(参见定义 5.2)。

多模态 Sahlqvist 公理模式决定性定理以及 $G(a,b,\varphi)$ 公理模式决定性定理这些一般性的结论能够应用到之前考察的许多具体的公理。例如，在第二章考察过的公理 $K_{1,2}$、$D_{1,2}$、$B_{1,2}$、$S4_{1,2}$、$SC_{1,2}$ 和 $C_{1,2}$ 等。第四章有关的对应性结论已经表明这些公理在多关系框架上对应关系方程(参见推论 4.2 和定理 4.5)，根据上述决定性定理可以直接得到与这些公理对应的决定性结论。而对于 Sahlqvist 公理模式的特例 $G(a,b,c,d)$、$G(a,b,\wedge)^n$ 公理模式及其扩展而言，根据其在多关系框架上对应的关系方程，也能够得到各自相关的决定性结论。此处省略这些具体的决定性结论及其证明。

需要特别指出的是，关于模态逻辑完全性的经典证明，上述结论可以进行如下扩展(Makinson，1966)。

定理 5.15 L 是由 $G(a,b,\varphi)$ 公理模式构建的正规 LMM 系统。如果 Γ 是公式集，则下述条件是等价的。

(1) Γ 是 L 一致的。

(2) 存在多关系模型 M 满足关系方程 $R_a \subseteq F^{\varphi}(R_b^{-1})$，并且 M 满足 Γ。

证明 $(2)\Rightarrow(1)$ 是不足道的，因为如果 $\Gamma \vdash_L \bot$，则 $M \vDash \Gamma$ 可推出 $M \vDash \bot$ (参见定理 3.17(2))。对于 $(1)\Rightarrow(2)$：如果 Γ 是 L 一致的，则存在 L 极大一致集 x，满足 $\Gamma \subseteq x$。令 $M = M^L$，则 $(M,x) \vDash \Gamma$ (因为 $\Gamma \subseteq x \Leftrightarrow (\forall \alpha \in \Gamma)\alpha \in x \Leftrightarrow (\forall \alpha \in \Gamma)\ (M,x) \vDash \alpha$)，并且 M 满足 Γ；另外，根据之前推论 5.4 可知 M 满足关系方程 $R_a \subseteq F^{\varphi}(R_b^{-1})$。

推论 5.5 L 的专有典范多关系模型 M^L 满足下述性质：

(1) 如果 $\vdash_L (\langle c\rangle\alpha \leftrightarrow (\langle a\rangle\alpha \vee \langle b\rangle\alpha))$，那么 $R_c = R_a \cup R_b$。

(2) 如果 $\vdash_L (\langle a\rangle\alpha \leftrightarrow \bot)$，那么 $R_a = 0$。

(3) 如果 $\vdash_L (\langle c\rangle\alpha \leftrightarrow \langle a\rangle\langle b\rangle\alpha)$，那么 $R_c = R_a | R_b$。

(4) 如果 $\vdash_L (\langle a\rangle\alpha \leftrightarrow \alpha)$，那么 $R_a = I$。

(5) 如果 $\vdash_L (\alpha \to [a]\langle b\rangle\alpha)$，那么 $R_a \subseteq R_b^{-1}$。

(6) 如果 $\vdash_L (\alpha \to [a]\langle b\rangle\alpha)$ 并且 $\vdash_L (\alpha \to [b]\langle a\rangle\alpha)$，那么 $R_a = R_b^{-1}$。

(7) 如果 $\vdash_L (\langle c\rangle\alpha \leftrightarrow (\langle a\rangle\alpha \wedge \langle b^u\rangle \top))$，那么 $R_c = R_a \rhd R_b$ (如果 b^u 是被定义的)。

证明 在公理模式 $G(a,b,\varphi)$ 的一些特例上使用推论 5.4 即可得证（为了简化，用 $F(\phi)$ 替换 F^{ϕ}）。

(1) $\langle c\rangle\alpha\to(\langle a\rangle\alpha\vee\langle b\rangle\alpha)$ 是公理 $G(c,\lambda,\langle a\rangle p\vee\langle b\rangle p)$。如果它是 L 的定理，则 $\mathrm{R}_c\subseteq F(\langle a\rangle p\vee\langle b\rangle p)(I)$，即 $\mathrm{R}_c\subseteq\mathrm{R}_a|I\cup\mathrm{R}_b|I=\mathrm{R}_a\cup\mathrm{R}_b$。相反，$(\langle a\rangle\alpha\vee\langle b\rangle\alpha)\to\langle c\rangle\alpha$ 是公理 $G(a,\lambda,\langle c\rangle p)$ 和公理 $G(b,\lambda,\langle c\rangle p)$ 的合取，并且在 M^{L} 上 $\mathrm{R}_a\subseteq F(\langle c\rangle p)(I)=\mathrm{R}_c$，$\mathrm{R}_b\subseteq F(\langle c\rangle p)(I)=\mathrm{R}_c$，即 $\mathrm{R}_a\cup\mathrm{R}_b\subseteq\mathrm{R}_c$。因此 R_c=$\mathrm{R}_a\cup\mathrm{R}_b$。

(2) $\langle a\rangle\alpha\leftrightarrow\bot$ 等价于 $\langle a\rangle\alpha\to\bot$，因此它是公理 $G(a,\lambda,\bot)$，由此可得，在 M^{L} 上满足 $\mathrm{R}_a\subseteq F(\bot)(I)=0$，即 $\mathrm{R}_a=0$。

(3) $\langle c\rangle\alpha\to\langle a\rangle\langle b\rangle\alpha$ 是公理 $G(c,\lambda,\langle a\rangle\langle b\rangle p)$，因此在 M^{L} 上满足 $\mathrm{R}_c\subseteq F(\langle a\rangle\ \langle b\rangle p)(I)=\mathrm{R}_a|(\mathrm{R}_b|I)=\mathrm{R}_a|\mathrm{R}_b$。相反，公理 $\langle a\rangle\langle b\rangle\alpha\to\langle c\rangle\alpha$ 等价于公理 $[c]\alpha\to[a][b]\alpha$，即公理 $G(\lambda,c,[a][b]p)$。由此可推出 $I\subseteq F([a][b]p)(\mathrm{R}_c{}^{-1})=\mathrm{R}_a\Theta(\mathrm{R}_b\Theta\mathrm{R}_c{}^{-1})=(\mathrm{R}_a|\mathrm{R}_b)\Theta\mathrm{R}_c{}^{-1}$ (参见定理 3.14(9))，并且根据等式 $\mathrm{S}\subseteq\mathrm{R}\Theta\mathrm{T}^{-1}\Leftrightarrow\mathrm{R}\subseteq\mathrm{S}\Theta\mathrm{T}$ (参见定理 3.13(3))和 $I\Theta\mathrm{R}_c=\mathrm{R}_c$ (参见定理 3.14(2))，可知 $\mathrm{R}_a\,|\,\mathrm{R}_b\subseteq\mathrm{R}_c$，最后可得 R_c=$\mathrm{R}_a\,|\,\mathrm{R}_b$。

(4) $\langle a\rangle\alpha\leftrightarrow\alpha$ 是公理 $G(a,\lambda,p)$ 和公理 $G(\lambda,\lambda,\langle a\rangle p)$ 合取，并且在 M^{L} 上满足 $\mathrm{R}_a\subseteq F(p)(I)=I$ 和 $I\subseteq F(\langle a\rangle p)(I)=\mathrm{R}_a$，所以 $\mathrm{R}_a=I$。

(5) $\alpha\to[a]\langle b\rangle\alpha$ 等价于 $\langle a\rangle[b]\alpha\to\alpha$，即公理 $G(a,b,p)$，并且在 M^{L} 上满足 $\mathrm{R}_a\subseteq F(p)(\mathrm{R}_b{}^{-1})=\mathrm{R}_b{}^{-1}$。

(6) 可根据(5)得到。只考虑特殊情况，如果在参数上进行共轭运算(Catach，1989)[188-189]，因为 $\alpha\to[a]\langle a^u\rangle\alpha$ 和 $\alpha\to[a^u]\langle a\rangle\alpha$ 是 L 的公理，所以在 M^{L} 上满足 $\mathrm{R}_{a^u}=\mathrm{R}_a{}^{-1}$。

(7) $\langle c\rangle\alpha\to(\langle a\rangle\alpha\wedge\langle b^u\rangle\top)$ 是公理 $G(c,\lambda,\langle a\rangle p\wedge\langle b^u\rangle\top)$，因此在 M^{L} 上满足 $\mathrm{R}_c\subseteq F(\langle a\rangle p\wedge\langle b^u\rangle\top)(I)=\mathrm{R}_a\cap\mathrm{R}_{b^u}|1=\mathrm{R}_a\cap\mathrm{R}_b{}^{-1}|1=\mathrm{R}_a\rhd\mathrm{R}_b$ (参见定义 3.12)。相反，$(\langle a\rangle\alpha\wedge\langle b^u\rangle\top)\to\langle c\rangle\alpha$ 等价于 $\langle a\rangle\alpha\to(\langle c\rangle\alpha\vee[b^u]\bot)$，即公理 $G(a,\lambda,\langle c\rangle p\vee[b^u]\bot)$，并且在 M^{L} 上满足 $\mathrm{R}_a\subseteq\mathrm{R}_c\cup\mathrm{R}_{b^u}\Theta0=\mathrm{R}_c\cup\mathrm{R}_b{}^{-1}\Theta0$。又因为 $\mathrm{R}_b{}^{-1}\Theta0$=$\mathrm{R}_b{}^{-1}|1$，则可推出 $\mathrm{R}_a\rhd\mathrm{R}_b$=$\mathrm{R}_a\cap\mathrm{R}_b{}^{-1}|1\subseteq\mathrm{R}_c\cap\mathrm{R}_b{}^{-1}|1\subseteq\mathrm{R}_c$。因此可得 R_c=$\mathrm{R}_a\rhd\mathrm{R}_b$。

推论 5.6　如果 L 是正规 LMM 系统(参见定义 2.13)，则 M^{L} 是标准多关系模型(参见定义 3.22)。

证明　需要证明在 M^{L} 上满足 $\mathrm{R}_{a\cup b}$=$\mathrm{R}_a\cup\mathrm{R}_b$，$\mathrm{R}_0=0$，$\mathrm{R}_{a;b}$=$\mathrm{R}_a|\mathrm{R}_b$，$\mathrm{R}_\lambda=I$，并且 R_{a^u}=$\mathrm{R}_a{}^{-1}$，$\mathrm{R}_{a\rhd b}$=$\mathrm{R}_a\rhd\mathrm{R}_b$。根据这些运算的公理化(Catach，

1989)[191-192]以及推论 5.5 即可得证。

第四节 基于决定性的多模态逻辑系统的分离标准

对于多模态逻辑系统 L 而言，在第二章多模态逻辑系统的公理化的研究中已经涉及了它的子系统 L_a 的公理化的研究，特别是与原子参数(或算子)相关联的子系统 L_A 的公理化问题，由此提出了公理化可分离的概念。在考察了正规多模态逻辑系统的决定性问题的基础上，可以进一步澄清公理化可分离的概念。从语法的角度看，这一概念表示一个公理化是否“充分明确地”(或“完全地”)覆盖(包含)它所有子系统的公理化。

接下来，我们将指出如何利用关于模态和多模态系统的决定性定理，给出一个判定多模态逻辑系统公理化是否可分离的语义标准，从而确定其子系统的性质。为了简单起见，此处仅考虑由公理模式刻画的公理化，暂不考虑推导规则。

已知 Γ 是公理模式集，并且 $a\in\Sigma$。Γ_a 表示子语言 $\mathcal{L}_a$ 中的公式集，即只包含模态算子 $[a]$ 和 $\langle a\rangle$。用 L=NMML(Γ) 表示包含公式集 Γ 作为定理的极小正规多模态逻辑系统，类似地，用 NML(Γ_a) 表示包含公式集 Γ_a 作为定理的极小正规多模态逻辑系统。与之对应，L_a 表示 L 之于 a 的提取子系统，即集合 $L\cap\mathcal{L}_a$ 表示 L 中属于语言 $\mathcal{L}_a$ 的定理。如果 Γ 对于任意原子参数 $A\in\Sigma_0$ 而言都是可分离的，那么称 Γ 是可分离的；如果 $L_a=\mathrm{NML}(\Gamma_a)$，称 Γ 之于 a 是可分离的。注意，包含关系 $\mathrm{ML}(\Gamma_a)\subseteq L_a$ 是成立的(参见引理 2.1)。

下文将使用生成子框架和生成子模型的概念，分别记作 $F\subseteq F'$ 及 $M\subseteq M'$，多关系框架 $F=\langle U,\mathfrak{R}\rangle$ 的提取框架记作 $F_a=\langle U,R_a\rangle$，多关系模型 $M=\langle U,\mathfrak{R},V\rangle$)的提取模型记作 $M_a=\langle U,R_a,V\rangle$)(参见定义 3.17、定义 3.18、定义 3.26 和定理 3.19)。此外还会特别使用到定理 3.20 中的结论。

定理 5.16 已知 Γ 是公理模式集，L=NMML(Γ)，a 是参数，NML(Γ_a) 是由 Γ_a 生成正规模态逻辑系统。假设 L 由多关系模型类 $\mathfrak{M}$ 决定，NML(Γ_a) 由模型类 $\mathfrak{M}_a$ 决定，并且 $\mathfrak{M}$ 和 $\mathfrak{M}_a$ 满足：对于 $\mathfrak{M}_a$ 中的任意模型 $M_a=\langle U,R_a,V\rangle$ 而言，存在一个 $\mathfrak{M}$ 中的模型 $M=\langle U,\mathfrak{R},V\rangle$ 使得：M_a 是从 M 中提取的之于 a 的模型，则称 Γ 之于 a 是可分离的。

证明 因为 $\mathrm{NML}(\Gamma_a)\subseteq L_a$，则还需证明它的反面 $L_a\subseteq\mathrm{NML}(\Gamma_a)$。因此，若 $\alpha\in L_a$，即 $\alpha\in\mathcal{L}_a$ 并且 $\vdash_L\alpha$，则假设 $\alpha\notin\mathrm{NML}(\Gamma_a)$。因为 NML($\Gamma_a$) 由 $\mathfrak{M}_a$ 决定，则存在一个 $\mathfrak{M}_a$ 中的模型 M_a，并且 α 在 M_a 上是不可满足的。

根据关于$\mathfrak{M}$和$\mathfrak{M}_a$的假设，存在一个$\mathfrak{M}$中的模型M使得M_a是从M中提取的之于a的模型。然而，因为$\alpha \in \mathcal{L}_a$，根据定理3.20可知，$M_a \nvDash \alpha \Rightarrow M \nvDash \alpha$。又因为L由多关系模型类$\mathfrak{M}$决定，并且$\vdash_L \alpha$，所以推出了矛盾。因此假设$\alpha \notin NML(\Gamma_a)$不成立。

上文给出的分离标准是语义的，这一标准表明$\mathfrak{M}_a$中任意模型M_a都能扩展为$\mathfrak{M}$中的模型。实际上，如果$M_a = \langle U, R_a, V\rangle$是$\mathfrak{M}_a$中的模型，那么$M_a$通过添加缺失的二元关系$R_b, R_c$等就能够“获得”一个在$\mathfrak{M}$中的多关系模型$M=\langle U, \mathfrak{R}, V\rangle$。当然，棘手之处不是“获得”本身(这始终是可能的)，而在于得到一个恰好在$\mathfrak{M}$中的多关系模型M。后文会给出相应的例子进行具体的分析。接下来明确使用“完备的”这一概念。

定义 5.6 $\mathcal{L} = \mathcal{L}(\Sigma)$是多模态语言，并且$a \in \Sigma$。$M = \langle U, R, V\rangle$是关系模型，$M' = \langle U, \mathfrak{R}, V\rangle$是$\mathcal{L}$的多关系模型。如果M是从$M'$中提取的之于$a$的模型，即$R=R_a$，则称M在$M'$中之于$a$是完备的。

另外，一个模型相对于在$\mathcal{L}$中的多关系模型而言总是完备的，并且可以用多种方式实现。之前的结论为多模态逻辑系统的公理化的分离提供了一个标准，接下来可以用下述推论对上述分离标准进行更加具体的表述。

推论 5.7 L是正规多模态逻辑系统，用公理模式集Γ对K^{Σ_0}进行公理化。对于任意原子参数$A \in \Sigma_0$而言，Γ_A是只包含算子$[A]$和$\langle A\rangle$的公理集，并且$NML(\Gamma_A)$是由Γ_A生成正规模态逻辑系统。

假设L由多关系模型类$\mathfrak{M}$决定，对于任意原子参数$A \in \Sigma_0$而言，$NML(\Gamma_A)$由模型类$\mathfrak{M}_A$决定。对于任意原子参数$A \in \Sigma_0$而言，如果$\mathfrak{M}_A$中的任意模型相对于$\mathfrak{M}$中的多关系模型是完备的，则称Γ是L的一个可分离的公理化。(根据定理5.16即可得证)

接下来，我们将使用上述分离标准考察一个具体的多模态逻辑系统。已知L是正规双模态逻辑系统，其包含算子$\{\Box_1, \Box_2, \Diamond_1, \Diamond_2\}$，公理模式集$\Gamma = \{\Box_1\alpha \to \alpha, \Box_2\alpha \to \Box_1\alpha\}$。换言之，L是系统$T(\Box_1) \times K(\Box_2) + \{\Box_2\alpha \to \Box_1\alpha\}$。如果令$\Box_1 = [A]$，$\Gamma_A = \Gamma_1$等，则

(1) $NML(\Gamma_1) = NML(\{\Box_1\alpha \to \alpha\}) = T$由自返模型类$\mathfrak{M}_1$决定，即由模型$\langle U, R_1, V\rangle$组成的集合决定，其中$R_1$具有自返性。

(2) $NML(\Gamma_2) = NML(\varnothing) = K$由任意模型类$\mathfrak{M}_2$决定，即由模型$\langle U, R_2, V\rangle$组成的集合决定，其中$R_2$是任意关系。

(3) $L = NML(\Gamma)$由多关系模型$M = \langle U, \{R_1, R_2\}, V\rangle$组成的模型类$\mathfrak{M}$决定，其中$R_1$具有自返性，$R_2$是任意关系，并且$R_1 \subseteq R_2$(参见定理5.14)。

我们还需要证明分离性标准不适用于模型类$\mathfrak{M}_2$和$\mathfrak{M}$。首先需要证明如果$\langle U,R_2,V\rangle\in\mathfrak{M}_2$，那么存在$M=\langle U,\{R_1,R_2\},V\rangle\in\mathfrak{M}$。也就是，如果$R_2$是U之上的任意二元关系，则U之上存在自返关系$R_1$并且满足$R_1\subseteq R_2$。这显然是不成立的，如令$R_2$是非自返关系(因为$I\subseteq R_1$并且$R_1\subseteq R_2\Rightarrow I\subseteq R_2$)。

因此，根据上述标准不能证明$\Gamma=\{\Box_1\alpha\to\alpha,\Box_2\alpha\to\Box_1\alpha\}$是可分离的。因为公式$\Box_2\alpha\to\alpha$是 L 的定理并且它属于与算子$\Box_2$相关联的子语言$\mathcal{L}_2$(即$\Box_2\alpha\to\alpha\in L_2$)，但它并不是$NML(\Gamma_2)=K$的定理，所以$\Gamma$是不可分离的。

如果将公理$\Box_2\alpha\to\alpha$添加到Γ即可得到一个可分离的公理化。令$NML(\Gamma_2)=T$，则$\mathfrak{M}_2=\mathfrak{M}_1$并且二者都是自返模型类。使用上述标准，只要表明如果R_1(或R_2)是U之上的自返关系，则存在R_2自返关系(或R_1自返关系)满足$R_1\subseteq R_2$即可。因为只要令$R_1=R_2$，$\Gamma=\{\Box_1\alpha\to\alpha,\Box_2\alpha\to\alpha,\Box_2\alpha\to\Box_1\alpha\}$是 L 的可分离公理化。

另外，$\{\Box_1\alpha\to\alpha,\Box_2\alpha\to\Box_1\alpha\}$仍然是 L 的可接受公理化，因为它能够生成 L 的所有定理(包括$\Box_2\alpha\to\alpha$)。[①]这也表明双模态逻辑系统$T(\Box_1)\times K(\Box_2)+\{\Box_2\alpha\to\Box_1\alpha\}$和$T(\Box_1)\times T(\Box_2)+\{\Box_2\alpha\to\Box_1\alpha\}$是等价的。

模型完备性的定义可以更为一般化。在定理 5.16 的证明中最重要的一点是，如果$M_a\in\mathfrak{M}_a$，则存在$M\in\mathfrak{M}$满足M_a是M的生成子模型。这意味着可以得到$M_a=\langle U,R_a,V\rangle$和$M=\langle U',\mathfrak{R},V'\rangle$并且$U\subseteq U'$(不必然$U=U'$)，因为之后可以得到$M_a\nvDash\alpha\Rightarrow(\exists x\in U)(M_a,x)\nvDash\alpha\Rightarrow(\exists x\in U')(M,x)\nvDash\alpha\Rightarrow M\nvDash\alpha$。因此，在使用分离性标准的过程中，有时可能需要在多关系模型类$\mathfrak{M}$中"添加世界"以获得完备的模型类$\mathfrak{M}_a$。

另外，这一分离性标准只适用于不包含交互作用的公式集，也就是说该多模态逻辑系统不包含交互作用公理。因为在这种情况下，我们只处理二元关系上的独立性质。而在包含交互作用公理的情况下，二元关系的部分性质不再是独立的。因此，如果$M_a=\langle U,R_a,V\rangle$是$R_a$满足某些性质一个模型，那么总是可以添加满足某些性质的二元关系R_b、$R_c\cdots$以获得一个完备的M_a。因此，任何不包含交互作用的公理化都是可分离的(参见定理 2.16)。

① 相较于$\Gamma=\{\Box_1\alpha\to\alpha,\Box_2\to\alpha,\Box_2\alpha\to\Box_1\alpha\}$，这甚至是更"经济的"公理化。

第六章　正规多模态逻辑的可判定性

正规多模态逻辑的可判定性问题是本章的主要研究对象。对正规多模态逻辑的可判定性的考察主要通过使用过滤表明有穷模型性质的方法，以此得到一些多模态逻辑系统的可判定性结论，特别是一些不包含模态算子交互作用的多模态逻辑系统的判定性结论。与此同时，对已有多模态逻辑系统的可判定性结论进行反思，指出其局限性。

第一节　可判定性问题概述

对于一个逻辑系统 L 而言，如果存在一种方法(算法)能够在有穷时间内确定给定公式是否是 L 的定理，则称逻辑系统 L 是可判定的。这一概念的实际意义是显而易见的，特别是在计算机科学中：如果逻辑系统 L 是可判定的，则有可能设想在该逻辑中进行自动推理方法。

目前主要有两种证明命题逻辑系统 L 是否具有可判定性的方法。

第一种方法是使用有穷模型性质(finite model property，FMP)。如果系统 L 由一类有穷模型所决定，那么称系统 L 具有 FMP。这是哈罗普(Harrop，1958)的经典的定理，其指出任何具有有穷模型性质的有穷公理化系统都是可判定的。

一般而言，假设系统 L 由一类模型 $\mathfrak{M}$ 决定，为了表明该系统具有 FMP，我们可以尝试证明 L 是由 $\mathfrak{M}$ 的有穷模型类 $\mathfrak{M}_{\mathrm{FIN}}$ 所决定。然而，根据 $\mathfrak{M}_{\mathrm{FIN}} \subseteq \mathfrak{M}$，L 相对于 $\mathfrak{M}_{\mathrm{FIN}}$ 已经是可靠的，因此我们还要进一步证明其完全性，即任何 L 的非定理在 $\mathfrak{M}$ 的有穷模型中都是不可满足的。因此问题变成，对于任意给定公式 α 满足 $\nvdash_{\mathrm{L}} \alpha$，构造一个有穷模型 M，M 满足 $\mathfrak{M}$ 的特征条件，但 α 在 M 上是不可满足的。

在传统的模态逻辑中，这是证明可判定性最常见的方法。斯克罗格斯证明了 S5 对 FMP 的任何真扩张都是可公理化的(Scroggs，1951)，因此是可判定的。布尔扩展了这一结论，他证明 S4.3 的任何正规扩张都具有 FMP(Bull，1966)；之后，法恩证明这些系统都是可有穷公理化的，因此都是可判定的(Fine，1972)。塞格伯格还证明了任何 S4 和 S5 的正规扩张都是可判定的(Segerberg，1971)。最后，这类结论由纳格尔进行了概括，他证明 K5 对 FMP 的任何正规扩张都是可有穷公理化的，因此是可判定的(Nagle，1981)。[①]切莱士也将这种方法应用于一般模态逻辑中(Chellas，1980)。这一方法还被推广到了时态逻辑、动态逻辑和认知逻辑中(Burgess，1980；Fischer et al.，1979；Harel，1984；Halpern et al.，1985)。在这些系统中，对 FMP 的证明通常与复杂性的结论同时给出：如果α不是 L 的定理，则可以严格构造一个有穷模型M，α在M上是不可满足的；这种构造直接根据M中的可能世界的个数来提供复杂性的上界。

然而，这种方法有其局限性。因为存在不具有 FMP 的模态逻辑系统(Makinson，1971a)，也存在可有穷公理化的但不具有 FMP 的模态逻辑系统，但其仍然是可判定的(Gabbay，1971)。因此 FMP 和可判定性对于一个逻辑系统而言是先验独立的两个性质。

第二种方法是使用归约法。该方法通过使用更一般的 T 理论去表示系统 L 的语义，并使用 T 理论中与可判定性相关的结论去推导系统 L 的可判定性。因此，这是一个在更一般的系统中对 L 进行编码(encoding)的问题。例如，加贝使用二阶一元理论 *wSw* 转录(Gabbay，1971，1975)，系统地发展了这种方法，用于大量的非经典逻辑(模态逻辑和直觉逻辑)，这是基于雷宾给出的一般性结论(Rabin，1969)，在某些情况下，这种方法也被用来证明不可判定性。

正规多模态逻辑系统的可判定性问题主要采取第一种方法，即使用过滤的方法证明系统具有 FMP 和可判定性。

第二节　过　　滤

根据上文可知，证明 FMP 的通常方法是，如果 L 由一类模型$\mathfrak{M}$决定，那么 L 也由$\mathfrak{M}$的有穷模型类$\mathfrak{M}_{FIN}$所决定。如果$\nvDash_L \alpha$，我们必然能够找到$\mathfrak{M}$中的有穷模型M，满足$M \nvDash \alpha$。因为 L 由模型类$\mathfrak{M}$决定，所以一定存在$\mathfrak{M}$中的模型M'(不一定是有穷的)，满足$M' \nvDash \alpha$(任何典范模型M'都是适用的，只要它在$\mathfrak{M}$中)。然后，一种可能的方法是从M'构造M。总而言之，只需表明$\mathfrak{M}$具有下述性质：

(*)如果M'是$\mathfrak{M}$中的模型，并且公式α满足$M' \nvDash \alpha$，那么存在$\mathfrak{M}$中的有穷模型M，满足$M \nvDash \alpha$。

---

① 根据对相关文献的阅读，这是模态逻辑中关于 FMP 及可判定性问题具普遍性的结论之一。

M′构造M的一种可能方法是过滤，这种方法最初由雷蒙(Lemmon et al., 1977)提出，之后由塞格伯格进行了发展(Segerberg, 1971)。下面我们将对这种方法进行详细阐述。

如果$M=\langle U,\cdots,V\rangle$是一个模型，Γ是子公式封闭的公式集[①]，那么可在U之上定义等价关系$\approx_\Gamma$：对任意$\alpha\in\Gamma$而言，$x\approx_\Gamma y$当且仅当$(M,x)\vDash\alpha\Leftrightarrow(M,y)\vDash\alpha$。这也就是说，在模型M中，Γ中的公式在x和y中具有相同的真值。我们用$[x]_\Gamma$表示x的$\approx_\Gamma$等价类，并且，如果X是U的子集，那么$[X]_\Gamma=\{[x]_\Gamma\mid x\in X\}$，特别是对于$[U]_\Gamma$。如果关于Γ没有歧义，那么可分别简写成$\approx$、$[x]$、$[X]$和$[U]$。

定义 6.1 如果M是一个模型，Γ是子公式封闭的公式集，那么M关于Γ的过滤，或M的Γ-过滤，是一个模型$M^*=\langle U^*,\cdots,V^*\rangle$，其满足

(1) $U^*=[U]=\{[x]\mid x\in U\}$；

(2) 如果$p\in\Gamma$并且$x\in U$，则$V^*([x],p)=V(x,p)$。

需要注意的是，通常存在多个M的Γ-过滤，我们可以定义一个更具有一般性的过滤概念(van Benthem, 1983)。

从M到M^*的过程相当于在M中识别与Γ公式集具有相同真值的世界。过滤中的重点恰恰在于证明，对于Γ中的公式α而言，$(M,x)\vDash\alpha\Leftrightarrow(M^*,[x])\vDash\alpha$，或者$\left[\|\alpha\|^{M}\right]=\|\alpha\|^{M^*}$，其中$\alpha\in\Gamma$。由此可知，对于Γ中的任意公式α而言，$M\vDash\alpha\Leftrightarrow M^*\vDash\alpha$。因此，对于任意模型类$\mathfrak{M}$而言，如果$\Gamma(\mathfrak{M})$是模型类$\mathfrak{M}$的Γ-过滤类，那么$\mathfrak{M}\vDash\alpha\Leftrightarrow\Gamma(\mathfrak{M})\vDash\alpha$。后文我们会在正规系统中证明这些性质。此外，过滤的另一个基本性质是有穷公式集(子公式封闭)的Γ-过滤总是给出有穷模型[②]。特别地，如果Γ是由给定公式α的子公式组成的公式集，则Γ-过滤是有穷的。

过滤是一种证明有穷模型性质(FMP)的方法。正如前文所言，为了证明由一类模型$\mathfrak{M}$决定的系统L具有FMP，只需要证明$\mathfrak{M}$满足：

(F) 如果M是模型类$\mathfrak{M}$中的一个模型，并且Γ是子公式封闭的公式集，那么，在$\mathfrak{M}$中存在着M的一个Γ-过滤M^*。

实际上，假设(F)是真的：如果α是一个公式，满足$M\nvDash\alpha$，则M^*是M的Γ-过滤，其中Γ是α的子公式的集合。那么，①M^*是有穷的，因为Γ是

① 这涉及很多过滤结论的证明，这些证明通常是通过对公式的复杂度进行归纳来证明的。

② 实际上，如果Γ包含n个元素，则Γ-过滤M^*至多包含2^n个世界。如果Γ是逻辑有穷的，则Γ-过滤M^*也是有穷的。

有穷的，②根据(F)可知M^*在$\mathfrak{M}$中，③因为$M \nvDash \alpha$，所以$M^* \nvDash \alpha$，M^*是M的过滤并且$\alpha \notin \Gamma$(见上文)。由此，我们可以推出对模型类$\mathfrak{M}$而言系统L具有FMP。

通过使用性质(F)及过滤的方法能够解决许多正规模态逻辑系统的可判定性问题(Chellas，1980)[162-189]。棘手的问题是，已知模型M满足特定的条件，如何找到满足相同条件的过滤M^*。事实证明，这在实际操作中并不简单。接下来，我们将研究正规多模态逻辑系统的多关系模型的这一问题，即研究过滤这种处理模态逻辑系统可判定性问题的方法在多大程度上可以扩展到多模态逻辑中。

定义6.1给出了过滤的一般概念，下面我们将在多模态语言的多关系模型上使用这一概念。注意，如果$M=\langle U,\mathfrak{R},V\rangle$是$\mathcal{L}$的多关系模型，并且如果$\Gamma$是子公式封闭的公式集，则用$x \approx y \Leftrightarrow (\forall \alpha \in \Gamma)((M,x) \vDash \alpha \Leftrightarrow (M,y) \vDash \alpha)$定义U之上的等价关系$\approx$。我们用$[x]$表示由$\approx$定义的x的等价类，如果X是U的子集，则记作$[X]=\{[x] \mid x \in X\}$。因此，过滤方法的本质在于通过这种等价关系对模型进行商化(quotienting)。

接下来，用Γ表示子公式封闭的公式集，假设$[a]\alpha \in \Gamma \Leftrightarrow \neg\langle a\rangle\neg\alpha \in \Gamma$并且$\langle a\rangle\alpha \in \Gamma \Leftrightarrow \neg[a]\neg\alpha \in \Gamma$[①]。

定义6.2 已知$M=\langle U,\mathfrak{R},V\rangle$是$\mathcal{L}$的多关系模型，并且$\Gamma$是子公式封闭的公式集。M经由$\Gamma$的过滤，或M的$\Gamma-$过滤是多关系模型$M^*=\langle U^*,\mathfrak{R}^*,V^*\rangle$，其满足：

(1) $U^*=[U]=\{[x] \mid x \in U\}$。

(2) 如果$x \in U$并且$p \in \Gamma$，那么$V^*([x],p)=V(x,p)$。

(3) 对于任意$x,y \in U$，$\mathfrak{R}^*$中与任意$\alpha \in \Sigma$关联的R_a^*满足：

①如果$xR_a y$，那么$[x]R_a^*[y]$；

②如果$[x]R_a^*[y]$，那么对于任意$\langle a\rangle\alpha \in \Gamma$而言，如果$(M,y) \vDash \alpha$，则$(M,x) \vDash \langle a\rangle\alpha$。

很容易表明条件(3)②仅取决于$[x]$和$[y]$，并且也可以等价地表示为[②]：

如果$[x]R_a^*[y]$，则对于任意$[a]\alpha \in \Gamma$而言，如果$(M,x) \vDash [a]\alpha$，那么$(M,y) \vDash \alpha$。因此，如果R_a^*满足条件(3)①和②，我们将说R_a^*是R_a对a的

① 这一条件在下文的表述中并不是必要的，只是为了更加直观。

② 实际上，第二个条件通常添加(3)②(Chellas，1980)[101]。但如果我们在Γ上做假设的话，则这并不是不可能的。

Γ-过滤。需要注意的是，不同的赋值 V^* 取决于对 $V^*([x],p)$ 的选择，其中 $p\notin\Gamma$。$R_a{}^*$ 关系的选择受条件(3)①和②的限制，并且可以有不同的表述方式。

定义 6.3　最小(或最大)的 M 的 Γ-过滤是 $M^*=\langle U^*,\mathfrak{R}^*,V^*\rangle$，其中 $\mathfrak{R}^*$ 是关系 $R_a{}^{*\min}$ (或 $R_a{}^{*\max}$)的集合，其定义如下：

(1) $[x]R_a{}^{*\min}[y]\Leftrightarrow$ 存在 $x'\in[x]$，$y'\in[y]$ 满足 $x'R_ay'$；

(2) $[x]R_a{}^{*\max}[y]\Leftrightarrow$ 对于任意 $\langle a\rangle\alpha\in\Gamma$ 而言，如果 $(M,y)\vDash\alpha$，那么 $(M,x)\vDash\langle a\rangle\alpha$ $\Leftrightarrow$ 对于任意 $[a]\alpha\in\Gamma$ 而言，如果 $(M,x)\vDash[a]\alpha$，那么 $(M,y)\vDash\alpha$。

用 $M^{*\min}$ (或 $M^{*\max}$)表示 M 的最小(或最大)过滤[①]。$R_a{}^{*\min}=\{([x],[y])/(x,y)\in R_a\}$ 是经常应用于动态逻辑中的过滤，并且 $R_a{}^{*\max}$ 并不依赖于 R_a。由此可以得到以下结论。

定理 6.1

(1) $M^{*\min}$ 和 $M^{*\max}$ 是 M 的 Γ-过滤。

(2) 如果 $M^*=\langle U^*,\mathfrak{R}^*,V^*\rangle$ 是一个多关系模型，其中 U^* 和 V^* 满足定义 6.2(1)和(2)。对于任意 $a\in\Sigma$ 而言，M^* 是 M 的 Γ-过滤当且仅当至少满足下述条件之一：① $R_a{}^{*\min}\subseteq R_a{}^*\subseteq R_a{}^{*\max}$，② $R_a{}^*=R_a{}^{*\max}\cap S_a{}^*$，其中对于任意 $x,y\in U$ 而言，$S_a{}^*$ 满足 $xR_ay\Rightarrow[x]S_a{}^*[y]$。

上述(2)①表明定义 6.2(1)和(2)分别等价于 $R_a{}^{*\min}\subseteq R_a{}^*$ 和 $R_a{}^*\subseteq R_a{}^{*\max}$。

推论 6.1　如果 $M=\langle U,\mathfrak{R},V\rangle$ 是 $\mathcal{L}$ 的一个多关系模型，并且如果对于任意 $a\in\Sigma$ 而言，$R_a{}^*$ 和 $S_a{}^*$ 是 R_a 之于 a 的两个 Γ-过滤，那么 $R_a{}^*\cup S_a{}^*$ 和 $R_a{}^*\cap S_a{}^*$ 也是 R_a 之于 a 的 Γ-过滤。

证明　根据命题 6.1(2)①：如果 $R_a{}^{*\min}\subseteq R_a{}^*\subseteq R_a{}^{*\max}$ 并且 $R_a{}^{*\min}\subseteq S_a{}^*\subseteq R_a{}^{*\max}$，那么 $R_a{}^{*\min}\subseteq(R_a{}^*\cup S_a{}^*)\subseteq R_a{}^{*\max}$ 并且 $R_a{}^{*\min}\subseteq(R_a{}^*\cap S_a{}^*)\subseteq R_a{}^{*\max}$。

这表明过滤通过并和交是稳定的。

定理 6.2　如果 $M^{*\min}$ 是 M 的最小过滤并且 $a,b\in\Sigma$，那么

(1) $(R_a\cup R_b)^{*\min}=R_a{}^{*\min}\cup R_b{}^{*\min}$；

(2) $(0)^{*\min}=0$ 并且 $(1)^{*\min}=1$；

(3) $(R_a\mid R_b)^{*\min}\subseteq R_a{}^{*\min}\mid R_b{}^{*\min}$；

① 这些过滤的不同仅在于赋值 V^*，更确切地说，对于 $p\notin\Gamma$ 而言，$V^*([x],p)$ 的值是不同的。最大过滤 $M^{*\max}$ 被称作 M 的模态崩溃(塌陷)(modal collapse) (van Benthem，1985)。

(4) $(I_{\mathrm{U}})^{*\min} = I_{\mathrm{U}^*}$；

(5) $(\mathrm{R}_a^{-1})^{*\min} = (\mathrm{R}_a^{*\min})^{-1}$。

证明 根据$\mathrm{R}_a^{*\min}$的定义即可得证。另外(3)的逆，即$\mathrm{R}_a^{*\min} \mid \mathrm{R}_b^{*\min} \subseteq (\mathrm{R}_a \mid \mathrm{R}_b)^{*\min}$通常是不成立的。

定理 6.3 对多关系模型M的任意Γ-过滤M^*，以及任意公式$\alpha \in \Gamma$而言：

(1) $(\mathrm{M},\mathrm{x}) \vDash \alpha \Leftrightarrow (\mathrm{M}^*,[\mathrm{x}]) \vDash \alpha$，其中任意$\mathrm{x} \in \mathrm{U}$；

(2) $\mathrm{M} \vDash \alpha \Leftrightarrow \mathrm{M}^* \vDash \alpha$。

证明 (1)可以施归纳于α的复杂度进行证明，(2)可以由(1)推出(单模态情况的证明可参见切莱士的工作(Chellas，1980)[101-102])。

以上是过滤的基本性质。由此，我们还可得出以下结论：

推论 6.2 如果$\mathfrak{M}$是一个多关系模型类，$\Gamma(\mathfrak{M})$是$\mathfrak{M}$中元素的Γ-过滤构成的集合，那么对于任意$\alpha \in \Gamma$而言，$\mathfrak{M} \vDash \alpha \Leftrightarrow \Gamma(\mathfrak{M}) \vDash \alpha$。

关于过滤非常重要的一点是，如果Γ是有穷或逻辑有穷集，那么任意过滤提供一个有穷多关系模型M^*。特别地，如果α是任意公式并且$\Gamma(\alpha)$是α子公式的集合(该集合是由子公式封闭且是有穷的)，那么$\Gamma(\alpha)$的任何过滤都会产生一个有穷模型。

另外，我们还可以构建多关系框架$\mathrm{F}=\langle \mathrm{U},\mathfrak{R} \rangle$的过滤$\mathrm{F}^*=\langle \mathrm{U}^*,\mathfrak{R}^* \rangle$。值得注意的是，存在着唯一的$\mathrm{F}^{*\min} = \langle \mathrm{U}^*,\{\mathrm{R}_a^{*\min} \mid a \in \Sigma\} \rangle$和唯一的$\mathrm{F}^{*\max} = \langle \mathrm{U}^*,\{\mathrm{R}_a^{*\max} \mid a \in \Sigma\} \rangle$，并且$\mathrm{F}^*=\langle \mathrm{U}^*,\mathfrak{R}^* \rangle$是F的$\Gamma$-过滤当且仅当$\mathrm{R}_a^{*\min} \subseteq \mathrm{R}_a^* \subseteq \mathrm{R}_a^{*\max}$。此外，等式$\mathrm{F} \vDash \alpha \Leftrightarrow \mathrm{F}^* \vDash \alpha$并不成立，因为在$\mathrm{F}^*$之上可能存在其他的赋值$\mathrm{V}^*$。汉森对框架的过滤以及有穷框架性质(FFP)进行了研究(Hansson et al.，1975)。

正如我们在前文已经提到的，为了证明L是由$\mathfrak{M}$中的有穷模型组成的有穷模型类$\mathfrak{M}_{\mathrm{FIN}}$决定(并且因此L具有FMP)，则需要证明$\mathfrak{M}$满足下述性质：

(F) 对于任意由子公式封闭的公式集Γ以及任意$\mathrm{M} \in \mathfrak{M}$而言，存在M的$\Gamma$-过滤$\mathrm{M}^*$，并且$\mathrm{M}^* \in \mathfrak{M}$。

特别地，如果$\mathfrak{M}$是由性质集$\mathrm{P}_1,\cdots,\mathrm{P}_n$刻画，那么我们需要寻找一个$\Gamma$-过滤$\mathrm{M}^*$满足相同的性质$\mathrm{P}_1,\cdots,\mathrm{P}_n$。此处就是采用这种方法。与二元关系$\mathrm{R}_a,\mathrm{R}_b,\cdots$有关的个别性质$\mathrm{P}_i$可以直接使用传统模态逻辑中的相关结论。事实上，如果$\mathrm{M}=\langle \mathrm{U},\mathfrak{R},\mathrm{V} \rangle$是一个多关系模型，其中$\mathrm{R}_a$满足特定的性质，我们知道如何去构建$\mathrm{M}^*$中的$\mathrm{R}_a^*$关系，使其与$\mathrm{R}_a$满足相同的性质。从形式

上讲，可以通过以下一般结论来说明：

定理 6.4　如果$\mathfrak{M}_1,\cdots,\mathfrak{M}_n$是满足(F)的模型类，那么$\mathfrak{M}=\mathfrak{M}_1\times\cdots\times\mathfrak{M}_n$是满足(F)的一个多关系模型类。

证明　已知Γ子公式封闭并且$\mathrm{M}\in\mathfrak{M}$，$\mathrm{M}=\langle \mathrm{U},\{\mathrm{R}_1,\cdots,\mathrm{R}_n\},\mathrm{V}\rangle$。对于任意$1\leqslant i\leqslant n$，提取模型$\mathrm{M}_i=\langle \mathrm{U},\mathrm{R}_i,\mathrm{V}\rangle$属于$\mathfrak{M}_i$，因此存在它的$\Gamma$-过滤$\mathrm{M}_i^*=\langle \mathrm{U}^*,\mathrm{R}_i^*,\mathrm{V}^*\rangle$，并且$\mathrm{M}_i^*$属于$\mathfrak{M}_i$。因此只需考察联合$\mathrm{M}=\mathrm{M}_1^*\times\cdots\times\mathrm{M}_n^*$：它是M的$\Gamma$-过滤，并且$\mathrm{M}\in\mathfrak{M}$。

接下来，如果$\mathrm{P}_1,\cdots,\mathrm{P}_n$是二元关系之上的性质集(参见定理3.15)，则用$\mathrm{R}\in\{\mathrm{P}_1,\cdots,\mathrm{P}_n\}$描述关系R满足一种或多种性质$\mathrm{P}_i$(因此可以考察任意关系)。通常使用一些符号作为性质P_i的缩写，如Ser(持续性)、Refl(自返性)、Sym(对称性)、Trans(传递性)、Eucl(欧性)、0(空)、I(同一性)等。

定理 6.5　已知$\mathfrak{M}$是由$\mathcal{L}$的多关系模型$\mathrm{M}=\langle \mathrm{U},\mathfrak{R},\mathrm{V}\rangle$组成的一个模型类，如果对于任意$a\in\Sigma$而言，$\mathrm{R}_a\in\{\mathrm{Ser},\mathrm{Refl},\mathrm{Sym},\mathrm{Trans},\mathrm{Eucl+Trans},0,I\}$，那么$\mathfrak{M}$满足性质(F)。

证明　通过使用之前的定理。如果$\mathrm{M}_a=\langle \mathrm{U},\mathrm{R}_a,\mathrm{V}\rangle$是一个模型，其中$\mathrm{R}_a$满足上述一种或多种性质，则那么可以构建$\mathrm{M}_a$的$\Gamma$-过滤$\mathrm{M}_a^*=\langle \mathrm{U}^*,\mathrm{R}_a^*,\mathrm{V}^*\rangle$，其中$\mathrm{R}_a^*$满足同样的性质(此处省略具体证明细节)。

注意，如果$\mathfrak{M}$的特征是M中的R_a是欧性的(或持续且欧性的)，则上述结论不成立。因为对于任意公式集Γ而言，R_a^*不能是欧性的。更一般地，在模态逻辑中，关于k,l,m,n-收敛的性质(这一性质对应公理$G^{k,l,m,n}$：$\Diamond^k\Box^l\alpha\to\Box^m\Diamond^n\alpha$)不存在一般性的结论，也就是说不存在从$k,l,m,n$-收敛的模型获得$k,l,m,n$-收敛过滤的方法。由此可见，在模态逻辑中过滤方法存在局限性，而在多模态逻辑中这种局限性也是存在的。关于使用过滤方法时性质**(F)**的局限性此处不作过多讨论。

上述结论只涉及二元关系$\mathrm{R}_a,\mathrm{R}_b,\cdots$之上的个体性质(individual property)为特征的多关系模型类，多模态逻辑的研究更多关心的是能够将这种类型的结论扩展到多关系模型上的交互性质(interaction property)，特别是关系方程，其涉及不同的二元关系。下面我们将要研究两种二元关系之间包含关系，即$\mathrm{R}_a\subseteq\mathrm{R}_b$。

引理 6.1　已知a和b是参数并且M是满足性质$\mathrm{R}_a\subseteq\mathrm{R}_b$的多关系模型。$\Gamma$是子公式封闭的公式集，其满足$\langle b\rangle\alpha\in\Gamma\Rightarrow\langle a\rangle\alpha\in\Gamma$。那么，在M的任意$\Gamma$-过滤$\mathrm{M}^*$上，可知

(1) $\mathrm{R}_a^*\subseteq\mathrm{R}_b^{*\max}$；(2) $\mathrm{R}_a^{*\min}\subseteq\mathrm{R}_b^*$。

证明 (此证明参考了卡塔奇的工作(Catach，1989)[281])

(1) 已知$[x]R_a^*[y]$，$\langle b\rangle\alpha\in\Gamma$并且$(M,y)\vDash\alpha$。那么$\langle a\rangle\alpha\in\Gamma$，并且$(M,x)\vDash\langle a\rangle\alpha$，因为$[x]R_a^*[y]$。另外，因为M满足$R_a\subseteq R_b$，即在M上$\langle a\rangle\alpha\to\langle b\rangle\alpha$是有效的，因此$(M,x)\vDash\langle b\rangle\alpha$。因此可以推出$[x]R_b^{*max}[y]$。

(2) 如果$[x]R_a^{*min}[y]$，则$\exists x'\in[x]$，$y'\in[y]$，$x'R_a y'$。因此根据定义6.2(3)①可得$x'R_b y'$并且$[x']R_b^*[y']$。因为$[x]=[x']$，$[y]=[y']$，则可以推出$[x]R_b^*[y]$。

特别地，还可得到$R_a^{*max}\subseteq R_b^{*max}$和$R_a^{*min}\subseteq R_b^{*min}$。另外，在情况(2)中，$\Gamma$上的条件不是必需的。如果M是满足包含关系$R_a\subseteq R_b$的多关系模型，并且$\Gamma$满足性质$\langle b\rangle\alpha\in\Gamma\Rightarrow\langle a\rangle\alpha\in\Gamma$，那么构建M的$\Gamma$-过滤$M^*$满足同样的性质$R_a^*\subseteq R_b^*$是可能的。然而，如果$R_a$和$R_b$分别满足其他某些性质的话情况会变得更加复杂。以下是一些简单的情况。

引理 6.2 如果$R_a\in\{\text{Ser, Refl, Sym}, 0, I\}$，那么$R_a^{*min}$与$R_a$具有相同的性质。

证明 如果R_a^*是空关系或同一关系，则根据定理 6.2(2)～(4)可知R_a^{*min}也具有同样性质。如果R_a^*具有持续性或自返性，则R_a^{*min}也具有相同的性质，因为根据定义 6.2(3)①，持续关系或自返关系的任何过滤也是持续关系或自返关系。如果R_a^*具有对称性，那么R_a^{*min}也具有对称性，因为$(R_a^{*min})^{-1}=(R_a^{-1})^{*min}$(根据定理 6.2(5))$=R_a^{*min}$(因为$R_a^{-1}=R_a$)。

定理 6.6 若M是$\mathcal{L}$的多关系模型M=$\langle U,\mathfrak{R},V\rangle$，它满足：

(1) 对于任意$a\in\Sigma$而言，$R_a\in\{\text{Ser, Refl, Sym,Trans, Eucl+Trans}, 0, I\}$。

(2) M满足$R_a\subseteq R_b$类型的包含，其中$a,b\in\Sigma$，在这种情况下，关系R_a和R_b有两种限制情况：

①$R_a\in\{\text{Ser, Refl, Sym}, 0, I\}$，$R_b$满足(1)；

②$R_b\in\{\text{Ser, Refl}\}$，$R_a$满足(1)。

那么，若Γ是子公式封闭的公式集，并且在(2)中使用的任意一对参数(a,b)都满足$\langle b\rangle\alpha\in\Gamma\Rightarrow\langle a\rangle\alpha\in\Gamma$，那么就存在M的$\Gamma$-过滤$M^*$具有M在(1)和(2)中所具有的相同性质。

证明 构建$R_a^*,R_b^*,\cdots$的过滤，其与$R_a,R_b,\cdots$具有相同的性质：

(1) 对于(1)而言，可以选择R_a^*与R_a具有相同的性质(参见定理 6.5)。

(2) 对于(2)①而言，令$R_a^*=R_a^{*min}$是R_a的过滤；因为$R_a\in\{\text{Ser,Refl, Sym},0,I\}$，根据之前的引理，$R_a^*$与$R_a$具有相同的性质。令$R_b^*$是$R_b$的过滤，其与$R_b$具有相同的性质(参见定理 6.5)；根据引理 6.2，由$R_a\subseteq R_b$可以

推出$R_a^* \subseteq R_b^*$，并且R_a^*与R_b^*在M^*中具有的性质同R_a和R_b在M中具有的性质是一样的。另外，在这种情况下，条件$\langle b\rangle\alpha \in \Gamma \Rightarrow \langle a\rangle\alpha \in \Gamma$并不是必需的。对于(2)②而言，证明过程与上述过程相似。令R_a^*是R_a的过滤并且$R_b^* = R_b^{*\max}$是R_b的过滤，根据引理6.2就可以得到在M^*中$R_a^* \subseteq R_b^*$。

需要注意的是，上述结论作为引理6.2的扩展，并不能涵盖所有的情况。我们在使用这一结论时通常会对Γ加一些限制条件。接下来考察标准多关系模型的情况(参见定义3.22)。

定理 6.7 M是$\mathcal{L}$的标准多关系模型$M=\langle U,\mathfrak{R},V\rangle$，M中一些原子关系$R_A$($A \in \Sigma_0$)具有定理6.6中给出的性质。若Γ是子公式封闭的公式集，则其满足条件

(1)$\langle a \cup b\rangle\alpha \in \Gamma \Rightarrow \langle a\rangle\alpha \in \Gamma$并且$\langle b\rangle\alpha \in \Gamma$；(2)$\langle a;b\rangle\alpha \in \Gamma \Rightarrow \langle a\rangle\langle b\rangle\alpha \in \Gamma$。

那么，存在M的Γ-过滤M^*，M^*也是$\mathcal{L}$的标准多关系模型，并且关系R_A^*等在M^*中具有的性质同关系R_A等在M中具有的性质是相同的。

证明 (此证明参考了卡塔奇的工作(Catach，1989)[282-283])根据定理6.6，若M^*是M的过滤，则原子关系R_A^*等在M^*中具有的性质与关系R_A等在M中具有的性质是相同的。还需要证明M^*是标准的，这一证明需要施归纳于参数的复杂度：

(1) 根据定理6.2，使用最小过滤，令$R_0^* = 0$，$R_\lambda^* = I$，因为$R_0^{*\min} = 0^{*\min} = 0$并且$R_\lambda^{*\min} = (I_U)^{*\min} = I_{U^*}$。

(2) $R_{a\cup b} = R_a \cup R_b$：如果$R_a^*$和$R_b^*$是$R_a$和$R_b$的过滤，需要证明$R_{a\cup b}^* = R_a^* \cup R_b^*$，也就是说$R_a^* \cup R_b^*$是$R_{a\cup b}$的可接受过滤，即它满足定义6.2(3)中条件①和②：

• $(R_{a\cup b})^{*\min} = (R_a \cup R_b)^{*\min} = R_a^{*\min} \cup R_b^{*\min}$(根据定理6.2(1))$\subseteq R_a^* \cup R_b^*$(因为$R_a^{*\min} \subseteq R_a^*$并且$R_b^{*\min} \subseteq R_b^*$)。因此这证明满足定义6.2(3)中条件①(参见定义6.2)。

• 如果$[x](R_a^* \cup R_b^*)[y]$，即$\langle a \cup b\rangle\alpha \in \Gamma$并且$(M,y) \vDash \alpha$。因此$[x]R_a^*[y]$或$[x]R_b^*[y]$。因为$\langle a \cup b\rangle\alpha \in \Gamma$可知$\langle a\rangle\alpha \in \Gamma$且$\langle b\rangle\alpha \in \Gamma$，因此由$(M,y) \vDash \alpha$可以推出$(M,x) \vDash \langle a\rangle\alpha$（如果$[x]R_a^*[y]$）或者$(M,x) \vDash \langle b\rangle\alpha$(如果$[x]R_b^*[y]$)，由此可以推出$(M,x) \vDash (\langle a\rangle\alpha \vee \langle b\rangle\alpha)$。另一方面，$R_{a\cup b} = R_a \cup R_b$可以推出$\langle a \cup b\rangle \leftrightarrow (\langle a\rangle\alpha \vee \langle b\rangle\alpha)$在M上是有效的(参见定义3.22(1))。最终可以得到$(M,x) \vDash \langle a \cup b\rangle\alpha$，这也表明$(R_a^* \cup R_b^*)$也满足定义6.2(3)中②关于$a \cup b$的条件。

(3) $R_{a;b}=R_a\,|\,R_b$：如果R_a^*和R_b^*分别是R_a和R_b的过滤，需要证明$R_{a;b}^*=R_a^*\,|\,R_b^*$，也就是说$R_a^*\,|\,R_b^*$是$R_{a;b}$的可接受过滤，即它满足定义6.2(3)中条件①和②：

• $(R_{a;b})^{*min}=(R_a\,|\,R_b)^{*min}\subseteq R_a^{*min}\,|\,R_b^{*min}$(根据定理6.4(3))$\subseteq R_a^*\,|\,R_b^*$(因为$R_a^{*min}\subseteq R_a^*$并且$R_b^{*min}\subseteq R_b^*$以及定理 3.12(17))。因此这证明满足定义6.2(3)中条件①。

• 如果$[x](R_a^*\,|\,R_b^*)[y]$，即$\langle a;b\rangle\alpha\in\Gamma$并且$(M,y)\vDash\alpha$。因此存在z满足$[x]R_a^*[z]$或$[z]R_b^*[y]$。因为$\langle a;b\rangle\alpha\in\Gamma$可知$\langle a\rangle\langle b\rangle\alpha\in\Gamma$(并且因此$\langle b\rangle\alpha\in\Gamma$，因为$\Gamma$是子公式封闭的)，由此可以推出$(M,y)\vDash\alpha\Rightarrow(M,z)\vDash\langle b\rangle\alpha$(因为$[z]R_b^*[y]$)$\Rightarrow(M,x)\vDash\langle a\rangle\langle b\rangle\alpha$(因为$[x]R_a^*[z]$并且$\langle a\rangle\langle b\rangle\alpha\in\Gamma$)。另一方面，$R_{a;b}=R_a\,|\,R_b$可以推出$\langle a;b\rangle\leftrightarrow\langle a\rangle\langle b\rangle\alpha$在M上是有效的(参见定义 3.22(3))。最终可以得到$(M,x)\vDash\langle a;b\rangle\alpha$，这也表明$(R_a^*\,|\,R_b^*)$满足定义6.2(3)中②关于$a;b$的条件。

这一方法通过使用规则$R_0^*=0$、$R_\lambda^*=I_{U^*}$、$R_{a\cup b}^*=R_a^*\cup R_b^*$以及$R_{a;b}^*=R_a^*\,|\,R_b^*$，从原子关系的过滤$R_A^*$归纳定义了过滤$R_a^*$(其中$a$是任意$\{\cup,0,;,\lambda\}$-参数)。根据定义，由此构造的多关系模型$M^*$是标准的。特别地，如果M是没有其他特殊条件的标准多关系模型，那么存在M的Γ-过滤，同时它也是标准多关系模型。

关于定理6.7可以给出一个具体的例子进行说明。

如果$\Sigma_0=\{A,B,C\}$，M是$\mathcal{L}=\mathcal{L}(\Sigma)$的标准多关系模型$M=\langle U,\mathfrak{R},V\rangle$，其满足①$R_A$具有对称性，$R_B$具有持续性、传递性和欧性，$R_C$具有自返性；②$R_A\subseteq R_B$且$R_B\subseteq R_C$。那么，如果$\Gamma$是子公式封闭的公式集，并且满足$\langle A\rangle\alpha\in\Gamma\Rightarrow\langle B\rangle\alpha\in\Gamma$，$\langle B\rangle\alpha\in\Gamma\Rightarrow\langle C\rangle\alpha\in\Gamma$，则存在M的$\Gamma$-过滤$M^*$，$M^*$是$\mathcal{L}$的标准多关系模型，$R_A^*$、$R_B^*$和$R_C^*$与$R_A$、$R_B$和$R_C$具有相同的性质。在这种情况下，可以进行简写，$R_A^*=R_A^{*min}$，$R_C^*=R_C^{*max}$。

我们发现在上述结论的证明中，如果原子关系R_A等的过滤R_A^*等是最小过滤，那么对于任意$\{\cup,0,;,\lambda\}$-参数而言，$R_a^*,R_b^*,\cdots$也可以是最小过滤。根据定理6.7中(1)和(2)的证明，已知$R_0^*=0=R_0^{*min}$，$R_\lambda^*=I_{U^*}=R_\lambda^{*min}$并且$R_{a\cup b}^*=R_a^*\cup R_b^*=R_a^{*min}\cup R_b^{*min}$，则也可令$R_{a;b}^*=(R_a\,|\,R_b)^{*min}$(在(3)中替换$R_a^*\,|\,R_b^*=R_a^{*min}\,|\,R_b^{*min}$)。这特别适用于$A\in\Sigma_0$，$R_A\in\{\text{Ser, Refl, Sym}\}$的情况，因为$R_A^{*min}$是$R_A$的可接受过滤，对于动态逻辑PDL中的标准模型尤其如此。因此上述结论将动态逻辑中的结论推广到了更广泛的模型类。

此外，在某些情况下上述结论即定理6.6和定理6.7并不能被直接使用，例如M具有包含关系$R_a \subseteq R_b$，但其中a和b是非原子参数。上文所给例子中的$R_A \subseteq R_B | R_C$就可以说明这一点。但是，同样的方法在某些情况下也是适用的，例如，如果$\Sigma_0 = \{A, B\}$，M是$\mathcal{L}(\Sigma)$的标准多关系模型M=$\langle U, \mathfrak{R}, V \rangle$，其中$R_A \in$ {Ser, Refl}，$R_B \in$ {Ser, Refl, Sym, Trans, Eucl+Trans}，$R_A | R_B \subseteq R_A$。如果Γ是子公式封闭的公式集并且$\langle A;B \rangle \alpha \in \Gamma \Rightarrow \langle A \rangle \langle B \rangle \alpha \in \Gamma$，那么存在M的$\Gamma$-过滤$M^*$，$M^*$与M具有相同的性质。对此可以进行证明：令$C = A;B$，$R_A^{*\max}$是$R_A$的过滤，$R_B^*$是$R_B$的过滤，所以$R_C^* = R_A^* | R_B^*$是$R_C$的过滤(根据定理6.7证明的(3))。因此可得，在M^*中$R_A^* | R_B^* = R_C^* \subseteq R_A^*$，因为在M中$R_C \subseteq R_A$并且$R_A^* = R_A^{*\max}$(参见引理6.2)。这涉及包含$\Box_1 p \to \Box_1 \Box_2 p$类型公理的多模态逻辑系统的判定性问题，如卢卡斯等构建的双模态逻辑系统(其中包含Spinoza公理$Lp \to L\Box p$)。

通过研究发现，过滤方法是目前研究(多)模态逻辑系统的可判定性问题时应用较为广泛的一种方法。此处给出的关于过滤方法的相关结论大多数是有限定条件的。想要对过滤方法的普遍性结论进行精确的表述或者给出一个比定理6.6和定理6.7更具普遍性的结论具有一定难度，而这一直也是许多模态逻辑学家努力的方向。

第三节 基于有穷模型性质的可判定性

在简要介绍了(多)模态逻辑的可判定性问题并对过滤方法进行了详细介绍之后，我们将要使用上述过滤方法表明有穷模型性质以及一些正规多模态逻辑系统的可判定性。

用$L_1, \cdots, L_n$表示由模态逻辑中的D、T、B、4、5公理构建的15个(不同的)模态逻辑系统(Chellas，1980)[131-147]，用KTr(Trivial 系统)和KV(Verum 系统)表示由公理V和公理Tr构建的逻辑系统①。因此一共有17个系统：$L_i \in$ {K, KD, KB, K4, K5, K45, KB4, KD4, KD5, KD45, KDB, KT, KT4, KTB, KT5, KTr, KV}。这些系统分别是由具有公理D、T、B、4、5、Tr对应性质的模型类决定的，这些性质分别为Ser、Refl、Sym、Trans、Eucl、I和0(Chellas，1980)[177-178]。上述系统都具有有穷模型性质，因为它

① 用通常的符号表述的话KT = T，KT4 = S4，KTB = B，KT5 = S5 (Hughes et al.，1996)。KD45是弱S5系统(或道义S5系统)，它经常用来形式化表述信念概念(Halpern et al.，1985)。系统KTr和KV是构成正规模态逻辑系统的格的对偶原子(Makinson，1971b)。

们都是由具有有穷模型性质的模型类$(\mathfrak{M}_i)_{\mathrm{FIN}}$决定的，这些有穷模型性质就是通过过滤方法获得的(Chellas，1980)[187-188]。因为K5和KD5系统较为特殊，此处不考虑这两个系统，只考虑下述15个系统：$L_i \in$ {K, KD, KB, K4, K45, KB4, KD4, KD45, KDB, KT, KT4, KTB, KT5, KTr, KV}构建的正规多模态逻辑系统类。

定理 6.8 若$L_1,\cdots,L_n$是上文列出的15个模态逻辑系统并且它们分别由其对应的模型类决定。那么，正规多模态逻辑系统$L=L_1\times\cdots\times L_n$是由有穷多关系模型类$\mathfrak{M}_{\mathrm{FIN}}$决定的，$\mathfrak{M}=\mathfrak{M}_1\times\cdots\times\mathfrak{M}_n$具有有穷模型性质。

证明 通过使用过滤方法以及定理6.5进行证明。令M^L是L的专有典范多关系模型，并且α满足$\nvdash_L \alpha$。因此，根据定理5.1，可知$M^L \nvDash \alpha$。根据典范模型的方法，L是由$\mathfrak{M}$决定的(参见定理5.14)，所以$M^L \in \mathfrak{M}$。另一方面，对于系统$L_1,\cdots,L_n$而言，模型类$\mathfrak{M}=\mathfrak{M}_1\times\cdots\times\mathfrak{M}_n$对应定理6.5中提到的条件，因此$\mathfrak{M}$满足性质(F)。

令$\Gamma=\Gamma(\alpha)$是α子集的集合(子公式是封闭的并且是有穷的)。因为$M^L \in \mathfrak{M}$，在$\mathfrak{M}$中存在M^L的Γ过滤M^{L*}；因为Γ是有穷的，所以M^{L*}是有穷的，因为$M^L \nvDash \alpha$所以$M^{L*} \nvDash \alpha$(参见定理6.3)。从$\nvdash_L \alpha$可知$\mathfrak{M}_{\mathrm{FIN}}$中的模型$M^{L*}$满足$M^{L*} \nvDash \alpha$，这表明L相对于$\mathfrak{M}_{\mathrm{FIN}}$而言是完全的。根据$\mathfrak{M}_{\mathrm{FIN}} \subseteq \mathfrak{M}$，可知L相对于$\mathfrak{M}_{\mathrm{FIN}}$而言是完全的。由此可以推出L是由$\mathfrak{M}_{\mathrm{FIN}}$决定的，并且L具有有穷模型性质。

注意，如果Σ配备标准的运算$\{\bigcup, 0, ;, \lambda\}$(或其中的某些)，那么这一结论对于标准有穷模型类C而言依旧是有效的。实际上，L的专有典范模型M^L是标准的(参见定义5.30)，并且定理6.6允许构建的M^L的过滤M^{L*}也是标准的。然而，在这种情况下，根据定理6.6，我们不能考虑α的子公式集的集合$\Gamma(\alpha)$，而应该考虑α的Fischer-Ladner闭包$\Gamma(\alpha)$。

定义 6.4 如果α_0是一公式，那么α_0的Fischer-Ladner闭包是由下述规则归纳定义的集合$\Gamma=\Gamma(\alpha)$：

(1) $\alpha_0 \in \Gamma$；

(2) $\neg\alpha \in \Gamma \Rightarrow \alpha \in \Gamma$；

(3) 如果$\star = \vee, \wedge, \rightarrow$或$\leftrightarrow$，那么$\alpha \star \beta \in \Gamma \Rightarrow \alpha \in \Gamma$并且$\beta \in \Gamma$；

(4) $\langle A \rangle \alpha \in \Gamma \Rightarrow \alpha \in \Gamma$，其中$A \in \Sigma_0$；

(5) $\langle a \cup b \rangle \alpha \in \Gamma \Rightarrow \langle a \rangle \alpha \in \Gamma$并且$\langle b \rangle \alpha \in \Gamma$；

(6) $\langle a;b \rangle \alpha \in \Gamma \Rightarrow \langle a \rangle \langle b \rangle \alpha \in \Gamma$。

这些概念都来自动态逻辑(Fischer et al.，1979)，另外，$\Gamma(\alpha_0)$是有

穷的。[①]

定理 6.9　如果 $L_1,\cdots,L_n$ 是上文列出的 15 个模态逻辑系统 $L_i \in$ {K, KD, KB, K4, K45, KB4, KD4, KD45, KDB, KT, KT4, KTB, KT5, KTr, KV}，那么，正规多模态逻辑系统 $L=L_1\times\cdots\times L_n$ 是可判定的。

证明　因为 L 具有有穷模型性质，并且 L 是可有穷公理化的(哈罗普定理)(Harrop，1958)。

注意，定理 6.8 和定理 6.9 考虑的多模态逻辑系统 L 都是不包含交互作用的，但不一定是同质的(因为子系统 L_i 可以是不同类型)。这些结论可以应用到 T×S4 系统(联合 T 算子和 S4 算子)或 $(KD45)^n\times(S5)^p$ 系统中(联合 n 个 KD45 算子和 p 个 S5 算子，这可以被看作认知逻辑中的信念算子和知识算子的联合)。

这一结论为不包含交互作用的同质多模态逻辑系统提供了有穷模型性质和可判定性结论，也就是说，为 L^n 类型的正规多模态逻辑系统，其中 L 是上文考察的 15 个模态逻辑系统之一。例如，K^n、T^n、$S4^n$ 等是 K、T、S4 等的 n 维版本，这些都是具有有穷模型性质并且是可判定的正规多模态逻辑系统。这也扩展了认知逻辑中得到的一些结论(Halpern et al.，1985)，或者是动态逻辑中(关于不包含归纳的 PDL 和 CPDL)的某些结论(Fischer et al.，1979；Harel，1984)。

使用与定理 6.6 的证明中相同的方法及结论，可以将上述结论扩展到某些包含交互作用公理的正规多模态逻辑系统中去。

定理 6.10　如果 $L_1,\cdots,L_n$ 是上文列出的 15 个模态逻辑系统，并且分别由其对应的模型类 $\mathfrak{M}_i$ 决定。如果 $\Sigma_0=\{A_1,\cdots,A_n\}$，$S_1,\cdots,S_p$ 是 $[A_j]\alpha\to[A_i]\alpha$ 或 $\langle A_i\rangle\alpha\to\langle A_j\rangle\alpha$ 类型的公理模式，并且满足如果 (i,j) 出现在上述类型的公理中，则或者 $L_i\in$ {K, KD, KB, KDB, KT, KTB, KTr, KV}或者 $L_j\in$ {K, KD, KT}。对于任意出现在公理 $S_1,\cdots,S_p$ 中的二元组 (i,j) 而言，令 $\mathfrak{M}$ 是满足 $R_i\subseteq R_j$ 的多关系模型 $\mathfrak{M}_1\times\cdots\times\mathfrak{M}_n$ 的类。那么，正规多模态逻辑系统 $L=L_1\times\cdots\times L_n+S_1,\cdots,S_p$ 由多关系模型类 $\mathfrak{M}$ 决定，同时也由 $\mathfrak{M}$ 的有穷模型类 $\mathfrak{M}_{FIN}$ 决定，该系统具有有穷模型性质和可判定性。

证明　采用类似定理 6.8 和定理 6.9 的证明方法，使用定理 6.6 和定理 6.7 即可得证。另外，多模态逻辑系统 L 的决定性来自于 $G(a,b,\varphi)$ 公理模式的决定性定理，参见定理 5.14。

---

① 我们可以选择添加条件 $\langle a\rangle\alpha\in\Gamma\ \Rightarrow\ \neg[a]\neg\alpha\in\Gamma$ (参见定义 6.2)。

上文给出的正规多模态逻辑系统的可判定性结论与前文给出的正规多模态逻辑系统的对应性结论、决定性结论相比是具有一定的局限性。此处不考虑范围广泛的 Sahlqvist 系统(参见定义 2.19)，仅考虑由有穷个 $G(a,b,\varphi)$ 公理构建的系统：这些系统是由满足关系方程 $R_a \subseteq F^{\varphi}(R_b^1)$ 的多关系模型类决定，由此可以提出下述问题：

Q1　这些多模态逻辑系统也是由满足性质 $R_a \subseteq F^{\varphi}(R_b^1)$ 的有穷模型类 $\mathfrak{M}_{FIN}$ 决定的吗？

定理 6.10 对这一问题进行了回答，尽管只是部分回答了这个问题，但也具有一定的价值。因为该回答涉及包含公理 $[A]\alpha \to [B]\alpha$ 这一种情况，其中 A 和 B 是原子参数。此外，过滤方法不够系统，不容易推广到其他系统。如定理 6.5 中提到欧性这一情况就不适用，而这是比系统 K5×K5 还要简单的情况，这也说明了过滤方法不易推广①。

如果上述问题不能得到一个一般性的回答，我们可以追问下述问题：

Q2　这些系统具有有穷模型性质吗？

Q3　这些系统是可判定的吗？

实际上，一个系统可以具有有穷模型性质但却不满足 Q1，因为它可以由其他的模型类决定而不一定是由 $\mathfrak{M}_{FIN}$ 决定。一个系统也可以满足 Q3 而不满足 Q2，因为存在这样的模态逻辑系统，它是可判定的但却不具有有穷模型性质(Gabbay，1971)。还需要特别说明的是，具有有穷模型性质和可有穷公理化是该模态逻辑系统可判定的充分条件，并不是必要条件(Harrop，1958)。因此，对于多模态逻辑系统而言，特别是对于由 $G(a,b,\varphi)$ 公理模式构建的多模态逻辑系统而言，Q1～Q3 仍需要进行深入的研究。

此外，对于不包含交互作用的多模态逻辑系统而言，能否将定理 6.8 和定理 6.9 进行扩展而得出下述类型的一般化结论。

Q4　如果 $L_1,\cdots,L_n$ 是模态逻辑系统，使用过滤方法能够表明其具有有穷模型性质并且是可判定的，那么具有有穷模型性质的多模态逻辑系统 $L=L_1\times\cdots\times L_n$ 是可判定的吗？

更一般地讲，可以提出下述问题。

Q5　如果 $L_1,\cdots,L_n$ 是具有有穷模型性质的模态逻辑系统，那么多模态逻辑系统 $L=L_1\times\cdots\times L_n$ 具有有穷模型性质吗？

Q6　如果 $L_1,\cdots,L_n$ 是可判定的模态逻辑系统，那么多模态逻辑系统

---

① 对于过滤方法在公理 $G(a,b,\varphi)$ 中失效并不奇怪，因为在模态逻辑的 $G^{k,l,m,n}$ 公理中过滤方法也失效了。

$L=L_1\times\cdots\times L_n$ 是可判定的吗？

这些问题与可靠性的相关问题(已解决，参见定理 5.6)以及完全性的相关问题联系十分紧密。相关文献显示，对于这些问题迄今为止还没有正面的回答，即肯定的或否定的回答。

另外一种表明多模态逻辑系统的可判定性问题的方法是归约(reduction)方法，这一方法最初源于雷宾。目前对于这种方法在多模态逻辑中应用的相关研究相对较少。从语法上来讲，归约方法是将逻辑转录为二阶一元理论 wSw，然后使用这一理论的一般性的可判定性结论。加贝(Gabbay，1975)对这一方法进行了概述与应用，并证明了下述系统的可判定性：

- K、D、T、K4、S4、S5、B、S4.3，等；
- K+($\alpha\to\Box^m\alpha$)；
- K+($\Box\alpha\to\Box^{m+1}\alpha$)；
- ……

这些结论能够扩展到包含特定公理的多模态逻辑系统中，如由 $G(a,b,c,d)$ 类型公理 $\langle a\rangle[b]\alpha\to[c]\langle d\rangle\alpha$ 构建的多模态逻辑系统。将归约方法扩展到多模态逻辑中仍需要进行研究。另外，有些文献中使用这一方法表明一些语法逻辑(logics of grammars)的不可判定性，这些语法逻辑实际上就是具体的多模态逻辑系统。

第七章　正规多模态逻辑的哲学应用

作为哲学逻辑的基础，模态逻辑自产生之初就与哲学研究密不可分。模态逻辑特别适合于研究广泛的哲学概念，如知识、信念、义务、意图、欲望、证据和偏好等等。模态逻辑为形式化研究上述哲学概念提供工具，并进行解释。多模态逻辑作为模态逻辑理论的重要组成部分，其产生、发展及应用也与哲学研究紧密相关。

著名逻辑学家、计算机科学家、图灵奖得主斯科特在其著作(Scoot，1970)中曾说："我认为在模态逻辑的研究中最大的错误之一就是：只专注于包含一个模态算子的系统的研究。在道义逻辑或认知逻辑中，获得任何哲学意义结论的唯一方法就是将这些系统中的算子与时态算子相结合(否则你怎么制定变化原则？)；或者与逻辑算子相结合(否则你怎么比较相对和绝对？)；或者与历史的或物理必然的算子相结合(否则你怎么将理性人与其所处环境联系起来？)；等等。"正如斯科特所说，孤立地研究这些哲学概念时，仍然有些东西是缺失的。定义一个概念的很大一部分在于它与其他概念间的相互作用方式。例如，理性信念应该依赖于适当的论据、理由或证据；在义务的背景下，析取可能不会像它在自然语言中表现的那样；寻找修改知识的行动，可以更好地理解知识；意图可能被理解为源自欲望和信念。进行这项研究需要的是包含多种模态算子的逻辑系统，即多模态逻辑，它不仅描述单个哲学概念的独立属性，而且描述哲学概念之间相互作用的方式。

事实上，多模态逻辑已经被广泛应用，这包括关于时间、空间、知识、信念、意图、欲望、义务、行动等的推理。在此，我们更多关注多模态逻辑在哲学中的应用，这主要包括为研究不同的哲学概念提供形式框架，并为具体哲学问题的讨论提供了形式工具。首先，本章将具体展示多模态逻辑在一些基本的哲学概念(模态)的定义中是如何发挥作用的，使用"句法"和"语义"策略的组合来定义更多的概念。这些例子基于这样一种观点，即一些哲学概念可以用另一些哲学概念来定义，而著名的将知识理解为可辩护的真信念就是最著名的例子之一。其次，从哲学的视角出发，对一些重要的哲学概念(模态)之间的相互作用进行重点讨论，这是多模态逻辑理论对哲学概念之间相互作用进行形式化刻画的重要体现。最后，以具体的哲学问题讨论中出现的多模态逻辑系统为例，说明多模态逻辑的建立与发展对于哲学研究、哲学理论发展的重要作用。

第一节　哲学概念的相互定义

使用包含多个模态的系统(多模态系统)的关键问题是如何构建这样的系统，前文已经做了一系列的尝试与讨论。而构建多模态系统的关键之处在于该系统中所涉及的哲学概念之间的关系，是否有一个比另一个“更基本”，即后者可以用前者来定义，这也是前文反复提及的决定模态间相互作用的基础。在哲学研究中，将知识这一概念理解或定义为可辩护的真信念就是最为著名的例子之一。与之类似地，可用现有的论据、证据、理由等概念对信念进行的定义，或根据其成员的认知概念对一个群体的认知概念的定义等。真势模态逻辑中的必然和可能已经为如何定义两个概念之间的关系提供了一个范例。

一、必然和可能

基本的真势模态逻辑中都包含必然($\Box$)和可能($\Diamond$)两个模态，而真势逻辑的形式系统中大多都将其中一个模态($\Box$)作为初始语形算子，然后将另外一个定义为其对偶模态($\Box\varphi := \neg\Diamond\neg\varphi$)。这是一种看似无害的句法可互定性，这源于这样一个基本事实，即$\Diamond$和$\Box$分别根据存在量词和全称量词进行语义解释。在某种意义上，它类似于经典命题逻辑中布尔算子的可互定性。尽管如此，它已经反映了重要的潜在假设。从经典的观点来看，某些东西是必然的，当且仅当其否定是不可能的情况($\Box\varphi \leftrightarrow \neg\Diamond\neg\varphi$)，而某些东西是可能的，当且仅当它的否定不是必然的($\Diamond\varphi \leftrightarrow \neg\Box\neg\varphi$)。但是，并不是在所有的系统中都是这样。例如，虽然$\Diamond\varphi \to \neg\Box\neg\varphi$在直觉上是可以接受的(存在$\varphi$成立的可能性的意味着并不是所有的可能性都使$\varphi$为假)，但它的逆命题$\neg\Box\neg\varphi \to \Diamond\varphi$(并非所有的可能性都使$\varphi$为假的事实不足以保证$\varphi$为真的可能性的存在)并非如此。因此，在用一种模态定义另一种模态时，应该始终谨慎。

真势模态逻辑是关于必然真和相关概念的逻辑。我们可以将以下 6 个真势模态概念看作命题形成算子，即当将其应用到命题时会得到一个类似于“……情况并非如此”的命题。

……是必然(真)的。
……是可能的。
……是不可能的。
……是非必然的。
……是偶然的。
……是非偶然的。

上述算子都可以由前四个算子进行定义，其中必然算子通常记作□，我们一般将必然算子看作初始算子，其他算子可以由其进行定义。若用∧、∨、¬分别表示经典逻辑中的合取、析取、否定，那么上述算子可以相互定义如下：

p 是可能的($\Diamond p$)$=_{def} \neg\Box\neg p$。
p 是不可能的$=_{def} \Box\neg p$。
p 是非必然的$=_{def} \neg\Box p$。
p 是偶然的$=_{def} \neg\Box p \wedge \neg\Box\neg p$。
p 是非偶然的$=_{def} \Box p \vee \Box\neg p$。

通常假设命题的以下三分法成立(McNamara et al.，2022)，如图 7-1 所示。

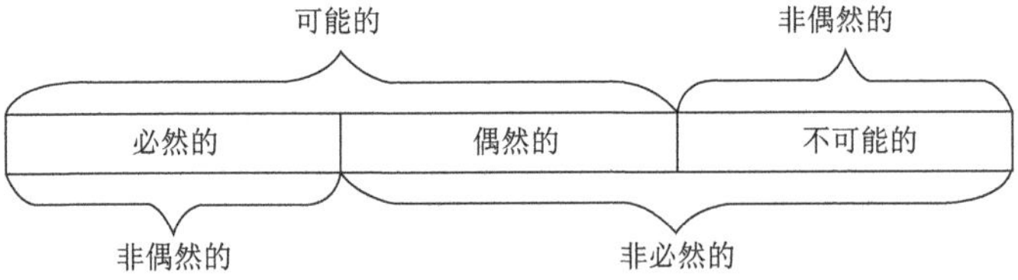

图 7-1

图 7-1 的这三个矩形的作用在于全面列举和相互排斥：每个命题要么是必然的，要么是偶然的(可能是真的，也可能是假的)，要么是不可能的，但没有任何命题不只属于其中的一类。可能命题是必然命题或偶然命题，非必然命题是不可能命题或偶然命题，非偶然命题是必然命题或不可能命题。

此外，追溯到 12 世纪和 13 世纪，人们经常使用以下模态对当方阵来表示不同模态之间的逻辑关系(图 7-2)。

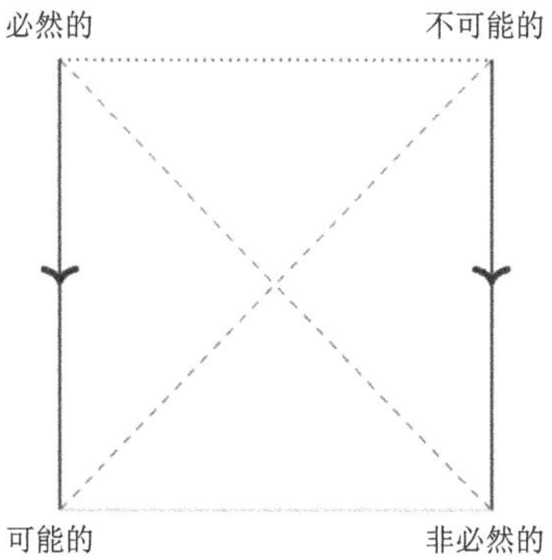

图 7-2

图 7-2 中带箭头的线表示蕴涵关系，上方虚线表示相反关系，下方虚线表示次相反关系，中间的斜虚线表示矛盾关系。由图 7-2 可知，必然的蕴涵可能的，不可能的蕴涵非必然的；必然的和不可能的是相反关系；可能的和非必然的是次相反关系；必然的和非必然的是矛盾关系，不可能的和可能的是矛盾关系。

与此同时，我们一般假设下述关系成立：

如果$\Box p$，那么p。(如果p是必然的，那么p是真的)

如果p，那么$\Diamond p$。(如果p是真的，那么p是可能的)

这也表明，关于必然和可能之间的关系是真势的，并且是真值蕴涵的。上述很多思想在中世纪时期就已经有过一些讨论。

二、知识和信念

哲学概念之间相互定义的另外一个例子涉及知识和信念之间的关系。在认识论研究中，学者们试图寻找对于知识的准确表征，一个共同的趋势是将知识视作一种“可辩护的真信念”，而这一思想可最早追溯到柏拉图的《泰阿泰德篇》。随着认识论领域研究的不断发展，很少有当代认识论学者直接接受将知识定义为“可辩护的真信念”这一想法。虽然大家普遍认为“可辩护”、“真”以及“信念”元素都是对知识进行表征的必要条件，但是将这些元素加在一起去定义知识似乎还不充分。因为存在着一些可辩护的真信念，但还不能将其称为知识，例如：

> 想象一下，我们正在一个炎热的天气里找水。我们突然看到了水，或者至少我们是这样认为的。事实上，我们看到的不是水，而是海市蜃楼，但当我们到达地点之后，我们很幸运地在一块岩

石下发现了水。我们能说我们对水有了真正的知识吗？答案似乎是否定的，我们只是运气好。

像这样的例子，在某种意义上，可辩护的真信念似乎与事实脱节。盖梯尔(Gettier，1963)也给出了类似的例子，其中一个被称为“空地上的奶牛”：

一位农民找不到自己的奶牛，一个送奶工说他看到那头奶牛在附近的空地上。农民相信送奶工，但他还是想亲眼看看。他看到了空地上有黑白相间的东西，就认为奶牛在那里。过了一会儿，他亲自到空地上看，奶牛确实在那，但奶牛躲在树林后；他之前看到黑白相间的东西，是树上一大张黑白相间的纸。

在盖梯尔给出的例子中，一个真信念是从一个可辩护的假信念中推断出来的。他观察到，凭直觉，这种信念不可能是知识，只是碰巧它们是真的。为了纪念盖梯尔的贡献，将这类事例称为“盖梯尔反例”。由于这类事例反驳了传统认识论中对于知识的经典定义，许多学者试图去修改对知识的经典定义，以适应“盖梯尔反例”，这就是通常所说的“盖梯尔问题”。“盖梯尔反例”表明，仅仅对知识进行如此简单的描述是不够的，还需要增加一些条件，如安全性、敏感性、稳定性等。尽管如此，将知识定义为“可辩护的真信念”，是非常重要的一步。经典认知逻辑没有明确地处理“可辩护”这一概念[①]，所以在认知逻辑中一般将知识处理为“真信念”。

为此，关于知识和信念的定义我们可以做以下尝试。在一个信念关系模型中，我们使用模态算子 B 表示信念模态，并且在该模型中，模态算子 B 对应的可及关系 R_B 是持续的、传递的、欧性的(即对应KD45系统)。在这一系统中，可以从两个方面对知识和信念模态进行界定。第一是从句法层面出发，正如我们前文所说，将知识定义为“真信念”，即 $K'\varphi := B\varphi \wedge \varphi$。第二是从语义层面出发，将知识等价关系 R_K 定义为信念关系的自返、对称闭包，然后使用它对知识模态 K 进行解释。应该指出的是，上述两种方法并不等同。我们可以考虑下述信念模型(Halpern et al.，2009)，如图7-3所示。

① 在一些系统中，对“辩护”进行了研究，对于证据的语义解释参见范本特姆的相关著作(van Benthem et al.，2011)；更多句法描述参见巴尔塔格的相关著作(Baltag et al.，2012)。

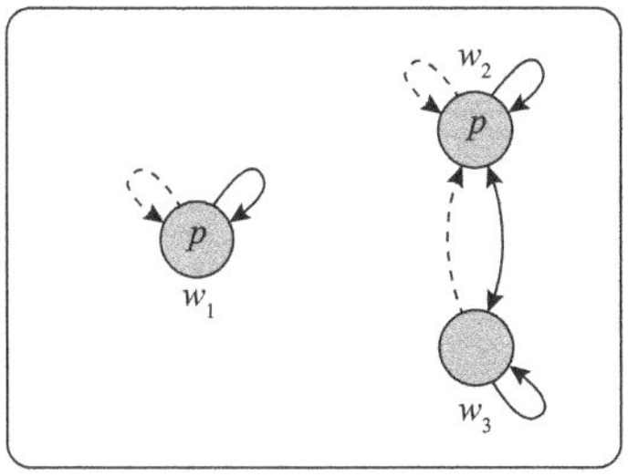

图 7-3

图 7-3 中实线表示的是持续的、传递的、欧性的信念关系 R_B，虚线表示的是由信念关系 R_B 派生的具有自返性、传递性和对称性的(等价的)知识关系 R_K (Sonja et al.，2019)。注意在这一模型中，理性人是如何在每一个可能世界相信 p，即 $[\![Bp]\!]^M=\{w_1,w_2,w_3\}$；然后正如上述句法所说，$K'\varphi$ 在 $B\varphi\wedge\varphi$ 成立的世界中有效，因此，$[\![K'p]\!]^M=[\![Bp]\!]^M=\{w_1,w_2\}$。然而，根据语义方法，$K\varphi$ 在所有知识可通达的且 φ 成立的世界中都是有效的，因此，$[\![Kp]\!]^M=\{w_1\}$。所以，K' 和 K 不是等价的。导致这种不等价的原因之一就在于，上述句法和语义方法派生出的知识概念没有强制具有相同的属性。例如，语义方法要求知识具有消极自省的属性(通过使 R_K 成为等价关系)，但句法方法没有这一要求。实际上，这一属性在 w_3 中失效，就是因为在 w_3 中，$\neg K'p$ 为真(因为 p 为假，所以 $Bp\wedge p$ 为假)，而 $K'\neg K'p$ 为假(展开的话即 $B(\neg Bp\vee\neg p)\wedge(\neg Bp\vee\neg p)$)①。

上述语义方法是基于现有模态的语义对应物，然后从中提取进一步分语义成分进而定义新的模态去表示概念的一种方法。接下来基于这种语义方法，我们分别对表示分布式知识和公共知识概念的模态进行考察。

考虑基本的多主体认知逻辑，其语言为 $\mathcal{L}_{\{K_1,\cdots,K_n\}}$。这是一个多模态逻辑系统，因为该语言对于不同的理性主体 $i\in A$ 而言，都包含了一个知识模态 K_i，而这可以用标准的方式语义解释为其匹配的知识关系 R_i。对于有限的理性主体集而言，虽然用于表示“每个人知道”(E)这一概念的模态是句法可定义的，但其他一些认知概念，如分布式知识、公共知识等是不可句法定义的。②

① 在模态逻辑系统内基于信念有关显性和隐性知识可定义性的更多细节 (Halpern et al.，2009a)；有关模态逻辑中可定义性的一般处理 (Halpern et al.，2009b)。

② 更确切地说，是在语言 $\mathcal{L}_{\{K_1,\cdots,K_n\}}$ 中不能进行句法定义。当然，如果用更多的算子去扩展这一语言，则就是可定义的。

首先，采用句法方法利用知识或信念模态定义群体知识或群体信念模态。此处考虑这样一个正规多模态逻辑系统，该系统是同质多模态逻辑系统，即系统内包含多种相同类型(或统一模态理论内)的模态算子。该系统是一个多主体认知系统，系统内包含多个认知主体，因此该系统的语言 $\mathcal{L}_{\{K_1,\cdots,K_n\}}$ 包含知识算子 K_i，其中认知主体 $i \in \mathrm{A}$，A 是认知主体的集合。实际上，我们可以将基本的多主体认知逻辑看作多个单主体认知逻辑的融合(fusion)，其中认知主体 $i \in \mathrm{A}$。如果认知主体集是有限的，即：$|\mathrm{A}| = n$，那么我们就可以为“每个人知道”这一群体认知概念定义一个新的模态，即 $E\varphi := K_1\varphi \wedge \cdots \wedge K_n\varphi$。用类似的方式，我们可以在多模态语言 $\mathcal{L}_{\{B_1,\cdots,B_n\}}$ 中定义一个新的模态去表示“每个人相信”这一群体认知概念，即 $EB\varphi := B_1\varphi \wedge \cdots \wedge B_n\varphi$。在上述群体知识和群体信念的定义中，我们假设理性群体的知识或信念与个人知识或信念的合取是对应的。然而，在社会认识论的背景下，将理性群体的认知态度仅仅归约为构成群体的个体的认知态度的总和是有争议的，特别是对于群体信念的界定。

其次，考虑分布式知识这一概念。一般将分布式知识这一概念用来描述当理性主体共享其所有信息时他能够知道什么。从这个直观的定义可以清楚地看出，这个概念可以根据理性主体的个体认知关系进行语义上的定义。更准确地说，描述分布式知识概念的模态对应的关系应该对应于个体认知关系的交集，即 $\mathrm{R}_D := \bigcap_{i\in\mathrm{A}} \mathrm{R}_i$。因此，给定任意世界 w，当理性主体们共享其所有信息之后世界 u 被认为是可能的，当且仅当在交流之前所有理性主体都认为世界 u 是可能的(或者，换句话说，当且仅当没有人可以丢弃它时，世界 u 才被认为是可能的)。我们可以简单地使用模态 D 来扩展上述语言，并基于这种新关系进行语义解释：$(\mathrm{M},\mathrm{w}) \vDash D\varphi$，当且仅当，对于所有 $\mathrm{u} \in \mathrm{W}$，如果 $\mathrm{R}_D\mathrm{wu}$，那么 $(\mathrm{M},\mathrm{u}) \vDash \varphi$。

最后，我们考察对于社会交互理论非常重要的一个概念，即常识，或称公共知识。这一概念可以描述为每个人都知道，每个人都知道每个人都知道，每个人都知道每个人都知道每个人都知道，等等。就像分布式知识一样，这一概念不需要增加更多的语义成分：个体知识的不可区分关系已经提供了明确定义所需的一切。如果一个人以自然的方式为“人人都知道”模态定义了一种知识关系，即 $\mathrm{R}_E := \bigcap_{i\in\mathrm{A}} \mathrm{R}_i$，那么公共知识模态所对应的知识关系 R_C 可定义为 R_E 的传递闭包，即 $\mathrm{R}_C := (\mathrm{R}_E)^+$。由此我们可以用模态 C 来扩展上述语言，并基于 R_C 进行语义解释：$(\mathrm{M},\mathrm{w}) \vDash C\varphi$，当且仅当，对于所有 $\mathrm{u} \in \mathrm{W}$，如果 $\mathrm{R}_C\mathrm{wu}$，那么 $(\mathrm{M},\mathrm{u}) \vDash \varphi$。

在世界 w 中，如果公式 φ 是理性主体们的公共知识，当且仅当 φ 在 R_E 中的任何有限非零转移序列(R_C 是 R_E 的传递闭包)可以到达的每个世界(在模态 C 的语义解释中的“所有”)中，φ 是公共知识。换言之，当且仅当每个人都知道 φ(长度为 1 的任意序列)，每个人都知道每个人都知道 φ(长度为 2 的任意序列)，则在理性主体中 φ 是公共知识，以此类推[①]。

三、义务和允许

伦理学作为哲学的一个主要研究领域，其关注行为的规范问题，即哪些行为是正当的，以及在生活中，应该履行什么样的义务。一些伦理学家强调义务的重要，强调对社会和他人应负的责任。义务、允许、禁止等哲学概念是伦理学研究的范畴，道义逻辑作为现代逻辑的一个分支，(多)模态逻辑的一种，对这些概念进行了形式化的研究。(朱建平，2014)认为：“逻辑为伦理学提供了一种理性和批判性处理。在伦理学中运用严格的逻辑分析和推理技术能使伦理概念更加精确，理论推理更加完备。逻辑也能够帮助我们更好地理解道德困境的性质。人们甚至认为如果对逻辑做一种广义的理解，那么伦理学中的许多核心问题可以被看作‘逻辑问题’。”接下来，我们将从义务、允许等一些基本的伦理学概念出发，考察在(多)模态逻辑背景下，这些概念的相互定义与逻辑联系。

我们粗略地将对义务、允许和禁止等哲学(道义)概念的逻辑性质进行研究的逻辑统称为道义逻辑，义务、允许和禁止等称为道义模态。至少可以追溯到公元 4 世纪，人们就开始试图对道义逻辑的原则进行形式化研究，其中包括对义务、允许和禁止等概念之间的逻辑关系的研究。在麦克纳马拉(McNamara，1996a，1996b)的论述之后，我们发现在道义模态和真势模态之间可能存在着一种类比，这在冯·赖特(von Wright，1951b)和普莱尔(Prior，1963)的著作中也可以找到相关阐述。然而，它的大部分根源于中世纪伊斯兰和中世纪晚期的欧洲思想，当时人们正在探索必然、可能等真势模态与义务、允许等道义模态之间的可能类比，并提出了形式化表述道义模态的方案。

我们用六个命题形成算子就能表示常见的道义模态，这种表述方式通常被称为“传统模式”，如

---

① 注意：这种方法使用 R_E 的传递闭包，并没有使用它的传递自返闭包。因此，公共知识的真实性(期望的有效性 $C\varphi \to \varphi$)并没有嵌入到它的定义中去，相反，它是理性群体知识真实性的后承。实际上，如果所有理性主体的知识都是真实的(即所有个体的知识关系 R_i 是自返的)，那么他们的公共知识也是真实的(即 R_C 也是自返的)。

……是义务(应该)的(OB)。
……是允许的(PE)。
……是不允许的(IM)。
……是可省略的(OM)。
……是可选择的(OP)。
……是不可选择的(NO)。

为了书写方便，我们通常将道义模态算子进行改写，如将义务算子 OB 缩写为 O，读作“……是义务(应该)的”；将允许算子 PE 缩写为 P；用 F (forbidden)替代禁止算子 IM；用 I (indifference)替代算子 OP；道义非必然性用 OM 表示，道义非选择性用 NO 表示。有的文献中用双字母表示道义模态是为了研究的便利。道义逻辑和伦理学理论在互换所谓的等同表达时充满了困难。一般来说，前四个道义算子中任何一个都可以作为初始算子去定义其他道义算子，常见的做法是将道义算子 OB，即“……是义务(应该)的”作为初始算子去定义其他道义算子，这样可以方便保留所有具有可允许性、不可允许性和可选性的连续性。“……是应该(义务)的”，可以理解为关于个人的(Krogh et al.，1996；McNamara，2004)。上述道义算子之间存在下述定义关系：

$PEp =_{\text{def}} \neg OB\neg p$；
$IMp =_{\text{def}} OB\neg p$；
$OMp =_{\text{def}} \neg OBp$；
$OPp =_{\text{def}} (\neg OBp \wedge \neg OB\neg p)$；
$NOp =_{\text{def}} (OBp \vee OB\neg p)$。

这些定义表明：某事物是允许的，当且仅当它的否定不是义务的；某事物是不允许的当且仅当它的否定是义务的；某事物是可省略的当且仅当它不是义务的；某事物是不可选择的当且仅当它或者是义务的或者是不允许的。我们将道义模态之间的这种定义关系称为“传统定义方案(TDS)”，这一方案或其变体可以追溯到英国哲学家、逻辑学家奥卡姆(Ockham)以及莱布尼茨。[①]如果我们只从道义算子 OB 开始，并考虑上面右边的公式，那

① 奥卡姆相关思想的论述参见其著作(Knuuttila，2008；Kilcullen et al.，2001)；莱布尼茨相关思想的论述参见其著作(Lenzen，2004)。

么很容易就会认为它们至少是左边那些公式的候选定义条件。虽然不是无可争议的，但它们是非常自然的，并且这一方案已被广泛采用。现在，如果我们回顾前文使用必然算子去定义其他五个真势模态算子的情况，很容易发现它们与上面的五个道义算子的定义基本相似。从形式上看，一个只是另外一个的句法变体：即用$\Box$替换OB，用$\Diamond$替换PE。

除道义模态的传统定义方案(TDS)外，一般认为，以下称之为“传统三分法”(TTC)的方案也是成立的(McNamara et al.，2022)，如图 7-4 所示。

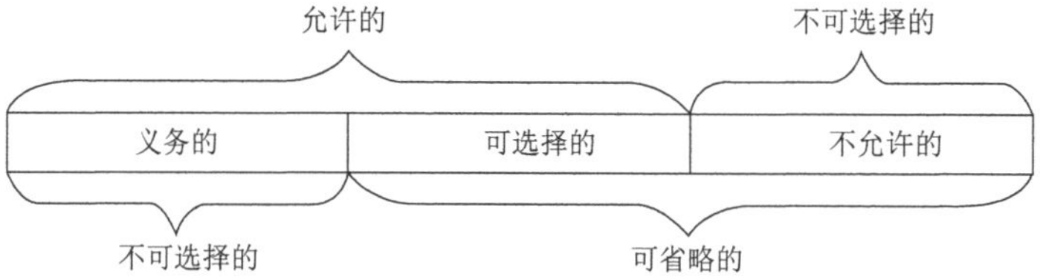

图 7-4

与真势模态情况一样，所有命题都被划分为全面列举和相互排斥的三类：每个命题或者是义务的，或者是不允许的，或者二者都不是，即为可选择的，并且任何命题都只能属于这三类命题中的一种。此外，允许的命题是义务的或可选择的命题；可省略的命题是不允许的或可选择的命题；不可选择的命题是义务的或不允许的命题。对于命题的这种分类有几百年的历史(Tierney，2007；Johns，2014)，很容易发现这种分类方法与前文关于必然命题、偶然命题以及不可能命题的划分相同的。

此外，如前所述，在历史文献中也经常使用“道义方阵”(the deontic square)(DS)(McNamara et al.，2022)，如图 7-5 所示。

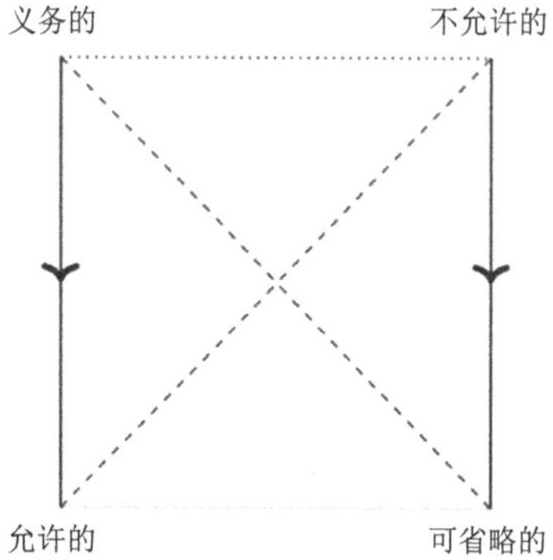

图 7-5

这一方阵的四个角分别标记为义务的、不允许的、允许的以及可省略。同图 7-2 中一样，带箭头的蕴涵线连接义务的和允许的、不允许的和可省略的。上方的相反线连接义务的和不允许的，下方的相反线连接允许的和可省略的。中间斜的虚线是矛盾线，分别连接义务的和可省略的、不允许的和允许的。

道义方阵的四个角标记的逻辑算子之间的关系应解释为(真势)模态方阵的反面，这两个方阵完全相同。如果我们为可选择和不可选择设置点，就可以得到一个道义六边形(Mcnamara et al.，2022)，如图 7-6 所示。

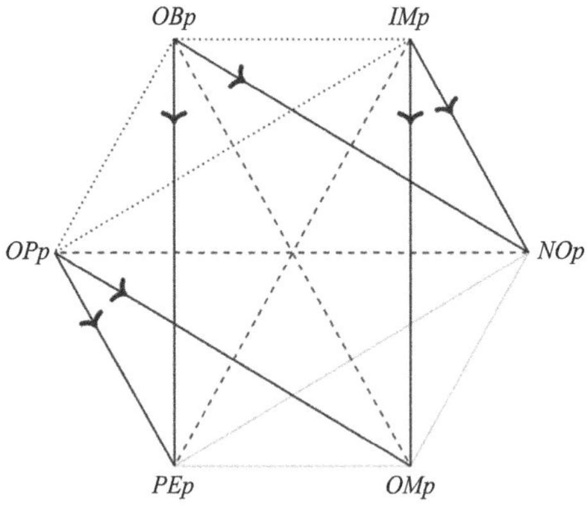

图 7-6

图 7-6 中的蕴涵线、相反线、矛盾线的说明与图 7-2 和图 7-5 相同，关于六个角标记的模态算子之间关系的具体的说明此处省略。

考虑真势模态与道义模态的这些类比，初始模态算子 OB “……是义务的”，经常被称为“道义必然性”就不足为奇了。然而，在模态算子 OB 与真势必然性算子□之间也存在着明显的不对应的地方。之前，我们给出了两条关于真势必然性的原则，其道义类比显然是错误的：

如果 OBp，那么 p。(如果 p 是义务的，那么 p 是真的)

如果 p，那么 PEp。(如果 p 是真的，那么 p 是允许的)

实际上，义务的(强制的)可能会被违反，不允许的确实会发生。然而，当研究者转向对真势模态逻辑的一般化研究时，他们开始考虑更广义的模态逻辑，其中可能包括必然算子不具有真值蕴涵性。从这一视角出发，可以将道义逻辑看作广义的模态逻辑。事实上，认识到这样的可能性有助于推动从关注真势模态逻辑到正规(多)模态逻辑的扩展(Lemmon et al.，1977)。

第二节　哲学概念的相互作用

在上一节中，我们以必然和可能、知识和信念以及义务和允许三组模态为例，详细介绍了如何利用多模态去实现哲学概念间的相互定义。接下来，我们将给出模态逻辑发展历史上一些具体的例子，说明哲学概念(模态)之间是如何相互作用的，即模态的联合问题，这也是多模态逻辑产生和发展的主要动因之一。

一、时间和知识

在本书的导论部分已经对时态-认知方法进行了简要的介绍。事实上，在模态逻辑的发展过程中，人们建立了许多逻辑系统用来描述理性主体的知识随时间变化的方式。这不仅包括解释系统 IS(interpreted systems)(Fagin et al.，2004)，还包括认知时态逻辑 ETL(Parikh et al.，2003)、主体逻辑(logics of agency)(Belnap et al.，2001)以及前文提到的动态认知逻辑 DEL。在所有这些系统的研究中，一个重要的问题就是时间模态(时态)和知识模态之间的相互作用。

在时态认知逻辑中，两个著名的要求是“理想记忆”(perfect recall)(理性人的知识不会随着时间的推移而减少)和“没有学习”(no learning)(理性人的知识不会随着时间的推移而增加)。在知识逻辑和时态逻辑的未来片段的简单融合中，这两个要求可以分别表示为$K\varphi \to GK\varphi$和$FK\varphi \to K\varphi$。

对一些人来说，“没有学习”的条件可能太严格了，因为它似乎表明时间的推移永远无助于知识的增加。范本特姆(van Benthem et al.，2006)构建了一个更加丰富的系统并提出了一个相关且更合理的条件，即“没有奇迹”(no miracles)，这表明理性主体的不确定性不能被同一事件所消除(van Benthem et al.，2006，2009)。另一个相互作用的性质是同步性(synchronicity)，即认知不确定性只发生在同一时刻发生的认知情境中。例如，理性主体总是知道“现在是什么时间”，因为他可能不知道发生了哪些行为，但他总是知道发生了一些行为。

关于时间模态和知识模态相互作用的更多内容，还可以参见哈尔彭的相关著作(Halpern et al.，2004)。关于时间模态和信念模态之间的类似相互作用一般由可信度模型的可信度预设(plausibility preorders)来表示，具体可参见范本特姆的相关著作(van Benthem et al.，2010)，此处不再详细讨论。

二、知识和问题

问题和命题之间的相互作用是推动推理、沟通和一般调查过程的重要因素(Hintikka，2007)。事实上，科学调查和解释部分在一定程度上是通过提问和回答来进行的，而人机交互通常是以提问和回答的形式进行的(Cross et al.，2022)。

但是，理性主体的知识和他的问题之间有什么关系？也许更重要的是，考虑到不同的理性主体可能会提出不同的问题(即他们可能对不同的问题感兴趣)，那么不同理性主体的知识之间的关系是什么？

博迪(Boddy，2014)和巴尔塔格等(Baltag et al.，2018)对这些问题进行了研究，与此同时还对理性群体“真正的”公共知识和分布式知识进行了研究。他们给出的模型(基于范本特姆等人的认知问题模型(van Benthem et al.，2012))假设理性主体不仅拥有个体知识，而且还拥有个人问题：他们各自提出的议题，决定了他们对目前正在调查的问题的个人议程。在句法方面，除了标准知识模态(每个理性主体 i 对应 K_i)外，还有一个模态 $Q_i\varphi$，读作“φ 仅通过对 i 的问题的可学习的答案即可知道”。换言之，Q_a 描述了一个理性主体根据给出他的问题的可学习的答案，可以获得的最大知识。因此，这可以作为一个原则“如果 a 知道 φ，那么他可以根据对他问题的回答来知道它”，即 $K_a\varphi \to Q_a\varphi$ 。

更有趣的是理性主体 a 的知识与其他理性主体 b 的知识之间的关系。为了让理性主体考虑任何潜在的知识，这种知识在一定意义上必须与他相关，因为他可以将其区分为对他的一个问题的可能答案。换言之，“因此，只有当理性人(其他人)拥有与他们相关的知识[……]时，他们才能连贯地表示其他人的知识[……]。”(Boddy，2014)[28] 因此，“如果 b 知道与 a 相关的东西，那么 b 知道这一点与 a 相关”，并且如果 b 可以知道(鉴于他的问题)任何与 a 相关的事情，那么这个事实(b 的潜在知识包括 a 的潜在知识)本身就与 a 相关。我们可以用符号表示为 $K_bQ_a\varphi \to Q_aK_b\varphi$ 和 $Q_bQ_a\varphi \to Q_aQ_b\varphi$ 。

关于将理性主体的问题添加到具体情况后的更深入的讨论(包括理性群体的分布式知识和公共知识的替代定义等)，都可以在博迪等人的工作中找到，此处不再详细讨论。

三、义务和时间

根据前文关于时间模态与知识模态相互作用的研究，我们发现将时间模态添加到已知的模态逻辑系统中通常是一个很好的尝试。因为在大多数情况下，由此形成的多模态逻辑系统在丰富了初始系统的同时，允许我们讨论原有哲学概念(模态)如何随着时间发生变化。除了前文讨论的将时间模态添加到认知逻辑中，即时间模态与知识模态的相互作用之外，还可以将时间模态添加到道义逻辑中，即讨论时间模态与道义模态，如义务、允许等的相互作用。由此形成的时态道义逻辑对实践具有更强的指导意义，因为它们涉及法律、社会和商业组织，甚至安全系统等主题。

当时间和义务相互作用时会产生一个有趣的概念，即道义最后期限(deontic deadlines)。这一概念是指：只要在某些条件成为现实之前，在一个人选择的时间，只需要履行一次的义务。事实上，“[……]道义期限是两个维度之间的相互作用，一个是道义(规范)维度，一个是时间维度。因此，为了研究[它们]，将一个[……]时态逻辑[……]和一个标准道义逻辑[……]组合在一个系统中是有意义的。” (Broersen et al.，2004)[43] 这样的形式系统有助于理解什么是最后期限。最后期限是在某一时间点完成某件事的义务；或者最后期限仅仅是一种义务，它持续到最后期限到来；或者二者兼而有之。

除此之外，形式系统还允许进行更精细的区分。例如，对于始终满足给定φ的义务(用符号表示为$OG\varphi$，其中O表示义务模态，G是时间模态)和φ应该始终履行的义务($GO\varphi$)之间的区分。

关于道义最后期限更加深入的研究可以参见其他著作(Broersen，2006；Brunel et al.，2006；Demolombe et al.，2006；Demolombe，2014；Governatori et al.，2007)。

四、知识和义务

除了上文提到的时间与知识模态、时间与义务模态的相互作用之外，知识与义务模态之间的相互作用也同样重要。认知义务悖论是我们考察知识与义务模态的相互作用时经常会关注的一个问题。这种悖论产生于标准道义逻辑和标准认知逻辑的融合，但是这两种概念之间的关系超出了这两种模态在这样一个多模态逻辑系统中的相互作用。例如，如果理性主体不知道某项义务的存在，是否应该要求他履行义务？在某些情况下，答案似乎是“不”。设想这样一种情况：如果邻居心脏病发作，医生没有义务提供帮助，除非他知道这种紧急情况发生。然而，在其他一些情况下，答案似乎是“是”。司法原则“法律上的无知是不可原谅的”(粗略地说，对法律的无知不是借口)就是一个例子。

已经有学者对这些问题进行过研究 (Pacuit et al.，2006)，他们构建了一个系统，在其中可以将行为视为“好的”或“坏的”，同时它引入了基于知识的义务(knowledge-based obligation)的概念。根据此概念，理性主体有义务执行一项行动α当且仅当α是理性主体可以执行的行为，并且她知道执行α是好的。这是绝对义务的一种形式，在理性主体采取所需行为之前，这种义务一直存在。

有趣的是，知识的参与产生了各种形式的“可废止”(defeasible)义务，这些义务可能会随着新信息的出现而消失。例如，在被告知邻居的病情后，医生可能有义务给他服用某种药物；然而，如果他知道邻居对这种药物过敏，这一义务就会消失。帕库伊特对这种“较弱”的义务形式也进行了讨论(Pacuit et al.，2006)。

知识与义务模态之间的相互作用并不局限于知识“定义”义务的方式。理性主体是否有意识地违反其承诺也扮演着重要的角色。事实上，大多数司法制度都包含这样一个原则，即只有在实施该行为的理性主体具有“犯罪心理”(guilty mind)(犯罪意图)的情况下，该行为才是非法的；如果行为人有罪，他必须是故意地(蓄意地)实施该行为。当然，有不同层次的“犯罪心理”，一些法律制度对其进行区分，以确定“罪责程度”(例如，如果是故意杀人而非意外杀人，则认为故意杀人更严重)。例如，一方面，声明疏忽地做α是非法的，意味着在明知该行为具有重大并且不合理的风险的情况下做α是非法的。另一方面，声明故意做α是非法的，意味着在确定这种行为会导致(相应)结果的同时做α是非法的。[①]布罗森对犯罪意图的上述及其他一些模式进行了形式化研究(Broersen，2011)。

第三节　哲学讨论中的多模态逻辑系统

正如上一节所述，不同模态之间的具体相互作用(它们的结合方式以及桥原则)对于准确表示和分析不同的哲学概念至关重要。事实上，在一些情况下，不同模态的结合和相互作用有助于揭示哲学问题。接下来，本节将对溯因(abduction)、可知性(knowability)、相信知道(believing to know)、使真者(truthmaker)以及假设和信念之间的相互作用等概念进行考察，在此过程中涉及一些多模态逻辑系统以及相关哲学悖论和问题，这也体现了(正规)多模态逻辑在哲学中的应用。

① 关于不同层次的“犯罪心理”研究的更多信息，可参考杜伯的相关著作(Dubber et al.，2015)。

一、溯因推理

“溯因”(abduction)一词在相关但有时不同的意义上使用。粗略地说，溯因推理(也称为最佳解释推理、还原推理、假设推理、引证推理或推定推理等术语)可以理解为一个理性人(或一组理性人)为一个令人惊讶的观察结果寻找解释的过程。许多形式的智力活动，如医疗和故障诊断、法律推理、自然语言理解和(最后但并非最不重要的)科学发现，都属于这一范畴，因此，溯因是最重要的推理过程之一。

以最简单的形式，溯因推理可以用皮尔士在 1903 年给出的模式进行描述(Charles and Weiss，1935)：

观察到了令人惊讶的事实 C，

如果 A 是真的，C 将是理所当然的事，

因此，有理由怀疑 A 是真的。

这是在为溯因推理提供形式刻画时最常引用和使用的理解。尽管如此，对溯因问题及其解决方案的典型定义仍然是以(命题的、一阶的)理论和公式的形式给出的，而没有考虑到所涉及的理性主体的态度。

然而，也有人提出根据不同的知识概念将溯因(部分)过程形式化(Levesque，1989；Boutilier et al.，1995)，有人将溯因推理理解为一个信念改变的过程，该过程由观察触发并由理性人所拥有的知识指导(Velázquez-Quesada et al.，2013)。从令人惊讶的观察ψ到信念φ的溯因推理可以用符号表示为$K(\varphi\to\psi)\to[\psi!](K\psi\to\langle\varphi\Uparrow\rangle B\varphi)$，这也说明如果理性人知道$\varphi\to\psi$，$\psi$的宣告($[\psi!]$)使他知道$\psi$，那么他就会用$\varphi$进行信念修正，以便相信它。这种形式化不仅强调了理性人的初始知识在生成可能的溯因解决方案中起着至关重要的作用，而且还强调了所选解决方案只能以微弱的方式被接受，因此，根据进一步的信息，它可能会被放弃。

除此之外，我国学者马明辉遵循了皮尔士对溯因推理的后一种理解(称之为逆反推理：“给定一个(令人惊讶的)事实 C，如果 A 蕴涵 C，则需要询问 A 是否合理地有效”)，将溯因推理作为一种从惊讶到探究的推理形式，这可能与问题、疑问等相关概念的理解有关(Ma et al.，2016)。正如他在文中所说“重要的发现是，在新的表述中，结论是以一种疑问的语气提出的。但疑问的语气不仅仅意味着提出了一个问题。事实上，这意味着可能的猜想 A 成为探究的对象：目的是确定 A 是否确实可信。皮尔士称这种情绪为‘调查情绪’。所以，溯因可以被视为朝向一个貌似合理的猜想的动态过程，并最终朝向有限的一组最貌似合理的猜想。”在对溯因推理进行考察和研究中，从动态机制出

发构建了用于分析科学发现中的猜想行为的溯因逻辑，它解释了当理性主体面对新的令人惊讶的事实时，代表调查者信息的模型的更新是如何进行的。溯因逻辑属于具体的多模态逻辑的范畴，为研究溯因推理提供了新的视角。

二、可知性悖论

费奇(Fitch，1963)首次提出可知性悖论(knowability paradox)。具体地，该悖论指费奇从反实在论的核心观点(*)“所有的真理可能是知识(所有真是可知的)”出发，推导出实在论的观点“所有的真理是知识(所有真是已知的)”，对反实在论的哲学立场，即可知性和非全知性提出了严重挑战。因而这一悖论通常被实在论者用于反对反实在论。

在一个将知识算子和可能性算子相结合的多模态逻辑中对“所有的真理可能是知识”进行形式化，即 $\varphi \to \Diamond K\varphi$，其中 $\Diamond K\varphi$ 表示“可能知道 φ”。在这种情况下，可知性悖论指的是费奇的论证，其中的核心观点表明：如果所有的真理都是可知的，那么所有的真理都是已知的。正如论证中所提到的，我们显然不知道所有的真理(因为我们并非无所不知！)，因此，论证的前提一定是假的，即并非所有的真理都是可知的。可知性悖论可以通过下述推导进行概括：

$$p \to \Diamond Kp \vdash p \to Kp 。$$

这给坚持非全知性原则的人们提出了问题。可知性悖论的推导是基于一个多模态逻辑系统(van Benthem，2004)，在这一系统内至少下述原则是有效的：第一，非矛盾原则，即矛盾不可能是真的，也不可能被认为是可能的；第二，经典的双重否定律，实质蕴涵的传递性以及替代律；第三，模态算子 K 的正规性，保证知识事实性即知识为真的模态逻辑原则T，模态可能算子 $\Diamond$ 的正规性。范本特姆对可知性悖论进行了简单的表述，从而表明了它是如何导致真理与知识之间的(不被期望的)等价。这一表述从反实在论的核心观点(*)“所有的真理可能是知识(所有真是可知的)”即 $\varphi \to \Diamond K\varphi$ 出发，用 $p \wedge \neg Kp$ 替代 φ：

(1) $(p \wedge \neg Kp) \to \Diamond K(p \wedge \neg Kp)$， 用 $(p \wedge \neg Kp)$ 替代(*)中的 φ；

(2) $\Diamond K(p \wedge \neg Kp) \to \Diamond(Kp \wedge K\neg Kp)$， K 对 $\wedge$ 进行分配；

(3) $\Diamond(Kp \wedge K\neg Kp) \to \Diamond(Kp \wedge \neg Kp)$， 在模态逻辑原则T中知识是真的；

(4) $\Diamond(Kp \wedge \neg Kp) \to \bot$， $\Diamond$ 的极小模态逻辑；

(5) $(p \wedge \neg Kp) \to \bot$， 从(1)到(4)，$\to$ 的传递性；

(6) $p \to Kp$， 命题演算。

可知性悖论的产生引发了激烈的哲学讨论，由此产生了两种主要类型的解决方案：一种方案建议我们在保留命题(*)的同时削弱逻辑原则(如弗协调逻辑、直觉主义逻辑或较弱的模态逻辑等)；与之相反的是，另一种方案并不改变或限制底层逻辑，而是提出了对命题(*)的具体形式化或解读①。对于两种类型的解决方案的详细内容可以参考《斯坦福哲学百科全书》中“认知悖论”条目(Sorensen，2022)。此处我们对可知性悖论的产生过程进行了简要的说明，从某种意义上来说，它是由于刻画知识的模态逻辑K与包含可能性算子 $\Diamond$ 的模态逻辑相联合而产生的。通过进一步引入通信(communication)模态(与公开宣告逻辑 PAL 的公开宣告模态有关)来探求可知性悖论产生的根本原因。事实上，根据范本特姆的说法，命题(*)表达的不是静态可知性(static knowability)，而是一种可学习性(learnability)：“真的东西可能会被人知道”(van Benthem，2004)。这一论断可以在合适的任意宣告框架中形式化表述为：$\varphi \to \exists\psi\langle\psi!\rangle K\varphi$，这一公式被读作“如果 φ 是这种情况，那么有一个公式 ψ，在它公布之后，φ 将被知道”②。对于命题(*)的考察使我们接触到动态认知逻辑中有关不成功公式(unsuccessful formulas)，即那些在真实宣布后变为虚假的公式的一些结论，这表明并非所有的语句都是可学习的(van Ditmarsch et al.，2006；van Benthem，2011；Holliday et al.，2010)。实际上，可知性悖论的这一解决方案说明“……虽然没有拯救命题(*)，但也没有悲观情绪。因为在失去原则的情况下，我们对知识和学习行为及其微妙的属性进行了一般的逻辑研究。天真的验证主义的失败只是显示了人类交流的有趣方式。”(van Benthem，2004)[105]

三、理想相信者悖论

从直觉出发，说一个人可以相信“知道”某事似乎很自然，即使事实上一个人并不真正知道它。因此，从哲学上来说，相信知道某件事与声称具有真正的知识是不同的。然而，在知道的也被相信这一假设下，如果我们用KD45系统的模态 B 来表示信念，用S5系统的模态 K 来表示知识，那么知识和信念模态之间的这种特定的相互作用会给我们带来麻烦。因为假设 $BK\varphi \wedge \neg K\varphi$，然后，通过对第二个合取支的消极反省，我们得到了

① 值得注意的是，在上面系统的论证中，用信念算子代替知识算子本身并不能解决悖论。事实上，如果我们用一个自省的、连续的、非事实的算子 B 来代替 K，那我们就得到了一个与可知性悖论不同但相关的悖论。

② 根据巴尔比尼等人构建的系统，其中 $\langle * \rangle\varphi$ 被理解为“有一个公式可以被宣布，之后，φ 就是这样的”，这一论断可以用公式 $\varphi \to \langle * \rangle K\varphi$ 来表示。

$BK\varphi \wedge K\neg K\varphi$。但是根据知识蕴涵信念，我们可以推出 $B\neg K\varphi$。$B\neg K\varphi$ 与第一个合取支 $BK\varphi$ 一起，根据信念的可附加性，我们可以得到 $B(K\varphi \wedge \neg K\varphi)$。因此，我们推导出了一个矛盾的信念，这与KD45系统中的信念一致性假设(公理D)不相容。这个问题被称为理想相信者悖论(the paradox of the perfect believer)，也被称为沃布拉克悖论(Voorbraak paradox)，因为它最初(相当于)描述为桥原则 $BK\varphi \to K\varphi$ 的可推导性，这一原则表明相信知道给定的 φ 就能够知道 φ。$BK\varphi \to K\varphi$ 的推导还依赖于对知识的消极反省、信念的正规性和一致性，以及保证知识蕴涵信念的桥原则(Gochet et al.，2006)。

在提出这一问题后，沃布拉克提出通过摒弃桥原则 $K\varphi \to B\varphi$ 的方案来解决这一问题。另外一种可能的方案是允许不一致信念的存在(Gochet et al.，2006)。除此之外，还有一个可能的解决方案，就是考虑一个中间的“知识”概念，其强度不如S5系统的模态 K 给出的绝对不可逆(即不可撤销)的知识概念强。更确切地说，巴尔塔格(Baltag et al.，2008)提议着眼于莱尔(Lehrer，1990；Lehrer et al.，1969)的知识的可废止性(defeasibility)理论，并利用可信性模型中给出不可废止的(indefeasible)(“弱”，非消极反省)知识概念，用模态 $[\leqslant]$ 表示。事实上，莱贺和斯塔尔纳克称这个概念称为可废止知识，这是一种可能被虚假证据击败，但不能被真实证据击败的知识形式。这一概念同时满足真理公理($[\leqslant]\varphi \to \varphi$)和积极反省($[\leqslant]\varphi \to [\leqslant][\leqslant]\varphi$)，但它不满足消极的反省。因此，之前从一个理性人错误地相信他(可废止地)知道 φ ($B[\leqslant]\varphi \wedge \neg[\leqslant]\varphi$)而推导出的不一致的信念不再可能。相反，它可以很容易表明对一个可废止知识的信念，即 $B[\leqslant]\varphi$，等价于一个简单的信念 $B\varphi$。

四、模态视角下的使真者

根据法恩(Fine，2017)的观点，使真者作为一个事实或一种事态，是站在世界一侧的东西，作为一个陈述或命题，使语言或思想一侧的事物为真。使真(truthmaking)一直是形而上学和语义学中的一个重要话题。首先，“使真是我们从语言或思想到理解世界的一条渠道”(Fine，2017)[556]；第二，它通过确定世界如何使语言的句子为真，为给定的语言提供了足够的语义。

法恩在其文章中解释了命题逻辑的使真者(“精确”)语义的基本框架。它不是基于可能世界，而是基于事态或情况；二者关键的区别在于，一个可能世界决定了任何可能陈述的真值(即给定一个公式和一个可能世界，这个公式要么是真的，要么是假的)，而事态或情况可能不足以决定一个给定的句子是否成立(即决定句子的真值)。

从形式化的角度看，一个事态空间(state space)是一个二元组$\langle S, \sqsubseteq \rangle$，其中$S$是事态的非空集合，$\sqsubseteq \subseteq (S \times S)$是偏序(即自返的、传递的、反对称关系)，$s_1 \sqsubseteq s_2$可理解为“事态$s_1$扩展事态$s_2$”。假设任何事态对都有最小上界(least upper bound)(即上确界(supremum))，从形式化的角度看，对于任意$s_1, s_2 \in S$而言，都有$t_1 \sqcup t_2 \in S$同时满足：

(1) $t_1 \sqsubseteq (t_1 \sqcup t_2)$并且$t_2 \sqsubseteq (t_1 \sqcup t_2)$；(因此$t_1 \sqcup t_2$同时是$t_1$和$t_2$的上界)

(2) 如果t是t_1和t_2的上界，那么$(t_1 \sqcup t_2) \sqsubseteq t$；(因此$t_1 \sqcup t_2$是上确界)

上确界$t_1 \sqcup t_2$可以被理解为事态t_1和t_2的“和”(sum)“并”(merge)或“融合”(fusion)，它的独特性来自于$\sqsubseteq$的反对称性。上确界提供了决定“合取”是否是成立的关键工具，如下所示：

一个事态模型是一个三元组$\langle S, \sqsubseteq, V \rangle$，其中$\langle S, \sqsubseteq \rangle$是一个事态空间，$V : \mathrm{P} \to (\wp(S) \times \wp(S))$是一个赋值函数，该函数不仅给出使给定原子命题$p$为真的事态集(缩写为$V^+(p)$)，而且给出使给定原子命题$p$为假的事态集(缩写为$V^-(p)$)。原则上，给定一个原子命题$p$，这两个集合之间不需要有任何关系。它们可能是重叠的($V^+(p) \cap V^-(p) \neq 0$)，从而产生使$p$既为真又为假的事态；它们可能是有限的($V^+(p) \cap V^-(p) \neq S$)，从而产生使$p$既不为真也不为假的事态；它们可能两者都不是，因此是互斥的($V^+(p) \cap V^-(p) = \varnothing$)和全面的($V^+(p) \cup V^-(p) = S$)，并且使得这些事态表现为关于$p$的可能世界。

给定一个事态模型，$\Vdash_v$关系(事态满足)和$\Vdash_f$关系(事态不满足)定义如下：

$(M,s) \Vdash_v p$，当且仅当$s \in V^+(p)$；

$(M,s) \Vdash_v \neg\varphi$，当且仅当$(M,s) \Vdash_f \varphi$；

$(M,s) \Vdash_v \varphi \wedge \psi$，当且仅当存在$t_1, t_2 \in S$，$s = t_1 \sqcup t_2$满足$(M,t_1) \Vdash_v \varphi$并且$(M,t_2) \Vdash_v \psi$；

$(M,s) \Vdash_v \varphi \vee \psi$，当且仅当$(M,s) \Vdash_v \varphi$或者$(M,s) \Vdash_v \psi$；

$(M,s) \Vdash_f p$，当且仅当$s \in V^-(p)$；

$(M,s) \Vdash_f \neg\varphi$，当且仅当$(M,s) \Vdash_v \varphi$；

$(M,s) \Vdash_f \varphi \wedge \psi$，当且仅当$(M,s) \Vdash_f \varphi$或者$(M,s) \Vdash_f \psi$；

$(M,s) \Vdash_v \varphi \vee \psi$，当且仅当存在$t_1, t_2 \in S$，$s = t_1 \sqcup t_2$满足$(M,t_1) \Vdash_f \varphi$并且$(M,t_2) \Vdash_f \psi$。

需要注意的是满足合取和不满足析取的子句。一个事态使合取为真，当且仅当该事态是分别满足各个合取支 φ 和 ψ 的事态的融合。类似地，一个事态使析取为假，当且仅当该事态是分别使各个析取支 φ 和 ψ 为假的事态的融合。

使真者语义可以从多模态逻辑的视角进行重新解读(van Benthem，1989)，因为一个事态模型 $\langle S,\sqsubseteq,V\rangle$ 可被理解为模态信息逻辑，因此可以使用(多)模态语言进行表述。一种有趣的尝试是从两个模态 $\langle\sqsubseteq\rangle\varphi$ 和 $\langle\sqsupseteq\rangle\varphi$ 开始的(van Benthem，2011)，它们的语义解释以标准模态方式给出，第一个模态依赖于偏序 $\sqsubseteq$，而第二个模态依赖于它的逆 $\sqsupseteq$。[①]然后，其中一个模态可以通过添加(二元)模态来描述上确界：$(M,s)\Vdash\langle\sup\rangle(\varphi,\psi)$，当且仅当存在 $t_1,t_2\in S$，$s=t_1\sqcup t_2$ 满足 $(M,t_1)\Vdash\varphi$ 并且 $(M,t_2)\Vdash\psi$。它的“对偶”模态可以用来描述下确界：$(M,s)\Vdash\langle\inf\rangle(\varphi,\psi)$，当且仅当存在 $t_1,t_2\in S$，$s=t_1\sqcap t_2$ 满足 $(M,t_1)\Vdash\varphi$ 并且 $(M,t_2)\Vdash\psi$。

利用上述定义，可以实现从使真者逻辑到信息逻辑的一个转换(van Benthem，2011)。这一转换将(多)模态逻辑的方法引入了对使真者的研究。更重要的是，它使使真者语义成为一个框架，该框架通过为布尔联结词提供新的含义来工作，与经典(模态)逻辑完全兼容。经典(模态)逻辑保留标准定义，但可通过研究更丰富的语言来扩展框架的表述能力。

五、布兰登布格尔-凯斯勒悖论

首先我们考虑这样一种可能的情景：安娜相信鲍勃假设安娜相信鲍勃的假设是错误的。(Ann believes that Bob assumes that Ann believes that Bob's assumption is wrong.)将其中的“安娜相信鲍勃的假设是错误的(Ann believes that Bob's assumption is wrong)”记作 φ。现在的问题是：φ 是真的还是假的？

帕库伊特等人假设 φ 是真的(Pacuit et al.，2015)。因此，φ 若是真的，也就是说安娜相信鲍勃的假设是错误的。此外，根据信念内省，她相信“她相信鲍勃的假设是错误的”，也就是说，她相信鲍勃的假设。但对于情景的描述告诉我们安娜相信鲍勃假设 φ，那么，实际上安娜相信鲍勃的假设是正确的。因此，φ，即“安娜相信鲍勃的假设是错误的”是假的。

根据上述分析可以推断出 φ 一定是假的。接下来，我们继续关注帕库伊特等人的分析。安娜相信鲍勃的假设是正确的(φ 是假的)，也就是说，安娜相信 φ 是正确的。此外，上述情景的描述是在说“安娜相信鲍勃假设安娜相信鲍勃的假设是错误的”，考虑到其中 φ 就是鲍勃的假设，因此可以

① 给定 $\sqsubseteq$ 的性质，可以得到一个时态逻辑系统 S4。

改写为“安娜相信鲍勃假设安娜相信φ是错误的”。但是由此可得，不仅安娜相信她相信φ是正确的，而且她还相信鲍勃的假设，即她相信φ是错误的。因此，她相信鲍勃的假设是错误的(安娜相信鲍勃的假设是她相信φ是错误的，但她相信这是错误的：她相信φ是正确的)。由此可得，φ是真的。

有些读者可能会想，为什么我需要知道安娜是否相信鲍勃的假设是错误的？其中一个原因是，正如罗素悖论所表明的，集合的构成需要满足特定的条件。上述这种情景被称为布兰登布格尔–凯斯勒悖论(Brandenburger-Keisler paradox)，它表明并非对于信念的每个描述都可以被“表述”出来(Brandenburger et al.，2006)。人们可能会进一步追问，φ是真的还是假的？更好的是，能否通过构建一个系统给出确切的回答？很明显，任何包含一种模态的系统都无法处理这种情况，因为上述情况不仅包括两个理性主体(因此，至少需要两种模态)，而且还包括两个不同的概念：信念和假设。因此，要采用形式化方法去处理这种情况，需要一个多模态逻辑系统，在这一系统内我们不仅能够处理不同的模态，而且能够处理它们之间的复杂关系。

正如帕库伊特等人所解释的那样，为了证明这种情况无法“表述”，他们引入了一种信念模型，该结构可以表示每个理性主体关于其他理性主体的信念(Brandenburger et al.，2006)。更准确地说，信念模型是一个两类结构(two sorted structure)，每个理性主体对应一种类型，每种类型代表其对应理性主体可能具有的认知状态。模型的第一个组成部分是它的域，由W_a和W_b的并给出，分别代表了安娜和鲍勃不相交的状态集。这一模型中的理性主体分别对应关系R_a和R_b，并且$\mathrm{R}_a u,v$(其中限制$u\in W_a$，$v\in W_b$)读作“在状态u中，安娜认为v是可能的”，$\mathrm{R}_b u,v$与之类似。同样，该结构刻画了每个理性主体关于其他理性主体信念的信念，因此W_b的子集的每一个集合u_b可以被看作安娜的语言(即她关于鲍勃信念的信念)，然后一个完整语言定义为每个理性主体的语言的联合。对于涉及的认知态度可以定义如下。一方面，信念有某种标准的解释：安娜相信给定的$U\in\backslash U_b$，当且仅当她认为可能的状态的集合是U的子集。另一方面，假设被解释为最强的信念，因此安娜假设给定的$U\in\backslash U_b$，当且仅当她认为可能的状态的集合就是U。

有了这些工具，我们就可以准确地表明之前描述的情景无法得到表述。一套语言相对于信念模型是完备的，当且仅当玩家语言中的每一个可能的陈述都可以被玩家假设(即玩家语言中的每个陈述在至少一种状态下是真的)。然后，我们可以使用对角线论证表明，对于“它的一阶语言”，即包含模型域的所有一阶可定义子集的语言来说，没有信念模型是完备的。

参考文献

杜国平. 2009. 知识蕴涵时态逻辑系统. 安徽大学学报(哲学社会科学版), 33(5): 30-34.

弓肇祥. 1993. 广义模态逻辑. 北京: 中国社会科学出版社.

何纯秀, 李小五. 2010. 逻辑刻画: 研究“理解”的新视角. 厦门大学学报(哲学社会科学版), (4): 27-34.

胡山立, 石纯一. 2000. Agent-BDI 逻辑. 软件学报, (10): 1353-1360.

霍旭. 2018. 正规多模态逻辑的混合系统. 重庆理工大学学报(社会科学), 32(1): 15-22.

李娜, 袁旭亮. 2019. 直觉主义真与可知性悖论. 哲学动态, (2): 111-118.

李小五, 何纯秀. 2009. 一个刻画理解的认知逻辑. 西南大学学报(社会科学版), 35(5): 66-70.

凌兴宏, 黄志球, 刘全, 等. 2007. 结合逻辑和决策论方法的 Agent 模型研究. 南京航空航天大学学报, (6): 805-809.

刘勇, 蒲树祯, 程代杰, 等. 2005. BDI 模型信念特性研究. 计算机研究与发展, (1): 54-59.

雒自新. 2011. 语用视域下的相信者悖论. 燕山大学学报(哲学社会科学版), 12(4): 15-18, 23.

潘天群. 2009. 现在知识与未来知识的逻辑刻画//林正弘. 逻辑与哲学. 台北: 学富事业文化有限公司: 77-90.

潘天群, 赵贤. 2011. 论希望的逻辑结构. 浙江社会科学, (12): 116-118, 158.

邱莉榕, 杨柳, 史忠植. 2006. 纤维逻辑. 计算机科学, (1): 1-3.

裘江杰. 2009. 模态逻辑的典范性问题. 哲学动态, (2): 90-93.

施庆生, 张东摩. 1996. 基于中介逻辑的多模态逻辑系统. 南京航空航天大学学报, (1): 1-7.

唐文彬, 朱淼良. 2003. 一种基于规则推理的 BDI 模型实现. 计算机科学, (5): 30-32.

唐晓嘉, 郭美云. 2010. 现代认知逻辑的理论与应用. 北京: 科学出版社.

王晶. 2018. 可知性悖论的坦南特解决方案研究. 河南社会科学, 26(9): 100-105.

约翰·范本特姆. 2010. 模态对应理论. 张清宇, 刘新文, 译. 北京: 科学出版社.

张建军, 王习胜. 2017. 论当代悖论研究的基本群落及其整体性发展趋势. 湖南科技大学学报(社会科学版), 20(6): 27-35.

张莉敏. 2012. 国外时态道义逻辑研究探析. 学术研究, (3): 41-45, 159.

张玉志, 唐晓嘉. 2020. 面向完美回忆的时态认知逻辑. 软件学报, (12): 3787-3796.

赵贤. 2010. 以桥公理为特征的多模态逻辑系统研究. 南京: 南京大学.

赵贤. 2013a. 多模态逻辑研究进展. 哲学动态, (2): 92-96.

赵贤. 2013b. 多模态 Sahlqvist 公理模式性质研究. 湖南科技大学学报(社会科学版), 16(04): 25-28.

赵贤, 胡小伟. 2019. 多模态逻辑基础理论研究的基本问题. 河北大学学报(哲学社会科学版), 44(2): 38-42.
赵贤, 张燕京. 2015. 多模态逻辑的研究动因及意义. 河北学刊, 35(4): 28-31.
周北海. 1997. 模态逻辑导论. 北京: 北京大学出版社.
周祯祥. 1998. 实践推理基础上生成的道义逻辑: 道义逻辑发展源流初探. 广东社会科学, (3): 73-79.
周祯祥. 2006. 从动态命题逻辑 PDL 到动态道义逻辑 DDL. 哲学动态, (2): 55-58.
朱建平. 2014. 逻辑和伦理学. 鲁东大学学报(哲学社会科学版), 31(4): 1-5.
邹崇理. 2006. 多模态范畴逻辑研究. 哲学研究, (9): 115-121, 124, 129.
BALDONI M, GIORDANO L, MARTELLI A. 1998. A Tableau Calculus for Multimodal Logics and Some (Un)decidability Results//HARRIE C M. Tableaux 98-International Conference on Tableaux Methods. Berlin: Springer: 44-59.
BALDONI M. 1998. Normal Multimodal Logics: Automatic Deduction and Logic Programming Extension. Torino: Università degli Studi di Torino.
BALDONI M. 2000. Normal Multimodal Logics with Interaction Axioms A Tableau Calculus and some (Un)Decidability Results//BASIN D, D'AGOSTINO M, GABBAY D M, et al. Labelled Deduction: Applied Logic Series. Dordrecht: Springer: 33-57.
BALTAG A, BODDY R, SMETS S. 2018. Group Knowledge in Interrogative Epistemology// DITMARSCH H V, SANDU G. Jaakko Hintikka on Knowledge and Game-Theoretical Semantics 12. Cham: Springer International Publishing: 131-164.
BALTAG A, RENNE B, SMETS S. 2012. The Logic of Justified Belief Change, Soft Evidence and Defeasible Knowledge//ONG L, de QUEIROZ R. Proceedings of the 19th International Workshop on Logic, Language, Information and Computation (WoLLIC 2012), LNCS (7456). Heidelberg: Springer: 168-190.
BALTAG A, SMETS S. 2008. A Qualitative Theory of Dynamic Interactive Belief Revision// COSTA-ARLÓ H, HENDRICKS F V, VANBENTHEM J. Readings in Formal Epistemology. Amsterdam: Amsterdam University Press: 813-858.
BELL J L, SLOMSON A B. 2013. Models and Ultraproducts: An Introduction. New York: Courier Dover Publication.
BELNAP N D, PERLOFF M, XU M. 2001. Facing the Future: Agents and Choices in Our Indeterminist World. Oxford: Oxford University Press.
BEN-ARI M, MANNA Z, PNUELI A. 1981. The Temporal Logic of Branching Time// Annual ACM Symposium on Principles of Programming Languages 8. New York: Association for Computing Machinery: 164-176.
BETH E W. 1953. On Padoa's Method in the Theory of Definition. Indagationes Mathematicae, 15: 330-339.
BIEBER P. 1990. A logic of Communication in Hostile Environment//The Computer Security Foundations Workshop III. Franconia: IEEE: 14-22.
BLACKBURN P, DE RIJKE M, VENEMA Y. 2001. Modal Logic. Cambridge: Cambridge University Press.
BODDY R. 2014. Epistemic Issues and Group Knowledge. Amsterdam: University of Amsterdam.
BOUTILIER C, BECHE V. 1995. Abduction as Belief Revision. Artificial Intelligence,

77(1): 43-94.

BRANDENBURGER A H, KEISLER J. 2006. An Impossibility Theorem on Beliefs in Games. Studia Logica, 84(2): 211-240.

BROERSEN J, DIGNUM F, DIGNUM V, et al. 2004. Designing a Deontic Logic of Deadlines//LOMUSCIO A, NUTE D. Deontic Logic in Computer Science: 7th International Workshop on Deontic Logic in Computer Science, DEON 2004. Heidelberg: Springer: 43-56.

BROERSEN J. 2006. Strategic Deontic Temporal Logic as a Reduction to ATL, with an Application to Chisholm's Scenario//GOBLE L, MEYER J-J C. Deontic Logic and Artificial Normative Systems. Heidelberg: Springer: 53-68.

BROERSEN J. 2011. Deontic Epistemic Stit Logic Distinguishing Modes of Mens Rea. Journal of Applied Logic, 9(2): 137-152.

BROGAARD B, JOE S. 2019. Fitch's Paradox of Knowability//EDWARD N Z. The Stanford Encyclopedia of Philosophy (Fall 2019 Edition).

BRUNEL J, BODEVEIX J-P, FILALI M. 2006. A State/Event Temporal Deontic Logic// GOBLE L, MEYER J-J C. Deontic Logic and Artificial Normative Systems. DEON 2006. Heidelberg: Springer: 85-100.

BULL R A. 1966. That All Normal Extensions of S4.3 Have the Finite Model Property. Mathematical Logic Quarterly, 12(1): 341-344.

BURGESS J P. 1979. Logic and Time. Journal of Symbolic Logic, 44(4): 566-582.

BURGESS J P. 1980. Decidability for Branching Time. Studia Logica, 39 (2/3): 203-218.

CARNAP R. 1947. Meaning and Necessity: A Study in Semantics and Modal Logic. Chicago: University of Chicago Press.

CARNIELLI W, PIZZI C. 2008. Modalities and Multimodalities. Dordrecht: Springer.

CATACH L. 1988. Normal Multimodal Logics//Proceedings of the Seventh AAAI National Conference on Artificial Intelligence. Saint Paul: AAAI Press: 491-495.

CATACH L. 1989. Les Logiques Multimodales. Paris: Univérsité de Paris VI.

CATACH L. 1991. TABLEAUX: A General Theorem Prover for Modal Logics. Journal of Automated Reasoning, 7: 489-510.

CHARLES H, WEISS P. 1935. Collected Papers of Charles Sanders Peirce, Volumes V-VI: Pragmatism and Pramaticism and Scientific Metaphysics. Cambridge: Belknap Press.

CHELLAS B F. 1980. Modal Logic: An Introduction. Cambridge: Cambridge University Press.

CHELLAS B F. 1983. $KG^{k,l,m,n}$ and the Efmp. Logique et Analyse, 26(103/104): 255-262.

CLARKE E M, EMERSON E A. 1982. Design and Synthesis of Synchronization Skeletons Using Branching Time Temporal Logic//KOZEN D. Logic of Programs. Berlin: Springer: 52-71.

COHEN L J. 1960. A Formalisation of Referentially Opaque Contexts. The Journal of Symbolic Logic, 25(3): 193-202.

CROSS C, ROELOFSEN F. 2022. Questions//EDWARD N Z. The Stanford Encyclopedia of Philosophy (Summer 2022 Edition).

DEMOLOMBE R, BRETIER P, LOUIS V. 2006. Norms with Deadlines in Dynamic

Deontic Logic//BREWKA G, CORADESCHI S. 17th European Conference on Artificial Intelligence. Amsterdam: IOS Press: 751-752.

DEMOLOMBE R. 2014. Obligations with Deadlines: A Formalization in Dynamic Deontic Logic. Journal of Logic and Computation, 24(1): 1-17.

DUBBER M D, Markus D. 2015. Criminal Law: An introduction to the Model Penal Code. New York: Oxford University Press.

DUBOIS D, PRADE H, TESTEMALE C. 1988. In Search of a Modal System for Possibility Theory//KODRATOFF Y. European Conference on Artificial Intelligence. Marshfield: Pitman Publishing: 501-506.

EMERSON E A, HALPERN J Y. 1985. Decision Procedures and Expressiveness in the Temporal Logic of Branching Time//Proceedings of the Fourteenth Annual ACM Symposium on Theory of Computing. New York: Association for Computing Machinery: 169-180.

EMERSON E A. 1985. Automata, Tableaux and Temporal Logics//PARIKH R. Logics of Programs. Berlin: Springer: 79-88.

EMERSON E A. 1983. Alternative Semantics for Temporal Logics. Theoretical Computer Science, 26(1-2): 121-130.

ENJALBERT P, FARINAS L. 1989. Modal Resolution in Clausal Form. Theoretical Computer Science, 65(1): 1-33.

FAGIN R, HALPERN J Y, MOSES Y, et al. 2004. Reasoning about Knowledge. MA: The MIT Press.

FAGIN R, HALPERN J Y. 1985. Belief, Awareness and Limited Reasoning//JOSHI A. The 9th International Joint Conference on Artificial Intelligence. San Francisco: Morgan Kaufmann Publishers Inc. : 491-501.

FAGIN R, HALPERN J, VARDI M. 1984. A Model-theoretic Analysis of Knowledge: Preliminary Report//Annual Symposium on Foundations of Computer Science. Washington: IEEE Computer Society: 268-278.

FARIÑAS DEL CERRO L, ORLOWSKA E. 1985. DAL: A Logic for Data Analysis. Theoretical Computer Science, 36(2-3): 251-264.

FATTOROSI-BARNABA M, CARO F D. 1985. Graded Modalities. Studia Logica, 44(2): 197-221.

FINE K, SCHURZ G. 1996. Transfer Theorems for Multimodal Logics//COPELAND J. Logic and Reality: Essays on the Legacy of Arthur Prior. Oxford: Clarendon Press, 169-213.

FINE K. 1972. Logics Containing S4 without the Finite Model Property//HODGES W. Conference in Mathematical Logic- London'70. Berlin: Springer: 98-102.

FINE K. 1975. Some Connections between Elementary and Modal Logic//STIG K. Proceedings of the Third Scandinavian Logic Symposium. Sweden: University of Uppsala: 15-31.

FINE K. 2017. Truthmaker Semantics//HALE B, WRIGHT C, MILLER A. A Companion to the Philosophy of Language. Hoboken: John Wiley & Sons, Ltd. : 556-577.

FISCHER M J, IMMERMAN N. 1987. Interpreting Logics of Knowledge in Propositional

Dynamic Logic with Converse. Information Processing Letters, 25(3): 175-181.

FISCHER M J, LADNER R E. 1979. Propositional Dynamic Logic of Regular Programs. Journal of Computer and System Sciences, 18(2): 194-211.

FITCH F. 1963. A Logical Analysis of Some Value Concepts. The Journal of Symbolic Logic, 28(2): 135-142.

FITTING M. 1969. Logics with Several Modal Operators. Theoria, 35(3): 259-266.

GABBAY D M. 1971. On Decidable, Fînitely Axiomatizable, Modal and Tense Logics without the Fînite Model Property (Parts I & II). Israel Journal of Mathematics, 10: 478-495.

GABBAY D M. 1975. Decidability Results in Non-classical Logics: Part I. Annals of Mathematical Logic, 8(3): 237-295.

GABBAY D, GUENTHNER F. 1984. Handbook of Philosophical Logic II. Dordrecht-Holland: D Reidel Publishing Company.

GARDIES J L. 1980. Essai sur la Logique des Modalités. Revue Philosophique de la France Et de l'Etranger, 170(1): 68-69.

GARG D, GENOVESE V, NEGRI S. 2012. Countermodels from Sequent Calculi in Multi-Modal Logics//Proceedings of the 27th Annual ACM/IEEE Symposium on Logic in Computer Science. California: IEEE Computer Society: 315-324.

GARGOV G, PASSY S, TINCHEV T. 1987. Modal Environment for Boolean Speculations// SKORDEV D. Mathematical Logic and its Applications. New York: Springer: 253-263.

GERSON M. 1975. The Inadequacy of the Neighbourhood Semantics for Modal Logic. The Journal of Symbolic Logic, 40(2): 141-148.

GETTIER E L. 1963. Is Justified True Belief Knowledge? Analysis, 23(6): 121-123.

GOBLE L F. 1970. Grades of Modality. Logique et Analyse, 13(51): 323-334.

GOCHET P, GRIBOMONT P. 2006. Epistemic Logic//GABBY D M, WOODS J. Handbook of the History of Logic 7: Logic and the Modalities in the Twentieth Century. Amsterdam: North-Holland: 99-195.

GOLDBLATT R. 1974. Metamathematics of Modal Logic. Bulletin of the Australian Mathematical Society, 10(3): 479-480.

GOLDBLATT R. 1991. The McKinsey Axiom Is Not Canonical. The Journal of Symbolic Logic, 56(2): 554-562.

GOLDBLATT R. 1993. Mathematics of Modality. State of California: CSLI Publications.

GORANKO V. 1990. Completeness and Incompleteness in the Bimodal Base L (R, -R)// PETKOV P. Mathematical Logic. Boston: Springer: 311-326.

GOVERNATORI G, HULSTIJN J, RIVERET R, et al. 2007. Characterising Deadlines in Temporal Modal Defeasible Logic//MEHMET A O, JOHN T. Proceedings of the 20th Australian Joint Conference on Advances in Artificial Intelligence. Berlin: Springer: 486-496.

GRATZL N. 2013. Sequent Calculi for Multi-modal Logic with Interaction//G ROSSI D, ROY O, HUANG H. Logic, Rationality, and Interaction. Berlin: Springer: 124-134.

HALPERN J Y, MOSES Y. 1985. A Guide to the Modal Logics of Knowledge and Belief: Preliminary Draft//International Joint Conference on Artificial Intelligence. San

Francisco: Morgan Kaufmann: 480-490.

HALPERN J Y, MOSES Y. 1989. Towards a Theory of Knowledge and Ignorance: Preliminary Report//APT K R. Logics and Models of Concurrent Systems. Berlin: Springer: 459-476.

HALPERN J Y, MOSES Y. 1990. Knowledge and Common Knowledge in a Distributed Environment. ACM, 37(3): 549-587.

HALPERN J Y, RABIN M O. 1987. A Logic to Reason about Likelihood. Artificial Intelligence, 32(3): 379-405.

HALPERN J Y, SAMET D, SEGEV E. 2009a. On Definability in Multimodal Logic. The Review of Symbolic Logic, 2(3): 451-468.

HALPERN J Y, SAMET D, SEGEV E. 2009b. Defining Knowledge in Terms of Belief: The Modal Logic Perspective: Defining Knowledge in Terms of Belief. Review of Symbolic Logic, 2(3): 469-487.

HALPERN J Y, SHOHAM Y. 1986a. A Propositional Modal Logic of Time Intervals. ACM, 38(4): 279-292.

HALPERN J Y, VAN DER MEYDEN R, VARDI M Y. 2003. Complete Axiomatizations for Reasoning about Knowledge and Time. SIAM Journal on Computing, 33(3): 674-703.

HALPERN J Y, VARDI M Y. 1986b. The Complexity of Reasoning about Knowledge and Time: Extended Abstract//HARTMANIS J. Eighteenth Annual ACM Symposium on Theory of Computing. New York: The Association for Computing Machinery: 304-315.

HALPERN J Y. 1986. Reasoning about Knowledge: An Overview//HALPERN Y J. Proceedings of the 1986 Conference on Theoretical Aspects of Reasoning about Knowledge. Los Altos: Morgan Kaufmann: 1-17.

HANSSON B, GÄRDENFORS P. 1975. Filtrations and the Finite Frame Property in Boolean Semantics//Studies in Logic and the Foundations of Mathematics 82: Proceedings of the Third Scandinavian Logic Symposium. Amsterdam: North Holland Elsevier: 32-39.

HAREL D. 1984. Dynamic Logic//GABBAY D M, GUENTHNER F. Handbook of Philosophical Logic II. Dordrecht-Holland: D. Reidel Publishing Company: 497-604.

HARROP R. 1958. On the Existence of Finite Models and Decision Procedures for Propositional Calculi. Mathematical Proceedings of the Cambridge Philosophical Society, 54(1): 1-13.

HINTIKKA J. 1962. Knowledge and Belief. Ithaca: Cornell University Press.

HINTIKKA J. 1963. The Modes of Modality//HINTIKKA J. Models for Modalities. Dordrecht: Springer: 71-86.

HINTIKKA J. 2007. Socratic Epistemology: Explorations of Knowledge-Seeking by Questioning. Cambridge: Cambridge University Press.

HOLLIDAY W H, ICARD T F. 2010. Moorean Phenomena in Epistemic Logic// BEKLEMISHEV L, GORANKO V, SHEHTMAN V. The 8th International Conference on Advances in Modal Logic. London: College Publications: 178-199.

HOPCROFT J E, ULLMAN J D. 1979. Introduction to Automata Theory. Languages and

Computation. Boston: Addison-Wesley.

HUGHES G E, CRESSWELL M J. 1996. A New Introduction to Modal Logic. London: Routledge.

JOHNS C. 2014. Leibniz and the Square: A Deontic Logic for the Vir Bonus. History and Philosophy of Logic, 35(4): 369-376.

JÓNSSON B, TARSKI A. 1951. Boolean Algebras with Operators: Part I. American Journal of Mathematics, 74(4): 891-939.

JÓNSSON B, TARSKI A. 1952. Boolean Algebras with Operators: Part II. American Journal of Mathematics, 74(1): 127-162.

JÓNSSON B. 1991. The Theory of Binary Relations//ANDRÉKA H, MONK J D, NÉMETI I. Algebraic Logic. Amsterdam: North-Holland Publishing Company: 245-292.

KILCULLEN J, SCOTT J. 2001. A Translation of William of Ockham's Work of Ninety Days (Texts and Studies in Religion). Lewiston: Edwin Mellen Press.

KNUUTTILA S. 2008. Medieval Modal Theories and Modal Logic//GABBAY D M, WOODS J. Handbook of the History of Logic 2: Mediaeval and Renaissance Logic. Amsterdam: North-Holland: 505-578.

KRACHT M, WOLTER F. 1997. Simulation and Transfer Results in Modal Logic: A Survey. Studia Logica, 59: 149-177.

KROGH C, HERRESTAD H. 1996. Getting Personal Some Notes on the Relationship between Personal and Impersonal Obligation//BROWN M A, CARMO J. Deontic Logic, Agency and Normative Systems. London: Springer: 134-153.

LADNER R, REIF J H. 1986. The Logic of Distributed Protocols//HALPERN J Y. Conference on Theoretical Aspects of Reasoning about Knowledge. California: Morgan Kaufmann: 207-223.

LEHMANN D, KRAUS S. 1988. Knowledge, Belief and Time. Theoretical Computer Science, 58(1-3): 155-174.

LEHMANN D, SHELAH S. 1982. Reasoning with Time and Chance. Information and Control, 53(3): 165-198.

LEHMANN D. 1984. Knowledge, Common Knowledge, and Related Puzzles//ACM Symposium on Principles of Distributed Computing 3. New York: Association for Computing Machinery: 62-67.

LEHRER K, PAXSON T J. 1969. Knowledge: Undefeated Justified True Belief. Journal of Philosophy, 66(8): 225-237.

LEHRER K. 1990. Theory of Knowledge. London: Routledge.

LEMMON E J, SCOTT D. 1977. An Introduction to Modal Logic: the Lemmon Notes. Oxford: Basil Blackwell.

LEMMON E J. 1966. Algebraic Semantics for Modal Logic I & II. The Journal of Symbolic Logic, 31(1-2): 46-65 & 191-218.

LENZEN W. 2004. Leibniz's Logic. The Rise of Modern Logic: From Leibniz to Frege// GABBAY D M, WOODS J. Handbook of the History of Logic 3: The Rise of Modern Logic: From Leibniz to Frege. Amsterdam: Elsevier: 1-83.

LEVESQUE H J. 1989. A Knowledge-Level Account of Abduction//STIDHARAN N S.

Proceedings of the 11th International Joint Conference on Artificial Intelligence-Volume 2. San Francisco: Morgan Kaufmann Publishers Inc. : 1061-1067.

LEWIS C I. 1912. Implication and the Algebra of Logic. Mind XXI (84): 522-531.

LUCAS T H, LAVENDHOMME R. 1986. Complétude de Certaines Logiques Bimodales. Logique Et Analyse, 29(116): 391-407.

MA M H, PIETARINEN A V. 2016. A Dynamic Approach to Peirce's Interrogative Construal of Abductive Logic. IfCoLog Journal of Logics and Their Applications, 3(1): 73-104.

MAKINSON D. 1966. On Some Completeness Theorems in Modal Logic. Mathematical Logic Quarterly, 12(1): 379-384.

MAKINSON D. 1971a. A Normal Modal Calculus between T and S4 without the Finite Model Property. The Journal of Symbolic Logic, 36(4): 692.

MAKINSON D. 1971b. Some Embedding Theorems for Modal Logic. Notre Dame Journal of Formal Logic, 12(2): 252-254.

MARCELO F, GABBAY D M. 1996a. Combining Temporal Logic Systems. Notre Dame Journal of Formal Logic, 37(2): 204-232.

MCNAMARA P F, VAN DE PUTTE F. 2022. Deontic Logic//EDWARD N Z. The Stanford Encyclopedia of Philosophy (Fall 2022 Edition).

MCNAMARA P F. 1996a. Doing Well Enough: Toward a Logic for Common-sense Morality. Studia Logica, 57(1): 167-192.

MCNAMARA P F. 1996b. Making Room for Going beyond the Call. Mind, 105(419): 415-450.

MCNAMARA P F. 2004. Agential Obligation as Non-Agential Personal Obligation Plus Agency. Journal of Applied Logic, 2(1): 117-152.

MOSZKOWSKI B. 1986. Executing Temporal Logic of Programs. New York: Cambridge University Press.

NAGLE M C. 1981. The Decidability of Normal K5 Logics. The Journal of Symbolic Logic, 46(2): 319-328.

ORLOWSKA E. 1988. Relational Interpretation of Modal Logics. Bulletin of the Section of Logic, 17(1): 2-10.

PACUIT E, PARIKH R, COGAN E. 2006. The Logic of Knowledge Based Obligation. Synthese, 149(2): 311-341.

PACUIT E, ROY O. 2015. Epistemic Foundations of Game Theory//EDWARD N Z. The Stanford Encyclopedia of Philosophy (Summer 2017 Edition).

PARIKH R, RAMANUJAM R. 1985. Distributed Processes and the Logic of Knowledge//PARIKH R. Logic of Programs. Heidelberg: Springer: 256-268.

PARIKH R, RAMANUJAM R. 2003. A Knowledge Based Semantics of Messages. Journal of Logic, Language and Information, 12(4): 453-467.

PARIKH R. 1984. Logics of Knowledge, Games and Dynamic Logic//MATHAI J, SHYAMASUNDAR R K. Foundations of Software Technology and Theoretical Computer Science. Heidelberg: Springer: 202-222.

PNUELI A. 1977. The Temporal Logic of Programs//Proceedings of the 18th Annual

Symposium on Foundations of Computer Science. Washington DC: IEEE Computer Society: 46-57.

PRATT V R. 1992. Origins of the Calculus of Binary Relations//The 7th Annual IEEE Symposium on Logic in Computer Science. Heidelberg: Springer: 248-254.

PRIOR A N. 1963. Formal Logic. Oxford: Oxford University Press.

PRIOR A N. 1967. Past, Present and Future. Oxford: Clarendon Press.

RABIN M O. 1969. Decidability of Second-Order Theories and Automata on Infinite Trees. Transactions of the American Mathematical Society, 141: 1-35.

RASIOWA H. 1974. An Algebraic Approach to Non-Classical Logics. Warszawa: Pwn - Polish Scientific Publishers.

RENNIE M K. 1970. Models for Multiply Modal Systems. Mathematical Logic Quarterly, 16(2): 175-186.

RESCHER N, URQUHART A. 1971. Temporal Logic. New York: Springer.

RIGUET J. 1948. Relations Binaires, Fermetures, Correspondances de Galois. Bulletin de la Société Mathématique de France, 76: 114-155.

SAHLQVIST H. 1975. Completeness and Correspondence in the First and Second Order Semantics for Modal Logic. Studies in Logic and the Foundations of Mathematics, 82: 110-143.

SATO M. 1977. A Study of Kripke-type Methods of Some Modal Logics by Gentzen's Sequential Method. Publications of the Research Institute for Mathematical Sciences, 13: 381-468.

SCHRÖDER E. 1890. Vorlesungen über die Algebra der Logik. Leipzig: Teubner.

SCOTT D. 1970. Advice on Modal Logic//LAMBERT K. Philosophical Problems in Logic: Some Recent Developments. Dordrecht: Reidel Publishing Company: 143-173.

SCROGGS S J. 1951. Extensions of the Lewis System S5. The Journal of Symbolic Logic, 16(4): 112-120.

SEGERBERG K. 1971. An Essay in Classical Modal Logic. Palo Alto: Stanford University.

SMORYNSKI C. 1985. Self-reference and Modal logic. New York: Springer.

SONJA S, VELÁZQUEZ-QUESADA F. 2019. Philosophical Aspects of Multi-Modal Logic//Edward N Z. The Stanford Encyclopedia of Philosophy (Summer 2019 Edition).

SORENSEN R. 2022. Epistemic Paradoxes//EDWARD N Z. The Stanford Encyclopedia of Philosophy (Spring 2022 Edition).

TARSKI A. 1941. On the Calculus of Relations. The Journal of Symbolic Logic, 6(3): 73-89.

THOMASON R H. 2002. Combinations of Tense and Modality//GABBAY D M, GUENTHNER F. Handbook of Philosophical Logic VII. Netherlands: Kluwer Academic Publishers: 205-234.

THOMASON S K. 1972. Semantic Analysis of Tense Logics. The Journal of Symbolic Logic, 37(1): 150-158.

THOMASON S K. 1974. An Incompleteness Theorem in Modal Logic. Theoria, 40(1): 30-34.

TIERNEY B. 2007. Obligation and Permission: On a Deontic Hexagon in Marsilius of Padua. History of Political Thought, 28(3): 419-432.

TROQUARD, NICOLAS, PHILIPPE BALBIANI. 2019. Propositional Dynamic Logic// EDWARD N Z. The Stanford Encyclopedia of Philosophy (Spring 2019 Edition).

TURNER R. 1984. Logics for Artificial Intelligence. New York: Ellis Horwood.

VAN BENTHEM J, DEGREMONT C. 2008. Multi-Agent Belief Dynamics: Bridges between Dynamic Doxastic and Doxastic Temporal Logics//BONANNO G, LÖWE B, VAN DER HOEK W, et al. Logic and the Foundations of Game and Decision Theory: LOFT 8. Amsterdam: Amsterdam University Press, 151-173.

VAN BENTHEM J, FERNÁNDEZ-DUQUE D, PACUIT E. 2013. Evidence and Plausibility in Neighborhood Structures. Annals of Pure and Applied Logic, 165(1): 106-133.

VAN BENTHEM J, GERBRANDY J, HOSHI T, et al. 2009. Merging Frameworks for Interaction. Journal of Philosophical Logic on-line, 38(5): 491-526.

VAN BENTHEM J, MINICA S. 2012. Toward a Dynamic Logic of Questions. Journal of Philosophical Logic, 41(4): 633-669.

VAN BENTHEM J, PACUIT E. 2006. The Tree of Knowledge in Action: Towards a Common Perspective//GOVERNATORI G, HODKINSON I M, VENEMA Y. In Advances in Modal Logic 6, Papers from the Sixth Conference on Advances in Modal Logic. California: CSLI Publications: 87-106.

VAN BENTHEM J, PACUIT E. 2011. Dynamic Logics of Evidence-Based Beliefs. Studia Logica, 99(1): 61-92.

VAN BENTHEM J. 1975. A Note on Modal Formulae and Relational Properties. The Journal of Symbolic Logic, 40(1): 55-58.

VAN BENTHEM J. 1976. Modal Reduction Principles. The Journal of Symbolic Logic, 41(2): 301-312.

VAN BENTHEM J. 1983. The Logic of Time. Holland: D. Reidel Publishing Company.

VAN BENTHEM J. 1984a. Correspondence Theory//GABBAY D M, GUENTHNER F. Handbook of Philosophical Logic II. Holland: D. Reidel Publishing Company: 325-408.

VAN BENTHEM J. 1984b. Possible Worlds Semantics: A Research Program that Cannot Fail?. Studia Logica, 43(4): 379-393.

VAN BENTHEM J. 1985. Modal Logic and Classical Logic. Atlantic Heights: Bibliopolis, Napoli (Indices 3) & Humanities Press.

VAN BENTHEM J. 1989. Semantic Parallels in Natural Language and Computation// EBBINGHAUS H D, FERNANDEZ-PRIDA J, GARRIDO M, et al. Studies in Logic and the Foundations of Mathematics 129. Amsterdam: Elsevier: 331-375.

VAN BENTHEM J. 2004. What One May Come to Know. Analysis, 64(2): 95-105.

VAN BENTHEM J. 2006. Modal Logic//JACQUETTE D. A Companion to Philosophical Logic. Malden: Blackwell Companions to Philosophy: 389-409.

VAN BENTHEM J. 2011. Logical Dynamics of Information and Interaction. Cambridge: Cambridge University Press.

VAN DITMARSCH H P, KOOI B. 2006. The Secret of My Success. Synthese, 151(2): 201-232.

VARDI M Y, WOLPER P. 1986. Automata-Theoretic Techniques for Modal Logics of

Programs. Journal of Computer and System Sciences, 32(2): 183-221.

VARDI M Y. 1985. A Model-Theoretic Analysis of Monotonic Knowledge//Proceedings of the 9th International Joint Conference on Artificial Intelligence-Volume 1. San Francisco: Morgan Kaufmann Publishers Inc. : 509-512.

VARDI M Y. 1986. On Epistemic Logic and Logical Omniscience//Proceedings of the 1986 Conference on Theoretical Aspects of Reasoning about Knowledge. San Francisco: Morgan Kaufmann Publishers Inc. : 293-305.

VELÁZQUEZ-QUESADA F R, SOLER-TOSCANO F, NEPOMUCENO-FERNÁNDEZ Á, et al. 2013. An Epistemic and Dynamic Approach to Abductive Reasoning: Abductive Problem and Abductive Solution. Journal of Applied Logic, 11(4): 505-522.

VELOSO P, VELOSO S, BENEVIDES M. 2015. On Graph Calculi for Multi-Modal Logics. Electronic Notes in Theoretical Computer, 312: 231-252.

VENEMA Y. 1990. Expressiveness and Completeness of an Interval Tense Logic. Notre Dame Journal of Formal Logic, 31(4): 529-547.

VON WRIGHT G H, 1951a. Deontic Logic, Mind, 60(237): 1-15.

VON WRIGHT G H. 1951b. An Essay in Modal Logic. Amsterdam: North-Holland.

WOLPER P. 1983. Temporal Logic Can Be More Expressive. Information and Control, 56(1-2): 72-99.

WOLPER P. 1985. The Tableau Method for Temporal Logic: An Overview. Logique Et Analyse, 28(110-111): 119-136.